炒青稞

磨青稞

调制青稞糌粑

捏制青稞糌粑

即食糌粑

青稞干粮

青稞焜锅

青稞油花

青稞油饼

青稞翻跟头 1

青稞翻跟头 2

青稞饼

青稞长面 1

青稞长面 2

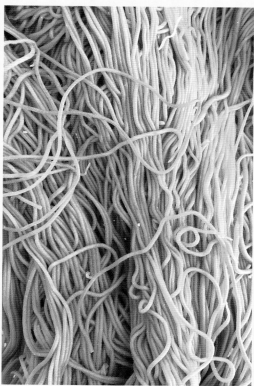

青稞钢丝面 1

青稞钢丝面 2

青稞饺子

青稞燃饭

青稞搓鱼

QINGKE CHUANTONG
SHIPIN YU XIANDAI SHIPIN
JIAGONG JISHU

青稞传统食品与现代食品加工技术

党 斌　杨希娟　主编

中国农业出版社
北　京

编写委员会

主　编　党　斌［青海大学农林科学院（青海省农林科学院）］
　　　　　杨希娟［青海大学农林科学院（青海省农林科学院）］

副主编　张　杰［青海大学农林科学院（青海省农林科学院）］
　　　　　张文刚［青海大学农林科学院（青海省农林科学院）］

编　委　吴昆仑［青海大学农林科学院（青海省农林科学院）］
　　　　　金　萍［青海大学农林科学院（青海省农林科学院）］
　　　　　安海梅（青海省海北藏族自治州农牧科学研究所）
　　　　　白尼玛（海北州农牧产品质量安全检验检测中心）
　　　　　张燕霞（青海省海北藏族自治州农牧科学研究所）
　　　　　李克伦（青海省海北藏族自治州农牧科学研究所）

前　言

　　青藏高原是华夏民族的母亲河——长江、黄河的发源地，被称为"世界屋脊""第三极"。在高原上，生长着一种神奇作物，汲取着日月精华，养育了一代代高原儿女，生生不息，它就是青稞。青稞是青藏高原最具地域特色和文化内涵的农作物，长期以来在保障藏区农牧民健康方面发挥着重要作用。近年来，随着国内外对青稞营养与保健功能的研究不断深入，青稞的医药保健功能被认可，这一古老的作物正在由一个区域性口粮作物向全球性健康食源作物发展。特别是大健康产业的快速发展，市场对特色农产品消费需求不断增加，以杂粮为主要食材的养生保健产品在日常的饮食结构中扮演着重要的角色，消费杂粮，吃出健康，已经成为大众消费的流行趋势。青稞作为高原特色杂粮备受消费者青睐，市场需求量逐年增加。

　　青稞在我国的栽培历史悠久，集中分布在西藏、青海、甘肃的甘南藏族自治州、四川阿坝和甘孜藏族自治州、云南迪庆藏族自治州及内蒙古等高寒冷凉地区。悠久的栽培历史衍生出丰富的具有民族文化特色的传统美食，流传至今，在区域内形成了一定的消费习惯。从20世纪70年代开始，国内外已展开了对青稞的研究，主要集中在粮食加工制品、青稞酿酒、有效成分的提取以及动物饲料等方面。选育的青稞新品种不断增加，青稞加工产品种类持续丰富，青稞产业链条不断延长，政策支持力度也越来越大，青稞产业发展迎来了新的机遇。但与产业发展需求相适应的相关研究没能及时跟进，尽管有关青稞的研究和科普报道较多，但目前国内有关青稞传统食品与现代食品加工方面的作品还很少见。为了让更多从事青稞研究与产业开发的技术人员、广大青稞消费者认识和了解青稞的相关知识与技术，我们组织编写了这本集青稞基础知识与实用技术为一体的青稞专业书籍，希望能够满足读者不同层面的需求，为促进我国青稞产业的发展尽一份微薄之力。

《青稞传统食品与现代食品加工技术》是通过深入藏区进行青稞传统食品的调研，梳理总结国内外的研究文献资料和成果，结合作者及其科研团队研究成果编写而成。全书共有9章，内容包括青稞起源及生产、青稞的营养与功能、青稞传统食品加工、青稞现代主食类产品加工、青稞方便休闲食品加工、青稞酒产品加工、青稞发酵食品加工、具有保健功效的青稞食品及其加工、青稞饮料及其加工。

本书编写过程中涉及青稞传统食品的调研工作得到了青海省海北藏族自治州农牧科学研究所（原青海省海北藏族自治州农业科学研究所）、西藏自治区农牧科学院的大力支持和帮助，在此对他们表示感谢。

受知识与经验所限，书中未免存在不完善或疏漏之处，敬请广大读者包涵，并请提出宝贵意见。

编　者

2021 年 4 月

目　录

前言

第一章

青稞起源及生产

青稞（*Hordeum vulgare* L. var. *nudum* Hook. f.）是我国青藏高原地区对多棱裸粒大麦的统称，因其内外颖壳分离，籽粒裸露，故又称裸大麦，在其他产区也称为元麦、淮麦、米大麦，是大麦的一种特殊类型，在植物分类学上属于禾本科小麦族大麦属大麦的变种之一。青稞比一般皮大麦更具有早熟、耐寒、耐旱、耐碱和耐瘠薄等特性，使之成为最能适应青藏高原地区自然生态环境的优势作物和藏族同胞赖以生存的粮食作物，主要产自中国西藏、青海、四川、云南等地。青稞是藏区种植业生产的支柱，与农牧民生计息息相关，是民生的基础，对保证藏区粮食安全、维护藏区社会稳定、增加藏区农牧民收入、推动藏区经济发展具有重要意义。在藏区，素有"青稞增产、粮食丰收、社会稳定，青稞增值、农民增收"的说法。

青稞在青藏高原上种植约有 3 500 年的历史，是藏族文化的重要载体，青稞从物质文化领域延伸到精神文化领域，在青藏高原上形成了内涵丰富、极富民族特色的青稞文化。原始、神秘的藏文化往往与青稞交织在一起，青稞文化根深蒂固于藏民的生活之中，放射出独有的文化气息。

第一节　青稞起源与历史

一、青稞的起源与传承

1926 年，Vavilov N 在研究从全世界收集的 16 000 份大麦样本后，从他所提出的 8 个作物起源中心中确定了 3 个是大麦起源中心，即中国、近东和埃塞俄比亚，这也是目前学界普遍公认的关于大麦青稞起源。但关于栽培大麦的起源地仍有争议。1938 年，瑞典 Aberg E 在中国西康道孚县发现野生六棱大麦（*Hordeum agriocrithon*），并认为中国是大麦起源地以后，引起了国际上关于中国大麦起源问题的争论。部分研究认为栽培大麦起源于野生二棱大麦（*H. spontaneum*），在中国没有发现野生二棱大麦。

自 20 世纪 50 年代初以来,中国科学家程天庆、邵启全、李璠等先后在西藏、青海发现了包括野生二棱大麦在内的各类型野生大麦,并从同工酶谱、核型等研究证明它们与中国栽培大麦有较密切的亲缘关系。

1964 年,徐廷文在甘孜县再次发现野生六棱大麦,同时,他也发现有野生二棱大麦和中间型野生大麦。他将三种野生大麦分别与六棱裸大麦杂交,结果二棱、脆穗轴、有稃三种性状都是显性。三种野生大麦中只有野生二棱是完全纯合的野生种。因此他认为,大麦的六棱、坚穗轴、裸粒是由二棱、脆穗轴、有稃进化而来的,栽培大麦的始祖是野生二棱大麦。结合前人研究和生态学分析,徐廷文得出结论:中国的青藏高原不仅是六棱大麦的起源地,而且还是二棱大麦的起源地。这时国内有人对此提出怀疑,理由是青藏高原的野生大麦只是存在于栽培大麦田间地埂上的"杂草型"野大麦,是次生产物,不如近东野生二棱大麦原始。徐廷文通过对甘孜和以色列两种野生大麦基因型比较研究认为,甘孜野生二棱大麦的春性(Sh2)、小穗轴长毛(S)、穗粒深色(B,B1,Re)等性状都是纯合的显性或上位性,比以色列野生二棱大麦的半冬性(Sh,sh2,sh3)、小穗轴短毛(s)、穗粒浅色(b,b1,re)等隐性或下位性性状更为原始。因此,中国的野生二棱大麦不是次生产物,也不是从近东传入的,中国是世界大麦起源中心之一。

根据甘肃民乐县六坝乡东灰山 1985—1986 年发现的新石器时代遗址中大麦粒判断,中国大麦栽培历史至少超过 5 000 年。在藏区流传着许多有关青稞种子来历的神话、传说、歌谣等,内容多为记载狗、鸟、鹤等动物带青稞种子到人间的过程。最具有代表性的一则是录入《藏族文学史》里的神话故事《青稞种子的来历》,故事里记载了阿初王子与蛇王搏斗,变成黄毛狗抢回青稞种子,播种青稞的过程,反映了藏族先民长期与大自然搏斗的历史性一幕。藏区每年收完青稞,人们吃新青稞做的糌粑时,总要先捏一团喂狗,这一风俗一直流传到今天。

二、青稞的历史地位

青稞是青藏高原最具特色的农作物,在海拔 4 200m 以上区域,青稞是唯一的种植作物。青稞生产地位突出,常年播种面积占藏区粮食作物播种面积的 60% 以上,占藏区粮食总产量的 55% 左右,占农牧民粮食消费的 60%。可见,青稞是藏区农牧民不可替代的主粮,是种植业生产的支柱,与农牧民生计息息相关,是民生的基础。青稞产业是藏区农牧业的主导产业和特色优势产业,青稞的生产及发展对于藏区粮食安全、维护藏区社会稳定具有重要的意义。此外,青稞还是藏族文化的重要载体,在保护藏文化中起着无法替代的作用。

在青藏高原发展青稞产业意义重大。2018 年农业农村部、国务院扶贫开发领导小组办公室将青稞确定为青海省重点扶持的特色产业之一。2018 年 11 月 9 日，青海省人民政府办公厅印发《牦牛和青稞产业发展三年行动计划（2018—2020 年）》，西藏借助农业供给侧结构性改革，编制《西藏高原特色农产品基地发展规划（2015—2020 年）》，确立青稞基础产业发展地位；制定出台《"十三五"西藏自治区粮食"双增长"行动计划》和《关于实施青稞增产行动的意见》。"十三五"期间，青海省将青稞确定为当地农牧业十大特色产业之一，将其列为全省深度贫困区的主要产业。促进藏区青稞高效化生产方式转变，培育新兴经营主体，对于促进藏区农牧民增收和脱贫致富至关重要；青稞种植区多位于农业区的边缘地带或农牧交错区，其生态、生产条件严酷，发展青稞产业，十分有利于生态区植被的就地保护。

随着人们生活水平的提高和生活理念的转变，特别是大健康产业的不断推进，人们对特色农产品消费需求不断增加。现在已经兴起"杂粮热"，各种杂粮备受青睐，需求量不断增大，在当前日常的饮食结构中扮演着重要的角色。青稞含有"三高两低"的营养成分（高蛋白、高可溶性纤维、高维生素和低脂肪、低糖），并含有较丰富的矿物质元素、维生素、膳食纤维以及 β-葡聚糖、α-生育三烯醇等多种生理功效成分，长期以来在保障藏区农牧民健康方面发挥着重要作用，青稞正在由一个区域性口粮作物向全球性健康食源作物发展。

第二节　青稞生产与文化

一、青稞的生产与消费

青稞（即"裸大麦"，藏语称"乃"），是青藏高原的特色作物，也是藏区最具优势的特种粮食作物。青稞在中国栽培历史悠久，主要集中分布在我国西藏、青海、甘肃省的甘南藏族自治州，四川的阿坝，甘孜藏族自治州，云南的迪庆藏族自治州，以及内蒙古等少数高寒冷凉地区，共 20 个地（州）、市县（区、市）。由于地势高、群山连绵，不足 3% 的耕地散布在大约 $250 \times 10^4 \text{km}^2$ 的广袤区域，使青稞生产天然分隔，大致形成了藏南河谷农区、藏东三江流域农区、藏东南农林交错区、喜马拉雅山南坡秋播区、藏西北荒漠高寒农区、柴达木盆地绿洲农区、青海环湖农业区、青海环藏农牧业区、甘肃天祝藏蒙黄高原交汇农区、青南-甘南-阿坝高原农牧过渡区、甘孜荒漠半干旱农区、迪庆温湿农区等十多个生产区域类型。此外，临近青藏高原的云南丽江地区、四川凉山州，以及与青海、甘肃接壤的河西走廊一带的军垦农（牧）场也有青稞种植。农田海拔高度 1 400～4 700m，年日照时数为 1 800～2 600h，年平均气温为 1.1～12.7℃，无霜期相差 70d 以上，降水量为 300～1 000mm，且主要集中在 4～9 月。

整个青稞种植区域的青稞种植比例由外向内逐步加大并随海拔高度增高而增加，处于高原中心的西藏自治区青稞种植面积占到全区域的 57%，而其余海拔较低的边缘四省所占比例不足 40%，在海拔高度 4 200m 以上的农田，青稞是唯一种植作物。不同产区因生态、生产条件（水平）差异，种植不同类型的品种，藏南河谷、柴达木绿洲等（核心）灌溉农区以种植中晚熟高产类型品种为主，而藏西北、青海环湖、甘南-阿坝、甘孜等高寒、边远的非灌溉农区则以早熟、耐寒、耐旱的丰产型品种居多。

青稞种植面积分布见图 1-1，青稞产量分布见图 1-2。

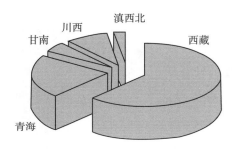

图 1-1　青稞种植面积分布

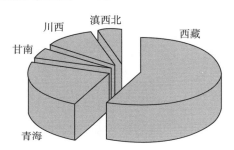

图 1-2　青稞产量分布

在全区域的青稞生产中，以西藏占比最大，其种植面积和总产量分别占全区域总面积和总产量的 57% 和 62%；青海省次之，其播种面积和总产量分别占全区域总面积和总产量的 23% 和 22%。两省区青稞种植面积和总产量合计分别占到了全区域的 80% 和 84%，显然是全区域（全国）青稞生产的重心，其他三省都是区域性种植，其中川西甘孜、阿坝等地的种植面积占总种植面积的 10%，产量占总产量的 8%，甘南州 7 县 1 市等地的种植面积占总种植面积的 5%，产量占总产量的 4%，云南迪庆州 3 县 1 区等地的种植面积占总种植面积的 2%，产量占总产量的 1%；其他相邻地区种植面积占 3%，总产量占 1%。近年来，良种补贴、繁育补贴、农机具购置补贴等国家一系列惠农富农政策，极大地调动了农牧民种植青稞的积极性，青稞良种良法的大力推广应用，使青稞种植面积和产量逐年增加（图 1-3、图 1-4）。2018 年西藏青稞种植面积为 209.7 万亩*、青海种植面积为 73.02 万亩；2019 年西藏青稞种植面积达到 208.79 万亩、青海种植面积为 95.78 万亩。2019 年西藏青稞产量为 79.29 万 t，较 2018 年增加 1.57 万 t；2019 年青海青稞产量为 14.41 万 t，较 2018 年增加 4.89 万 t。

---

*　亩为非法定计量单位，1 亩≈667m²。——编者注

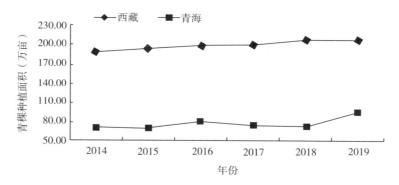

图 1-3　2014—2019 年西藏及青海青稞种植面积

（数据来源：西藏、青海历年统计年鉴）

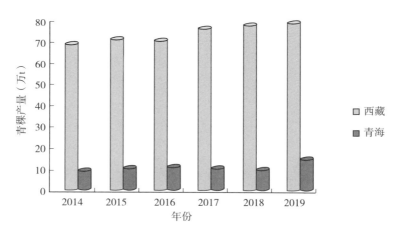

图 1-4　2014—2019 年西藏及青海青稞产量

（数据来源：西藏、青海历年统计年鉴）

随着农业技术的不断发展，青稞"变"了，变得更高产、更有营养，加工食品的种类也越来越多，青稞逐渐从"产自高原"走上了"产业高原"。从 20 世纪 70 年代开始，国内外展开了对青稞的研究，主要集中在粮食加工制品、青稞酿酒、有效成分的提取以及动物饲料等方面。在西方，17 世纪以前，一直用青稞制作面包。至今仍有人将青稞加工成珍珠米、麦精、麦片，或将青稞膨化处理后作为快餐与早餐食品；也有人用麦芽制作面包、麦茶和糖果等。在高寒、干旱、盐碱地区，如俄罗斯、北欧、北美以及土耳其、伊拉克、伊朗、北非等地区，青稞仍然是当地居民的主食。此外，由于青稞营养成分符合"三高两低"的要求，青稞作为粮食消费正在得到更多的关注，随着人们对青稞营养功能认识的深入，青稞的食物消费量还会不断增长。

在中国，青稞的消费区域主要集中在青藏高原，长期以来，青稞作为粮食消费的比例占绝大多数，主要是在青藏高原区域内消费，消费群体固定，区域特点突出，如糌粑、甜醅等。藏族的食物结构中以糌粑、酥油茶、奶制品和牛羊肉等为主，酥油茶、奶制品和牛羊肉都是高脂肪、高蛋白和高热量的食品。藏区缺乏蔬菜、水果等维生素来源，藏族同胞几乎很少食用蔬菜、水果。在这种饮食结构中，藏族人群中却很少患高血脂、高血压、高血糖等疾病，究其原因，显然与食用青稞密切相关。青稞中含有较全面的营养成分和独特的生理功能元素是维持藏族人群健康的重要因素。青稞具有促进人体健康长寿的合理营养结构，具备"三高两低"的营养成分，其营养成分全面，具有极高的营养价值和食疗价值，是谷类作物中的佳品，经常食用可补充人体营养。青稞的营养成分组成见表1-1。

表 1-1　青稞的营养成分组成

成分名称	含量	成分名称		含量	成分名称	含量
可食部	100%	硫胺素		0.34μg/100g	精氨酸	437mg/100g
能量	1 418kJ/100g	维生素 E		0.96mg/100g	天冬氨酸	512mg/100g
糖类	75g/100g	母育酚	α-E	0.72mg/100g	亮氨酸	513mg/100g
灰分	3g/100g		β-E、γ-E	0.24mg/100g	赖氨酸	175mg/100g
水分	12.4g/100g	钙		113mg/100g	组氨酸	308mg/100g
蛋白质	8.1g/100g	磷		405mg/100g	谷氨酸	2 639mg/100g
脂肪	1.5g/100g	铁		40.7mg/100g	缬氨酸	297mg/100g
β-葡聚糖	5.6g/100g	锌		2.38mg/100g	异亮氨酸	215mg/100g
膳食纤维	1.8g/100g	铜		5.13mg/100g	酪氨酸	267mg/100g
尼克酸	6.7mg/100g	锰		2.08mg/100g	丝氨酸	466mg/100g
核黄素	0.11mg/100g	硒		4.6μg/100g	苏氨酸	249mg/100g

随着研究的不断深入青稞的保健药用价值已日益为国内外所关注与认同，备受消费者的青睐。青海省青稞加工业快速发展，开发的系列青稞深加工产品进入市场，走进了人们的生活，例如青稞米、青稞挂面、青稞速食面、青稞饼干、青稞酸奶及青稞甜醅等产品在省城各大超市随处可见。青稞酒加工仍是青稞加工业的领头羊。目前以青稞为原料开发的酒品主要有青稞白酒、青稞干酒、青稞啤酒和青稞营养酒等。其中青海省互助县的青稞酒为国家地理标志产品，互助县还开发了具有地方特色和"绿色食品"称号的青稞系列，即青稞液、互助头曲、青稞酒、青稞特酿。云南迪庆香格里拉酒业股份有限公司开发的"香格里拉藏秘"青稞干酒，为青稞酒品增加了新的品种以及新的用途，产

品曾在国际诗酒节上获得"金爵"奖。拉萨啤酒厂研制出11°优级标准的青稞啤酒，既有啤酒花的香味、柔和协调的口感，又有青稞的芳香和保健功效，是普通啤酒和青稞啤酒典型特征的完美结合。兰州黄河嘉酿啤酒有限公司推出的青海湖青稞啤酒系列，很受消费者的青睐。以青稞为主要原料制取的青稞黄酒、青稞稠酒，以及以青稞为原料，与其他小杂粮调配开发的营养保健酒也陆续进入市场。目前主要有以黑青稞、黑燕麦、黑米为原料制取的营养酒，以及以青稞、荞麦为主要原料制取的营养酒、竹香青稞酒、红景天青稞茶酒、青稞SOD酒等。产品属于青稞低度酒技术领域，具有度数低、口感性好、营养成分丰富、易于保存和运输、无污染等特点，对人体有较好的保健滋补作用。

二、青稞传统食品与藏族饮食文化

在青稞种植的历史长河中，藏族同胞食用青稞传统生活习惯的形成，一方面是受当地农业生产条件的限制，另一方面是受制于人类生活的适应性和自然生态环境的平衡规律。糌粑、酥油、茶叶还有牛羊肉，被称为西藏饮食的"四宝"。很多藏汉文字的史籍，都记述了藏族饮食文化的发展过程和多种多样的习俗。据《西藏王统记》记载，公元前2世纪，聂赤赞普建立了吐蕃国，开始出现农牧业。第七代赞普止贡和第八代赞普布岱恭杰期间，农业生产得到较大发展。雅隆（今琼结县）居民开垦草原为田，修渠引水灌溉，制木质犁轭，以两牛负轭曳犁耕种。公元5世纪，第二十八代赞普聂松赞（即弃诺颂赞）时，在青藏高原各族中，吐蕃已经以农业经济的发达而知名。到公元7世纪，松赞干布统一吐蕃全境后，积极发展社会生产力，许多山居部落搬至平原经营农业。藏史载称，当时沿雅鲁藏布江流域两岸牛羊遍野，农田相接，人民在高地蓄水为池，低地引水入河。在元、明两代的帕竹噶举执政时期，重视封建庄园的农业生产，经济结构逐步完善。帕竹噶举统治之初的200年，是西藏封建农奴制发展史上农业生产最好的时期。藏区的农作物以青稞为主，其次有小麦、蚕豆、荞麦等。因此，在这种农业经济的基础上，青稞就成为人们主要的粮食作物，糌粑也就成为人们的主食之一。

中医认为：不同的饮食在不同的自然地理环境下，有互补作用。藏民世代生活在雪域高原、耐寒能力强，而对恶劣的自然环境，在高寒缺氧条件下形成了他们独特的、具有藏族特色的膳食特点和饮食习惯。藏族的食品包括糌粑、酥油、酥油茶、甜茶、牛羊肉、奶渣、青稞酒、豌豆、蚕豆、面粉、荞麦、芜根等。藏族的主要饮料包括酥油茶、甜茶、青茶、鲜奶、青稞酒。糌粑、酥油茶、甜茶、青稞酒、牛羊肉最具民族饮食文化特点，是藏族的传统食品。如果把藏族的传统饮食进行分类，可包括以糌粑、藏面、藏式窝窝头、藏式饼子、牛羊肉为主的传统主食，以油条、饼干、奶渣、炒青稞、炒小麦等为主的传统零食，以酥油茶、青稞酒、甜茶、青茶等为主的传统饮料，以芜菁、萝卜、马铃薯、大白菜为主的传统蔬菜，这些基本构成了藏族同胞西藏和平解放后至改革开放前的传统饮食。

糌粑是藏民的主要食品之一。一提到糌粑，人们自然而然联想到藏族。糌粑和藏族密不可分，它不仅是藏民饮食中最具代表性的食品之一，也是藏民的饮食精华。藏族的糌粑饮食民俗并非凭空产生，而是在长期的社会历史发展过程中逐渐产生、形成和发展的。它由最初的填饥饱腹的功能逐渐深入到藏民生活的方方面面，即由一种自然物发展深化为一种文化现象。吃糌粑是藏民饮食文化的形象化表现，它已不单单是藏族的一种饮食民俗，而且是藏族饮食文化的集中反映，蕴含着藏族的历史、文化发展，以及藏民所积淀的心理、观念、伦理、道德、信仰等内涵。

第二章

青稞的营养与功能

青稞是一种禾本科小麦族大麦属的禾谷类农作物，其成熟后外颖和籽粒分离，籽粒裸露无外壳，又称米大麦、裸麦或元麦。青稞在我国栽培历史悠久，种植面积广，主要分布于西藏、青海、云南、四川的甘孜州和阿坝州、甘肃的甘南等海拔 4 200～4 500m 的高寒地区，是我国藏区特色的主产作物和农牧民赖以生存的主要口粮。青稞种质资源丰富，根据青稞颜色、形状等性状区分的品种多达上千种，其中西藏地区以六棱青稞为主，青海以四棱青稞为主。青稞与一般谷物的主要组成相近，但营养价值更高，具有"三高两低"的营养成分（高蛋白、高纤维、高维生素、低脂肪和低糖），且富含酚类、β-葡聚糖、膳食纤维等活性成分，可很好地迎合人民群众"健康饮食"的需求。青稞籽粒淀粉含量平均为 59.25%，且 74%～78% 为支链淀粉，蛋白质含量为 6.35%～21.00%，平均水平为 11.31%，高于小麦、水稻、玉米等大宗作物。青稞蛋白质中人体必需的 8 种氨基酸含量较高，相比一般谷物普遍缺乏的限制性氨基酸赖氨酸含量可达 0.36%。青稞膳食纤维含量可达 1.94%～3.47%，其可溶性纤维和总纤维含量均高于其他谷物。青稞 β-葡聚糖含量为 3.88%～6.78%，居全球大麦之最，其对预防心血管疾病、糖尿病等具有显著作用。另外，青稞中还富含母育酚、黄酮、酚酸、花青素等活性物质，这些物质赋予了青稞天然抗氧化的功能，可在抗癌、抗衰老、预防心血管疾病、提高免疫力等方面发挥良好的生理功效。青稞粗脂肪含量平均为 2.13%，低于玉米和燕麦，其脂肪酸组成主要是亚油酸、油酸、棕榈酸、亚麻酸，不饱和脂肪酸总量超过 77%。随着食品工业和分子营养学的不断发展，青稞已成为功能食品开发的热点之一，青稞食品如青稞酒、青稞啤酒、青稞挂面、青稞麦片、青稞饼干、青稞酸奶、青稞谷物饮料等不断被研发出来。青稞营养物质种类和含量丰富，健康功效突出，具有广阔的加工应用前景，因此对青稞的基本营养成分及功能特性进行分析是青稞开发的理论基础，是青稞产业链发展的重要环节。

第一节　青稞蛋白质

一、概况

蛋白质是青稞主要营养成分之一，青稞中的蛋白质含量为 6.35%～21.00%，平均水平为 11.31%，高于水稻、小麦、玉米而低于燕麦。不同品种、不同粒色、不同地区的青稞，蛋白质含量有一定的差异。有研究报道西藏黑青稞蛋白质含量为 12.29%，显著高于西藏白青稞。青稞中还含有清蛋白、球蛋白、谷蛋白、醇溶蛋白四大类蛋白，它们是青稞蛋白质的基本组分，分别占总蛋白质的 12.95%、12.73%、16.96%、47.83%。青稞中的必需氨基酸丰富，其必需氨基酸模式接近世界卫生组织/世界粮食及农业组织（WHO/FAO）推荐值，总平均值为 317.05mg/g，蓝色青稞中的必需氨基酸最高，但因不同品种而有显著差异。西藏黑青稞比白青稞更接近理想蛋白质模式，具有更高的利用价值。

青稞蛋白质含量是青稞重要的品质性状指标，不仅影响青稞作物本身的营养价值，还影响青稞的食用、饲用及酿造使用范围，在食品加工中也是决定食品品质及加工工艺特征的重要指标之一。根据青稞的用途不同，对其蛋白质含量与组成要求亦有不同。对青稞蛋白质食品品质而言，要求蛋白质含量尽可能高且必需氨基酸比例也要高，青稞酿造使用时青稞蛋白质含量要处于适当水平，过高的青稞蛋白含量会影响大麦啤酒的浑浊度、色度等质量指标。随着杂粮酿造技术的不断发展，青稞可与稻米等辅料混合发酵，综合指标符合优良后，对啤酒原料青稞蛋白质含量指标可适度放宽。医药用途的青稞蛋白含量没有特定要求，主要依据酶蛋白、功能多肽及非蛋白功效物质等不同使用目的来选择功能成分含量与组成适宜的青稞品种。研究显示，青稞蛋白质含量受到遗传和环境因素的双重影响，其中遗传因素对青稞蛋白质含量的影响为 20%，环境因素的影响达 80%，青稞蛋白质含量与生育后期日平均气温、月平均日照呈显著正相关，与月平均降水量呈显著负相关，品种间、地区间及年度间均存在显著差异。就环境因子而言，对青稞蛋白质含量影响由大到小的顺序为土壤速效氮含量＞抽穗-成熟期日照时数＞出苗-分蘖期平均气温日较差＞分蘖-拔节期平均气温日较差＞拔节-抽穗期相对湿度。青稞蛋白质含量与生长发育过程中其他成分的代谢及籽粒的外形紧密相关，专注于提高一个组分可能会造成另外组分含量不足，从而影响综合营养价值，而从外形角度来看，大粒和圆粒青稞蛋白质含量往往较低。因此，在青稞食品加工中，不仅要进行适宜加工品种的筛选，也要从籽粒的机械分选入手，从而得到不同青稞蛋白含量的青稞籽粒，保证青稞食品的加工品质。

氨基酸是蛋白质的基本组成单位，根据人体是否可以合成及需求量可分为必需氨基酸和非必需氨基酸。通过一般氨基酸分析方法可以测定 18 种青稞氨基酸，其中青稞的必需氨基酸含量丰富，除低于燕麦外，高于小麦和玉米。人体通过杂粮摄入各类氨基酸，对于维持正常新陈代谢、保持身体健康具有重要意义。氨基酸的营养价值目前主要利用现代营养学的方法来评价，认为当食物蛋白质的氨基酸组成越接近人体蛋白质组成且可被人体消化吸收时，其营养价值越高，常用的评价手段有氨基酸比值系数（SRC）法、必需氨基酸模式模糊贴近度（FNAAP）法、WHO/FAO 推荐氨基酸评分模式及化学评分等，以此可以对青稞蛋白质氨基酸组成进行营养价值评价。研究表明，青稞不同品种赖氨酸平均含量为 33.85mg/g（0.39%），最高可达 76.147mg/g（0.62%），不同品种间必需氨基酸含量差异较大，而必需氨基酸占氨基酸总量百分比（E/T）变异较小，必需氨基酸总平均值为 317.048mg/g，低于全鸡蛋蛋白，接近WHO/FAO 推荐值，氨基酸评分（AAS）显示，第一限制氨基酸主要为赖氨酸，第二限制氨基酸主要为异亮氨酸，第三限制氨基酸主要为苏氨酸。青稞作为藏区的主要口粮作物，通常要求蛋白质含量高且氨基酸含量与组成优良，但青稞籽粒中必需氨基酸如赖氨酸、色氨酸等含量仍然较低，在实际加工中可通过多原料配比或采用新技术使其营养品质进一步提高，例如采用萌动技术或豆科植物复配等，从营养学角度而言，通过膳食摄入不同来源的多种蛋白质更利于吸收利用。

二、青稞蛋白质的测定

青稞蛋白质属于谷物蛋白这个大群体，因此对于青稞蛋白质含量的测定与常规蛋白质分析方法一致。目前，蛋白质测定的方法有很多，如考马斯亮蓝比色法、色谱法、毛细管电泳法、近红外分析法、双缩脲法、凯氏定氮法等。对于青稞全籽粒蛋白质测定，常采用的是基于近红外 NIR 光谱的无损分析法，如近红外谷物分析仪、近红外光谱仪等。谷物和面粉中蛋白质测定的标准方法为经典凯氏定氮法（美国谷物化学协会，1983），其基本原理为蛋白质的含氮量通常占其总质量的 16% 左右（12%～19%），因此通过测定物质中的含氮量即可估算出物质中的总蛋白质含量，即蛋白质含量＝含氮量/16%。凯氏定氮法现已发展为常量、微量、半微量及自动定氮仪法，其中常量凯氏定氮法为国标标准方法（GB 5009.5—2010）。蛋白质含量测定基本流程如下：样品中的蛋白质经硝化后形成 NH_4^+，于凯氏定氮器中与碱作用，通过蒸馏释放出 NH_3 并采用 H_3BO_3 溶液吸收后，用已知浓度的 H_2SO_4（或 HCl）标准溶液滴定，根据消耗酸的量计算出氮的含量，乘以相应的换算因子（一般为 6.25）后即可得到蛋白质含量。不同被测材料的换算系数变化较大，通常为 7.3%～

19.85%，测定中需要经过重复试验获得较好的相关系数（0.98～0.99）和回归方程，从而减少对样品如青稞籽粒和面粉等的标准预测误差，更好地反映样品的蛋白质水平。

　　蛋白质经消化、酶解、水解等作用或参与代谢后可形成由多个氨基酸分子组成的小分子片段多肽，它是蛋白质的结构与功能片段，是具有很强生物活性的功能性物质，在保健食品及医药领域用途广泛。多肽主要根据肽链中氨基酸的数目来分类，分子由 2 个氨基酸分子脱水缩合形成的肽为二肽，分子由 3 个氨基酸分子脱水缩合形成的肽为三肽，氨基酸分子数目在 10 个以内的为寡肽，而氨基酸分子为 10～50 个时为多肽，50 个以上时往往具备特定的空间构型，即为蛋白质。多肽化合物不仅具有优良的生物活性，同时也是补充人体氨基酸的重要来源。目前，利用现代生物工程技术可以将不同来源的动植物蛋白质通过蛋白酶切为分子质量在 240～1 000 的小分子活性肽，相应的产品中往往含有活性肽、20 种氨基酸以及多种微量元素。多肽相比蛋白质更易于吸收利用，人体摄入后可发挥蛋白质所不具备的生理功能，是目前研究最活跃的领域之一。白尼玛（2018）利用复合蛋白酶水解青稞蛋白以获得活性多肽，通过响应面（RSM）分析显示青稞蛋白酶解最优条件为底物浓度 2%，酶解温度 46℃，酶用量 10 000U/g，pH 为 7.45，酶解时间为 3h，此条件下青稞多肽得率可达 10.45%。赵珮等（2014）以甘啤 4 号六棱大麦为原料，研究了大麦多肽的提取工艺与抗氧化活性，采用二次回归旋转组合设计优化得到了大麦多肽制备的最佳条件为液料比 32∶1（V/M）、提取时间 69min、提取温度 34℃，在此条件下大麦多肽得率为 13.109 4mg/g，制备的多肽对 FRAP、ABTS$^+$· 及 DPPH· 表现出较好的抑制性能。青稞多肽的测定方法主要有双缩脲法、Folin-酚法、邻苯二甲醛法（OPA 法）、紫外吸收法等，由于多肽是蛋白质的基本结构和功能单元，组成单位均为氨基酸，因此多肽测定方法与蛋白质测定方法相同，但并不是所有的蛋白质检测方法均适合多肽。多肽与其他生物分子分析要求一样，也需要对待测物质进行分离和初步净化，目前常采用水提取或其他溶剂萃取、透析袋透析、柱层析分离（如葡聚糖凝胶柱、硅胶层析柱等）、高效液相色谱收集等方法，经过预处理的多肽样品可利用氨基酸组分分析仪检测氨基酸残基的组成，利用高效液相色谱与质谱联用仪检测多肽的相对分子质量分布区间。

　　氨基酸是含有氨基和羧基的一类有机化合物，氨基酸是构成多肽和蛋白质的最小单位。氨基酸分子结构及残基不同，其等电点、解离能力及生物学活性亦有区别，各种必需氨基酸和非必需氨基酸可通过日常正常饮食来供给，氨基酸进入机体吸收利用后，在组织的代谢、生长、维护和修复过程发挥着重要的作用。氨基酸的检测方法主要有茚三酮比色法、氨基酸自动分析仪法、高效液相色谱法及荧光分光光度法等。茚三酮比色法是氨基酸测定的传统方法，其基本原理为茚三酮与氨基酸相互作用产生显色反应，形成在 570nm 处有最大吸收的蓝色产物，其中羟脯氨酸与茚三酮反应后生成最大吸收 440nm 的黄色产物，建立标准曲线后可对实际样品测定。现在通常采用氨基酸自动分析仪来测定，GB/T 5009.124—2016 对食品中氨基酸的测定方法做了要求，首先样品通过盐酸水解，使蛋白质水解成为游离氨基酸，然后采用离子交换层析柱将各种氨基酸分离洗脱，洗脱后的氨基酸与茚三酮反应产生颜色，通过荧光或紫外检测器自动测定各种氨基酸含量。这种酸水解法可以同时测定天门冬氨酸、组氨酸、赖氨酸、精氨酸、苏氨酸、丝氨酸、谷氨酸、脯氨酸、甘氨酸、丙氨酸、缬氨酸、蛋氨酸、异亮氨酸、亮氨酸、酪氨酸和苯丙氨酸等 16 种氨基酸。然而胱氨酸易被盐酸水解破坏，不能采用这些方法检测，因此要采用过甲酸氧化法将蛋白质中的胱氨酸和半胱氨酸氧化为半胱磺酸，进而采用氨基酸自动分析仪测定。此外，色氨酸也易被酸分解，要采用碱水解法水解蛋白质，然后利用色氨酸在 pH 11 的溶液中能产生较强荧光的原理，通过测定色氨酸荧光来计算其含量。近年来，根据反相色谱原理制造的氨基酸分析仪可以使蛋白质水解出的 17 种氨基酸在 12min 内完成分离，灵敏度高（最小检测量可达 1pmol）、重现性好，且一机多用，在食品、饲料、医药等领域有广阔的应用前景。

三、青稞蛋白质营养品质

青稞蛋白质含量受品种的遗传基因、栽培条件和环境条件等因素影响，不同品种、产地和栽培条件下的青稞蛋白质含量变异很大。我们对来自青海、西藏、四川、甘肃、云南等青稞主要种植区的 38 个主栽青稞品种进行了营养品质分析，结果显示，供试青稞品种蛋白质含量为 8.14％～15.16％，平均为 11.82％，变异系数达 15.55％。测试的 38 个青稞品种中，有 39.47％的青稞蛋白质含量集中在 11.0％～13.0％，蛋白质含量小于 11.0％的占 31.57％，蛋白质含量高于 13.0％的占 28.95％，其中喜马拉雅 19 品种的蛋白质含量高于 15.0％。朱睦元等研究表明，皮大麦籽粒平均蛋白质含量为 10.6％，青稞籽粒平均蛋白质含量为 12.5％，大麦米平均蛋白质为 10.2％（以浙江种植的 10 个材料平均值为参考），大麦蛋白质含量比燕麦和小麦低（燕麦 14.8％，小麦 13.6％），比水稻和玉米高（大米 10.2％，玉米 10.5％）。按照蛋白质的分类方法，青稞籽粒蛋白质依据溶解性可划分为水溶性蛋白（清蛋白，10％～30％）、盐溶性蛋白（球蛋白，约 20％）、醇溶性蛋白（醇溶蛋白，10％～30％）、碱溶性蛋白（谷蛋白，15％～40％）等不同类型。青稞蛋白质及其组成比例的不同除了与基因型有关外，还与种植土壤、水分、肥料、温度、光照、分析提取方法、磨粉粒度、萃取时间和温度等影响有关，不同的学者在不同的条件下报道的数据存在明显差异性，因此在对青稞进行营养品质评价分析时应当综合考虑。

青稞蛋白质组成的特点是清蛋白和球蛋白含量较高，醇溶蛋白和谷蛋白含量较低。面团的面筋网络主要是由醇溶蛋白和谷蛋白构成，这使青稞缺少面筋组分而难以形成青稞面团，导致其工业化加工品质与大宗作物差异较大，以往大麦直接作为饲料使用，裸大麦青稞则是藏区农牧民的口粮。由于清蛋白、球蛋白和谷蛋白的赖氨酸和苏氨酸含量比醇溶蛋白高，青稞蛋白质必需氨基酸齐全，且谷物限制性氨基酸含量显著高于小麦、玉米等，因此青稞蛋白质价值较高，对食物的营养品质的影响较大。青稞蛋白质水溶性较差，限制了其在食品加工中的应用。通过某些技术对青稞蛋白进行水溶性改性，可以增加蛋白质功能性并拓展蛋白质应用范围。例如，通过脱酰胺作用可以提高青稞醇溶蛋白在水中的溶解度、稳定性和乳化性，增加功能性。青稞蛋白也可通过水解或酶解后发挥其他生物学活性，比如将青稞蛋白通过复合蛋白酶水解，水解形成的蛋白质片段、多肽、氨基酸等保健功效突出，水解物具有良好的抗氧化、降血糖、治疗糖尿病等功能，醇溶蛋白、谷蛋白的水解物表现出显著的抗氧化性和血管紧张肽转移酶抑制活性。青稞氨基酸包括常见的 16 种必需氨基酸和非必需氨基酸，总体来说不同青稞品种间氨基酸含量与组成之间差异明显且变异较大，而必需氨基酸占氨基酸总量的百分比（E/T）变异较小，平均水平约 34.88%，蛋白质中的必需氨基酸总含量平均值约为 317.048mg/g 蛋白质，低于全鸡蛋蛋白，接近 WHO/FAO 推荐值（360mg/g 蛋白质）。我们的一项研究显示，青稞品种中藏青 25（488.58mg/g 蛋白质）、北青 9 号（388.52mg/g 蛋白质）、云青 2 号（383.19mg/g 蛋白质）和藏青 690（371.70mg/g 蛋白质）必需氨基酸总含量较高，较显著大于 WHO/FAO 推荐值（360mg/g 蛋白质），略高于 WHO/FAO 推荐值的有北青 3 号、柴青 1 号、短白青稞、云青 2 号、藏青 320、门农 1 号、阿青 6 号、甘青 5 号及北青 4 号等。上述品种青稞蛋白质必需氨基酸比例高，营养价值较高。

四、青稞蛋白质功能特性

（一）蛋白质功能特性

蛋白质的功能特性决定着蛋白质在食品加工中的特性及应用范围，而蛋白质的功能性质受来源、环境条件、理化特性与结构特征等共同影响。对于青稞蛋白而言，其溶解性、起泡性、乳化性、凝胶特性等对青稞食品加工及食用感官品质有重要意义，例如作为食品蛋白原料首要是溶解性好，因为蛋白质溶解性对其在食品工业中的稳定性、风味等有直接作用。在 pH 2.0～10.0 的范围内青稞蛋白溶解性呈现先下降后上升的趋势，在等电点 pH 5.0 时青稞蛋白溶解度最差。张文会（2014）对藏区的 7 个主要青稞品种蛋白质溶解性进行了研究，结果显示在酸性条件下昆仑 12 溶解性最好，在碱性条件下喜拉 19、昆仑 12、藏青 148 溶解性优于藏青 25、藏青 320、北青 6 号、冬青 8 号，喜拉 19 吸水性最好，藏青 320 吸水性和吸油性综合较优，而昆仑 12 两者均较差。青稞蛋白质溶解性受到温度的影响显著，在 35～55℃的范围内，青稞蛋白溶解度明显增大，最高可达 92.77%，超过 55℃后则大幅下降，主要原因是适宜温度有利于水分子和蛋白分子相互作用，而高温下蛋白质产生变性，使得空间构象中弱键断裂，且肽键受到破坏，非极性基团暴露，蛋白质分子间的相互结合及沉淀作用加剧，溶解度显著降低。青稞蛋白持水力随着蛋白质量浓度的增加而增加，在 5～20g/L 的质量浓度范围内，持水力增加最为明显，在 20～25g/L 时持水力增加幅度趋于平缓，而超声处理能使青稞蛋白结构疏松、极性基团展开、吸附水分子能力强化、蛋白持水性增强。青稞蛋白在 pH 4～6 的范围内持水力最低，在中性偏碱性的条件下持水力较高，这与不同 pH 下蛋白质分子的离子作用和荷电量不同导致的静电相互作用强弱有关。在 35～65℃范围内，青稞蛋白持水力随温度升高而升高，65℃后由于蛋白热变性的原因持水力显著下降。青稞蛋白质的起泡性和泡沫稳定性随着蛋白浓度的增大而增强，主要是因为蛋白质浓度越高，其黏度越大，越有利于在界面上形成多层黏附性蛋白膜，从而产生较小的气泡和较硬的泡沫，此外，蛋白质浓度较大时，蛋白质之间的相互作用也可形成较厚的吸附膜，提高泡沫的稳定性。盐类的加入会降低青稞蛋白质的起泡性和泡沫稳定性，而蔗糖的加入则会提高两者的水平。

青稞蛋白质的乳化性及乳化稳定性在一定范围内随着浓度增大而增强，但增长幅度则越来越小，蛋白浓度增大增加了界面分子数量，提高了液膜的厚度和强度。当 pH 在等电点附近时，青稞蛋白乳化性和乳化稳定性最低，在强酸强碱环境下，乳化性能较高，而盐的加入可破坏蛋白质乳化胶体的水化层，导致蛋白质凝聚和沉淀，进而降低乳化性及乳化稳定性。青稞蛋白具有弱凝胶特性，其凝胶形成性能受 pH、蛋白质浓度、加热温度、加热时间、离子强度等因素影响。青稞蛋白在 10% 以上时可形成凝胶，且随着蛋白浓度升高其凝胶强度呈现增加趋势，20% 浓度的凝胶硬度为 30～40g，青稞蛋白凝胶以弹性为主体系，结构性较强。青稞蛋白凝胶硬度最大的条件为加热温度约 95℃，时间约 40min，体系中 NaCl 浓度和丙二醇浓度升高使得凝胶硬度和储能模量先升高后降低的趋势，但尿素浓度与之呈正相关，当尿素浓度为 7mol/L 时凝胶硬度可达 90.29g，这主要是因于尿素作为一种有效的蛋白质变性剂，可破坏蛋白分子内和分子间氢键及疏水相互作用，促使青稞蛋白折叠，活性基团暴露并相互作用，促进了凝胶的形成。

（二）青稞活性肽

多肽主要是由蛋白质水解生成的小分子片段，能体现蛋白质功能特性，在天然动植物体内存在少量的天然多肽物质，它们对机体抗氧化应激、降血糖、调节代谢等有着重要意义。青稞中的活性多肽主要是近年来发现的 Lunasin，其最初发现于大豆中。Lunasin 由 43 个氨基酸构成，相对分子质量为 4 800，N 端第 1~22 个氨基酸的功能尚不清楚，第 23~31 个氨基酸可使 Lunasin 结合到组蛋白 H3 和 H4，第 32~34 个氨基酸为细胞黏附基序"Gly-Arg-Gly"，是 Lunasin 内化进入细胞和细胞核的重要工具。Lunasin 成分可以通过下调 3T3 - L1 细胞中 PPARY 基因的表达来发挥抑制脂肪生成的效果。C 端 9 个 Asp 可以使 Lunasin 与染色体和组蛋白核心结合，起到抵抗有丝分裂的作用。青稞 Lunasin 提取基本流程为：籽粒→粉碎→脱脂→提取→透析→离心→粗提物→纯化→检测。在操作过程中初步提取得到的是含 Lunasin 的粗蛋白，该提取物可直接用于食品加工，但作为医药用途则还需通过层析柱、离子交换柱对粗提物进行纯化，最后再采用凝胶电泳、蛋白质印迹、质谱等手段对 Lunasi 定性鉴定和定量纯度分析。

除此之外，青稞中还有一些其他活性多肽成分，有的已被鉴定分析，而有的则需要后续进一步的研究发现。有学者从青稞胚芽中分离出了一种 DNA 结合肽，经过纯化后，获得了青稞活性肽，氨基酸分析仪对多肽组成检测显示，该活性肽主要由天门冬氨酸、丝氨酸、谷氨酸、甘氨酸、缬氨酸、亮氨酸、苯丙氨酸、组氨酸、赖氨酸等组成，高效液相色谱质谱联用仪分析显示其相对分子质量为 250~1 300。

第二节　青稞糖类

一、概况

糖类是自然界中存在最多、分布最广的一类重要有机物质。根据食物中的糖类是否可以被人体利用将其分为两大类：一类是人体可以消化吸收的有效糖类，如单糖、双糖、多糖；另一类是人体不能消化的无效糖类，如纤维素等。糖类是生物体维持生命活动所需能量的主要来源，部分化合物还具备营养和生理活性双层功效，它与蛋白质、脂肪被视为生物界三大基础物质。糖类是构成个体、器官、组织、细胞的重要物质基础，参与生物体的生长、运动、繁殖等代谢供能过程。

青稞中的糖类主要包括淀粉、抗性淀粉、纤维素、单糖、双糖、非淀粉多糖和低聚糖等。淀粉是青稞中最主要且最重要的营养成分，其影响加工品质和食用品质，在青稞籽粒中占籽粒重量的 50％～67％，主要由直链淀粉（amylose）和支链淀粉（amylopectin）组成，其中直链淀粉占总淀粉比例的 25％～30％，品种间存在很大的差异性，这与青稞的品种、栽培条件、成熟后处理、土壤肥力等因素相关。青稞淀粉含量、直链淀粉/支链淀粉比直接影响淀粉功能特性、质量及应用领域，例如高直链和低直链青稞淀粉与普通淀粉相比，膨胀力和黏度都具有极端的表现，这些特点促使淀粉在食品和非食品领域具有特殊用途。青稞膳食纤维是指青稞中不被人体消化吸收的，以多糖为主的高分子糖类总称。研究表明，膳食纤维具有维持正常血糖、血脂和蛋白质水平、控制体重、预防结肠癌、糖尿病、高血压等多种生理功效，被称为继淀粉、蛋白质、脂肪、维生素、矿物质和水之后的"第七营养素"。青稞中富含膳食纤维，尤其是富含 β-葡聚糖，β-葡聚糖是可溶性膳食纤维的主要组成部分，在大麦中分布均匀，主要集中在胚乳和次糊粉层细胞壁中，含量受到遗传和环境因子的影响，具有降血糖、降血脂、降低胆固醇、抗肿瘤、增强免疫力、抗氧化应激等多种生物学活性。青稞中的糖类化合物还包括单糖（葡萄糖 0.04％～0.65％，果糖 0.05％～0.26％）、双糖（蔗糖 0.29％～2.5％，麦芽糖 0.006％～0.24％）、低聚糖（果聚糖 0.02％～0.99％，棉籽糖 0.12％～0.93％）、多聚糖（淀粉、戊聚糖 3.4％～7.9％，β-葡聚糖 0.64％～8.21％，纤维素 1.24％～6.3％），这些物质不仅使青稞像其他谷物一样具备了提供营养元素的基础，也使其具有更好的功能特性。

二、青稞糖类测定方法

青稞中大分子淀粉测定的传统方法主要是基于碘与淀粉螺旋结构内部结合后使淀粉颗粒吸收光线的波长发生改变的原理来测定，如将少量黄色碘液与淀粉混合后将会产生蓝色，经由红色滤镜的色谱分析仪可测定淀粉浓度。青稞中的中低分子糖类测定通常采用比色法、纸层析等方法，随着分析检测技术的进步，现可以利用气相色谱和高压液相色谱等方法直接分析。目前，对于葡萄糖、β-葡聚糖、淀粉等糖类化合物已有市售试剂盒，该法检测方便、快速、结果准确，极大地提高了谷物品质分析的效率。

（一）总淀粉、直链淀粉和抗性淀粉的测定

总淀粉含量测定多采用 Megazyme 总淀粉含量测定试剂盒方法（AOAC 法 996.11/AACC 法 76.13 改进版）。这种试剂盒测定方法具有较高的特异性、灵敏度和精确性，检测限较低一个试剂盒可以测定 100 次以上。

直链淀粉含量测定主要采用 Megazyme 直链淀粉/支链淀粉含量测定试剂盒（K-AMYL 07/11），当样品为纯淀粉时测定结果相对标准偏差（RSD）＜5％，当样品为谷物面粉时，相对标准偏差在 10％左右。

淀粉样品利用二甲基亚砜（DMSO）溶剂加热溶解后，再通过无水乙醇去除其中的脂质，回收淀粉沉淀。加入醋酸盐溶液溶解沉淀后加入伴刀豆球蛋白（Con A）特异性沉淀淀粉中的支链淀粉，然后离心去除剩余沉淀物。取适量上清液，用淀粉葡萄糖苷酶水解为 D-葡萄糖，然后用葡萄糖氧化酶/过氧化物酶试剂进行测定。另取一定量醋酸盐溶解的淀粉样品，通过酶水解样品中的总淀粉为 D-葡萄糖，然后加入葡萄糖氧化酶/过氧化物酶，用比色法测定。根据伴刀豆球蛋白（Con A）沉淀样品的上清液与总淀粉样品中葡萄糖氧化酶（GOPOD）在 510nm 处的吸光度值之比判断直链淀粉在总淀粉中的含量。该方法适用于常规纯淀粉和谷物面粉测定。也有学者报道了一种更为简便、准确的测定直链淀粉/支链淀粉新方法，该方法基于双波长比色原理，即若溶液中某溶质在两个波长下均有紫外吸收，那么两个波长的吸收差值与该溶质浓度成正比。直链淀粉和支链淀粉与碘试剂作用后分别可产生蓝色和紫红色，对应着紫外吸收光谱不同的峰值，因此用紫外分光光度计对两种淀粉与碘试剂的反应进行全波长扫描（450～900nm）后，用作图法在同一个坐标系里确定其各自的测定波长和参比波长，即直链淀粉的测定波长和参比波长分别为 560nm 和 506nm，支链淀粉的测定波长和参比波长分别为 545nm 和 722nm，青稞样品检测线性范围分别为 0.20～0.59mg（$R^2 = 0.999\ 3$）和 0.50～3.00mg（$R^2 = 0.999\ 5$）。该法适用于测定青稞中直链淀粉和支链淀粉含量，具有简便、准确、稳定性和重现性好的特点。

抗性淀粉含量测定多采用 Megazyme 抗性淀粉试剂盒（K-RSRAR 08/11）测定，为了提高方法的准确度、降低检测误差，该法要求样品抗性淀粉（RS）含量＞2%（W/W）。

（二）膳食纤维测定

目前膳食纤维测定多采用纤维测定仪，可以用其检测青稞的粗纤维、酸性洗涤纤维和中性洗涤纤维的含量。可溶性纤维和不可溶性纤维的测定通常采用 AOAC 官方方法 991.43 和 GB 5009.88。

三、青稞糖类的营养品质

青稞的主要营养成分是糖类，其含量、组成及结构等特性对青稞的质量、营养品质及用途具有很大的影响。青稞淀粉含量因品种、年份、空间地域及栽培条件的不同而不同，目前对青稞淀粉含量的分析已有较多报道。杨智敏等（2013）测定了来自西藏、青海、甘肃、四川及国外的 469 个青稞材料种的直链淀粉和支链淀粉含量，结果显示青稞材料中直链淀粉平均含量为 24.65%，其中，西藏的青稞直链淀粉含量最高，甘肃青稞则最低；总淀粉含量平均为 56.00%，以野生裸大麦最高，青海青稞最低。有学者对青藏高原青稞淀粉特性进行了研究，以期为优质专用青稞品种的选育提供淀粉特性方面的参考，结果显示，所研究的 122 份青藏高原青稞品种总淀粉含量的变幅为 51.26%～66.70%，平均为 59.89%；直链淀粉含量与峰值黏度之间存在极显著的相关性，所有材料中 NB63-1、藏青 80、康青 3 号等淀粉含量超过 65%，北青 3 号和阿青 4 号直链淀粉含量小于 15%，康青 6 号和拉萨勾芒直链淀粉含量在 29% 以上，这些品种具有用作未来优质专用青稞选育种质材料的巨大潜力。我们也对来自青海、西藏、四川、甘肃及云南的一些主栽青稞品种营养品质进行了评价，数据表明，不同来源青稞的总淀粉含量为 49.14%～68.62%，平均为 59.79%，大多数品种淀粉含量为 56.30%～62.0%，小于该范围的占 18.42%，而藏青 320 总淀粉含量高达 68.0%；不同品种青稞直链淀粉含量为 14.80%～30.05%，平均值为 20.80%，其中含量为 15.0%～25.0% 的品种占总数的 92.11%，在 15.0% 以下的品种为甘青 5 号，高于 25.0% 的为藏青 2000 和云青 2 号，一般直链淀粉含量高于 25.0% 对加工烘焙和面制品不利。

青稞糖类的组成包括单糖、二糖、低聚糖、多聚糖等，其中 β-葡聚糖是青稞中含量高且健康功效好的功能性多糖之一。青稞中的糖类是很重要的营养物质来源，在日常饮食中不仅可以提供人体能量来源，同时也是膳食纤维、β-葡聚糖、母育酚、矿物质等一些对机体新陈代谢影响显著成分的重要补充，因此杂粮青稞在功能食品开发、饲用及医药等领域均有很好的前景。青稞是兼食用、饲用和酿造于一体的作物，主要糖类不仅是人体消化吸收食物产生能量的主要来源，也是生产糊精、麦芽糖、葡萄糖、酒精等的重要原料，在淀粉工业上被用于调制印花浆、纺织品上浆、纸张上胶、药物片剂压制等。青藏高原上的青稞由于在整个生育期气温偏低，夏季无高温逼熟，昼夜温差大，青稞干物质积累得多，同时由于该区域部分农业区降水充足但蒸发量小，阳光辐射强，从而使得淀粉含量普遍较高，青稞是藏族人民酿制青稞酒和制作糌粑、青稞饼等传统食品的唯一主粮。

四、青稞糖类功能特性

淀粉是一种由 D-葡萄糖单体组成的植物细胞中贮存态生物高分子糖，在植物体中，淀粉以微小颗粒存在并能部分溶于冷水中。青稞淀粉与其他植物淀粉一样，由支链淀粉和直链淀粉构成，而在大多数的谷物中支链淀粉与直链淀粉分别约占 25% 和 75%，青稞中直链淀粉含量集中在 20%～30%，品种间变幅较大，相对分子质量分布在几千至 50 万不等，基本构象为葡萄糖通过 α-1,4-糖苷键连接而成的不分支卷曲螺旋形，利用 α-淀粉酶、β-淀粉酶及异淀粉酶酶切可将青稞淀粉完全水解为麦芽糖。青稞淀粉的直链淀粉/支链淀粉比与青稞品种（系）、基因遗传、栽培土壤环境、施肥和水分管理等因素相关，对青稞淀粉的营养品质和功能特性有着重要的影响，例如，支链淀粉含量越高，则淀粉的峰值黏度越高、糊化温度越低，反之若直链淀粉含量越高，则淀粉峰值黏度越低、糊化温度越高，而淀粉的黏度是赋予面食黏度的主要特征，黏度越高则面粉的品质越好。研究报道了具有极高支链淀粉含量的 Waxy 大麦，其凝沉稳定性高，可媲美变性玉米淀粉，具有作为冷冻食品添加剂的极大潜力。青稞淀粉形状在食品工业上非常重要，一方面各种类型食品的形状大部分依赖于淀粉凝胶的面团品质，另一方面也直接决定了食品的感官品质和营养品质。

支链淀粉溶液易形成糊状物并慢慢形成坚硬的凝胶状固体，而高直链淀粉含量的青稞更适合酿造青稞白酒，通常直链淀粉比例越高，则所获得酒精产量越高。直链淀粉具有抗润胀性，不溶于脂肪，在水中不膨胀溶解，能溶于热水但不能形成典型的糊状，冷却时与碘作用产生蓝色反应，直链淀粉糊化温度达 80℃，不产生胰岛素抗性，成膜性和强度均很好，但黏附性和稳定性较直链淀粉差。直链淀粉可从溶于温水或稀酸的淀粉可溶部分中通过醇沉的方法得到，其在工业领域上用途广泛，可制成薄膜用于密封材料、包装材料及耐水耐压材料等。青稞淀粉粒中的支链淀粉（胶淀粉）相对分子质量为 20 万～100 万，一般由几千个葡萄糖残基组成，较难溶于水且只有一个还原性末端。在谷物中，当支链淀粉含量过高时，其食品加工品质则偏糯性，含量一般为 65％～81％，品种差异显著。与直链淀粉组成和构象不同的是，支链淀粉存在一个或多个分支，分子链中以 α-1,4-糖苷键连接，而分支处则以 α-1,6-糖苷键连接，分支长度一般以 20～30 个葡萄糖为单位。支链淀粉不溶于冷水，糊化温度约 70℃，可溶于脂肪，与热水膨胀可形成糊状，与碘作用呈紫色或红紫色。支链淀粉中由于淀粉酶的作用位点在淀粉分子末端，而支链淀粉具有很多末端，因此其水解、消化速率比直链淀粉快，可产生一定的胰岛素抗性。支链淀粉良好的膨胀性、黏滞性和透明度可用于制作增稠剂、乳化剂、浆黏剂、悬浮剂、黏合剂、稳定剂、防老化剂等，在医药、食品、酿造、纺织、航空、铸造、建筑、石油、黏合剂等工业领域具有广泛和特殊的用途。

青稞淀粉中还含有一定量的抗性淀粉（resistant starch）。抗性淀粉又称为抗酶解淀粉、难消化淀粉，是指在人体小肠中不能被酶解，但在肠胃道结肠中可以与挥发性脂肪酸发生发酵反应的淀粉。抗性淀粉多存在于马铃薯、香蕉、谷物等天然食品中，特别是高直链淀粉的玉米淀粉中抗性淀粉达 60％。这类淀粉在体内消化缓慢，吸收和进入血液都较缓慢，性质类似于溶解性纤维素，具有一定的瘦身效果。根据营养学，淀粉可以分为快速消化淀粉（RDS）、缓慢消化淀粉（SDS）和具有抗消化性的抗性淀粉（RS），其中 RS 尚无化学上的精确分类，对 RS 的定性与酶和淀粉比例、酶的来源、水解条件等相关，大多数学者根据淀粉来源和抗酶解性的不同将 RS 分为 RS1（物理包埋淀粉）、RS2（抗性淀粉颗粒）、RS3（老化淀粉）和 RS4（化学改性淀粉）4 类。食物中 RS 含量相对最高的有工业制造抗性淀粉（72%）、高直链玉米淀粉（68.8%）、生马铃薯淀粉（64.9%）、青香蕉（57%），据有关资料显示，青稞籽粒中的 RS 含量为 2%～6%，通过物理化学手段处理后青稞 RS 含量有所提高。抗性淀粉的含量受到不同加工工艺的影响，比如优化挤压膨化工艺参数可以减少青稞中的 RS 含量。青稞 RS 具有抵抗酶解性，使得葡萄糖释放缓慢，胰岛素反应低，食用后可以控制血糖值，减少饥饿感，具有增加排便、减少便秘、降低胆固醇及甘油三酯、降低结肠癌风险等功效，特别适宜糖尿病患者食用。一般情况下，我们希望植物淀粉具有更好的营养价值，而淀粉改性是提高淀粉利用率、改善食品营养品质的有效方法，其中淀粉磷酸化即为有效方法之一。通过淀粉磷酸化可以促进淀粉水解和溶解浸提淀粉，促进淀粉在肠道内被降解，从而提高了人体利用率，同时也可改善淀粉的糊化特性、凝胶强度、透明度、黏度等。

　　除了从营养特性和功能特性对青稞淀粉进行分类外，也可根据淀粉颗粒类型对其进行分类。青稞中的淀粉根据颗粒大小可分为 A 型淀粉和 B 型淀粉，其中 A 型淀粉（大淀粉粒）直径约为 $20\mu m$；B 型淀粉（小淀粉）直径为 $2\sim5\mu m$，B 型淀粉粒可占总淀粉数量的 90% 以上，但其质量只有总淀粉的 10% 左右。两种淀粉相比，B 型淀粉相对表面积更大，其结合蛋白质、脂类剂、水分的能力更强，膨胀势、吸水率更高，对面团的揉混性和烘焙特性影响显著。

　　青稞中另一类重要的糖类为纤维素（cellulose），纤维素是由葡萄糖组成的大分子多糖，不溶于水和一般的有机溶剂，是构成植物细胞壁的主要成分，广泛分布于自然界中，可占植物界碳含量的 50% 以上，通常与半纤维素、果胶和木质素结合在一起，而且这种结合方式和程度对植物源食品的品质影响很大，植物在成熟时质地的变化则是由果胶物质发生变化造成的。纤维素被摄入人体后，由于缺乏纤维素酶，其在消化道内不被代谢吸收和利用，但纤维素具有水分吸附、调节肠道功能、预防肠癌等作用。膳食纤维是在 1970 年后才出现在营养学中的概念，是指人体肠道内不易被消化的糖类，包含纤维素、半纤维素、树脂、果胶、藻胶及木质素等，现代科学表明，膳食纤维并不是传统认识的食物残渣，而是健康饮食不可或缺的，被称为继蛋白质、脂肪、糖类、矿物质、维生素和水六大营养素之后的"第七营养素"。人类膳食纤维主要含于蔬菜和粗加工的谷类中，2013 年膳食纤维被认为在保障人类健康、延长生命方面有着重要作用，主要生理功效有治疗糖尿病、预防和治疗冠心病、降压作用、抗癌作用、减肥及治疗肥胖症、治疗便秘、稀释毒素及排毒等。膳食纤维可分为非水溶性膳食纤维和水溶性膳食纤维，非水溶性膳食纤维中最常见的为纤维素、半纤维素和木质素，它们存在于植物细胞壁中，水溶性膳食纤维则包括果胶、树胶等，沉积于初生细胞壁和细胞间层间，是植物细胞间质的重要成分。青稞中的膳食纤维主要是纤维素，此外还有几种半纤维素和木质素，它们的含量与组成存在品种差异性，通常占麦粒的 2％～3％，主要集中于青稞籽粒底部或者萌发的部位，而末梢部位分布较少。随着人们现代生活水平的提高及对健康重视程度的增加，人们在日常生活和食品加工消费过程中对膳食纤维的了解和关注越来越多，一方面，膳食纤维作为不可消化物质不具备直接供给人体能量的条件，然而其具有多种生理功效，对促进健康效果显著；另一方面，谷物中膳食纤维含量的高低直接影响谷物的加工特性及感官品质，一般要求膳食纤维含量处于较低水平。青稞相比玉米（1.3％）、大米（1.4％）、小麦（1.8％）、燕麦（2.1％）等谷物膳食纤维含量也相对较低，在加工过程中营养物质流失少，青稞食品感官风味良好、消化吸收率高，受到生产者、加工者及消费者的普遍青睐。青稞的膳食纤维主要在皮壳中，为了使青稞产品具有更好的市场品质，在加工中首先要通过机械打磨或酸碱浸泡等方法脱皮壳，处理后的青稞切片、粉碎、加工成面粉更加方便，所获得面粉膳食纤维含量低、口感明显改善，可直接用于制作面条、糕点、饼干等食品，也可与其他谷物粉复配后用于某些食品加工。虽然青稞在脱皮壳的过程中部分糊粉层和胚乳也被剥离，造成营养物质流失，但作为一类重要食品加工原料，具备良好的加工特性和消费品质是非常关键的。已有研究显示，膳食纤维除了具有生理学和营养学功能外，还具备结构功能，比如有报道称膳食纤维可使胆汁酸性物质的消除更方便，对血液中胆固醇水平也具有降低作用。

第三节　青稞脂肪酸

一、概况

脂肪酸是一类一端含有一个羧基的长脂肪族碳氢链有机物，是最简单的一种脂，同时也是一些复杂脂质的组成成分，在氧充足的条件下可氧化分解为 CO_2 和 H_2O 并释放大量能量，因此脂肪酸也是机体主要能量来源之一。脂肪除给人体供能之外，也是构成组织细胞结构的重要组分，同时还可提供人体必需的脂肪酸，促进脂溶性维生素的吸收和利用。脂肪酸根据碳氢链的饱和程度可以分为饱和脂肪酸（saturated fatty acids，SFA）、单不饱和脂肪酸（monounsaturated fatty acids，MUFA）和多不饱和脂肪酸（polyunsaturated fatty acids，PUFA）3 类，富含单不饱和脂肪酸和多不饱和脂肪酸组成的脂肪在室温下呈液态，大多为植物油，如花生油、玉米油、豆油、坚果油、菜籽油等，而以饱和脂肪酸为主组成的脂肪室温下呈固态，主要是动物脂肪，如牛油、羊油、猪油等，但深海鱼油作为例外富含多不饱和脂肪酸［如二十碳五烯酸（EPA）和二十二碳六烯酸（DHA）］的脂肪在室温下呈液态。动植物脂质的脂肪酸超过半数为含双键的不饱和脂肪酸，而且多为多双键不饱和脂肪酸，脂肪酸的双键几乎总是顺式几何构型，脂质流动性随着脂肪酸成分不饱和度的增加相应增大，该现象对于生物膜的流动性具有重要意义。在动物体内只能合成饱和脂肪酸和含有一个双键的油酸，含两个及两个以上双键的脂肪酸则必须从植物中获取，这些脂肪酸即必需脂肪酸，它们均属于 $\omega-3$ 族和 $\omega-6$ 族多不饱和脂肪酸，其中以亚麻酸和亚油酸最为重要，而花生四烯酸可以从亚油酸生物合成。必需脂肪酸是人体必需的营养物质，它们与儿童的生长发育和健康成长息息相关，更具有降血脂、防治冠心病等作用，同时与智力发育、记忆等生理功能有一定关系。青稞脂肪含量为 $1\%\sim3\%$，目前借助气相色谱-质谱联用等分析技术已有青稞脂肪酸组成的鉴定，结果显示青稞脂肪酸中饱和脂肪酸以棕榈酸和硬脂酸为主，不饱和脂肪酸以亚油酸、反式油酸、顺式油酸、共轭亚油酸为主，这些不饱和脂肪酸具有降血压、降血脂、抑制血小板聚集、减少血栓形成等活性，在医药、活性食品等领域具有广阔的开发前景，深入研究青稞脂肪酸对大麦综合开发具有重要意义。

二、青稞脂肪酸测定方法

青稞粗脂肪的测定可参照 GB/T 5009.6—2016 索氏提取法原理测定，目前多采用脂肪分析仪来自动完成测定。青稞脂肪酸组成则主要借助气相色谱-质谱联用（GC-MS）技术来分析，分析测定操作步骤示例如下：

（1）取青稞原料净选、干燥并粉碎，准确称取 250g 青稞原料，用无水乙醇提取后回收乙醇，甲酯化后于气相瓶内待测。

（2）甲酯化。常用脂肪酸甲酯化方法主要有酸催化法和氢氧化钾/甲醇碱催化法，后者具有快速、操作步骤少、反应条件温和、可避免多不饱和脂肪酸氧化和异构化等优点，是目前国际油脂中心发布使用的脂肪酸甲酯化方法。

（3）采用 J&WDB-17 弹性石英毛细管色谱柱（$30m \times 0.25mm \times 0.25\mu m$），载气为氦气（99.999%），柱初温为 180℃，保温 1min，以 10℃/min 升温至 210℃，再以 2℃/min 升温至 230℃，保温 2min。进样口温度 250℃，柱前压 73.0 kPa，柱流量 1mL/min，分流比 1∶50，进样量 $1\mu L$。MSD 离子源为 EI 源，电子能量 70 eV，电子倍增器电压 0.97 kV，质量扫描范围 $29m/z\sim400m/z$，离子源温度 200℃，GC-MS 接口温度 230℃，溶剂峰切除时间 1.5min，质谱检测起测时间 2.0min。GC-MS 测定结果根据 NIST 147 计算机质谱检索数据库分析。

三、青稞中的脂肪酸

青稞中的脂肪含量及脂肪酸的组成受到品种、栽培环境和测定方法的影响，各因素条件不同则测定的结果也存在较大差异。一些研究表明，青稞中的脂肪主要分布于糊粉层和胚中，含量为 1.18%～3.09%，平均为 2.13%，比玉米和燕麦低，但高于其他谷物，且大麦胚芽油中的主要成分为亚油酸（55%）、棕榈酸（21%）及油酸（18%），它们对软化血管和促进人体健康有重要作用。我们对来自不同区域的 38 个主栽青稞品种脂肪含量进行了调查分析，结果显示不同青稞品种（系）脂肪含量为 1.42%～2.40%，平均为 1.88%，变异系数为 10.26%，其中 92.11% 的青稞品种脂肪含量集中在 1.6%～2.2%，而 14-947 和藏青 320 脂肪含量小于 1.6%，北青 4 号含量高于 2.2%。郑敏燕等（2010）对索氏提取法和酸水解法提取的青稞脂肪的脂肪酸组成与含量进行了 GC-MS 分析，结果显示饱和脂肪酸主要是棕榈酸（20.61%）和少量的肉豆蔻酸（0.17%）、花生酸（0.23%）、硬脂酸（1.13%），不饱和脂肪酸主要是亚油酸（53.74%）、油酸（16.99%）、亚麻酸（5.04%）及少量二十碳烯酸（1.08%）和棕榈油酸（0.14%），其中不饱和脂肪酸含量超过 77%，在天然产物中较为少见，表现出了很高的营养价值。姚豪颖叶等（2015）的研究得到了一致的结论，即青稞原料脂肪酸成分主要为 C18：2(9, 12)、C18：1(9) 和 C16：0，而 C18：2(9, 12) 含量最高，是人体必需脂肪酸之一，可降胆固醇、降血脂和防治动脉粥样硬化症。青稞与啤酒用大麦脂肪含量及脂肪酸组成不同，啤酒用大麦脂肪含量可达 4.4%（干物质计），其制成麦芽后脂类含量也在 3.4%，且 70% 以上为甘油三酯。吕小文等（2004）对青稞胚芽油胶囊的制备进行了研究，并用气相色谱法检测了青稞胚芽油脂脂肪酸组成，结果显示青稞胚芽油不饱和脂肪酸占 79%，其中油酸 17%、亚油酸 55%、亚麻酸 7.1%，此外，青稞胚芽油中还含有丰富的维生素 E（63.7mg/kg）和维生素 D（36.3mg/kg）。青稞具有"三高两低"的特点，是青藏高原地区人们赖以健康生活的主要作物，青稞蛋白质和 β-葡聚糖含量高，而脂肪含量较低，但从脂肪酸组成来看具备很好的生理功效，这些特点使得青稞与藏族人民健康密切相关，并受到广大消费者的青睐，表现出广阔的研究开发前景。

第四节　青稞维生素

维生素是维持人体正常生理功能不可或缺而必须从食物中获得的一类微量有机物，在人体生长、代谢、发育过程中发挥着重要的作用，它们不参与构成人体细胞，也不为人体提供能量。维生素与糖类、脂肪和蛋白质三大营养物质不同，在天然食品中比例极少，但又是人体所必需，如维生素 A、维生素 B、维生素 C 等。目前已知的饮食中维生素有 20 多种，根据溶解性不同维生素可分为脂溶性维生素和水溶性维生素两大类，而饮食中容易缺乏的维生素主要是维生素 A、维生素 C、维生素 D、硫胺素、核黄素、尼克酸等。青稞具有丰富的营养价值和突出的医药保健作用，其良好的健康促进作用与富含的维生素有密切关系。一般来说，每 100g 青稞面粉中含硫胺素（维生素 B_1）0.32mg、核黄素（维生素 B_2）0.21mg、尼克酸 3.6mg、维生素 E 0.25mg，这些物质对促进人体发育均有重要作用。例如，B 族维生素是有机体生长发育必需营养物质，它们可作为辅酶参与体内糖、蛋白和脂肪代谢，人体内缺乏叶酸、维生素 B_6 及维生素 B_{12} 会导致神经和心理障碍，并可能导致先天性缺陷；维生素 E 是一类脂溶性生育酚混合物，其对人体正常生长和生殖有着非常重要的作用，人体缺乏维生素 E 时会导致不育症、轻微贫血、肠胃不适、弱视等。

一、青稞维生素测定方法

目前，对于各种维生素均有检测效果较好的标准检测方法，例如 GB 5009.82—2016《食品安全国家标准　食品中维生素 A、D、E 的测定》、GB 5009.85—2016《食品安全国家标准　食品中维生素 B_2 的测定》、GB 5009.154—2016《食品安全国家标准　食品中维生素 B_6 的测定》、GB 5009.158—2016《食品安全国家标准　食品中维生素 K_1 的测定》等，可满足日常对食品中各类维生素的定性定量分析。随着色谱技术的发展应用，目前高效液相色谱（HPLC）法和液相色谱-质谱联用（LC-MS）法使用较多，比如以正相色谱柱提取，然后再通过反相色谱柱在紫外检测器下分析，该技术使用范围广，可用于食品维生素 A、维生素 D、维生素 E 含量的测定。对于维生素 C（抗坏血酸）的测定方法较多，如荧光法、2,6-二氯靛酚滴定法、2,4-二硝基苯肼法、分光光度计法、化学发光法、电化学分析法、色谱法及生物传感器检测法等，具体应根据实验室条件和检测目的加以选择。青稞中 B 族维生素的 HPLC 检测示例如下：

（1）精密称取干燥青稞样品 5.0g，置于具塞锥形瓶中，加入 0.05mol/L 的盐酸 40mL，放入 121℃ 的高压锅中水解 30min。冷却后用蒸馏水定容至 50mL，采用 0.45μm 微孔滤膜过滤后加入液相瓶中待测。

（2）采用 Phenomenex C_{18}（250mm×4.6mm，5μm）的色谱柱进行分析，流动相 A 为 0.05mol/L 的磷酸二氢钾（pH 6.0），流动相 B 为甲醇，梯度洗脱程序：0～20min 采用 40%～90% 流动相 A 和 10%～60% 流动相 B 洗脱，20～30min 采用 40%～90% 流动相 A 和 10%～60% 流动相 B 洗脱，流速为 1.0mL/min，检测波长为 266nm，柱温为 35℃。

（3）采用标准曲线法定量，配制维生素 B_1：维生素 B_2：维生素 B_6：维生素 B_{12}：烟酸：叶酸＝1：2：1：1：1：2 的维生素混标，各维生素浓度依次为 0.038 5、0.051 5、0.066 4、0.054 1、0.060 6、0.070 8g/L，混标按照 2、4、8、16、32、64 倍稀释进样，以峰面积为纵坐标，维生素 B 浓度为横坐标，绘制回归曲线，测定样品后计算相应维生素浓度。

二、青稞维生素分析

大麦青稞的维生素含量测定结果表明，每千克裸大麦中维生素 E 含量为 0.98～1.23mg、尼克酸为 3.9mg、核黄素为 0.14mg、硫胺素为 0.43mg。每千克青稞中维生素 E 含量为 1.25mg、尼克酸为 3.6mg、核黄素为 0.21mg、硫胺素为 0.32mg。青稞维生素的测定结果因青稞品种、地区、栽培条件、提取技术、检测方法等的不同而存在差异。栾运芳等（2008）对西藏青稞种质资源的维生素 E 进行了测定，结果显示青稞籽粒维生素 E 总量在全区平均春性品种中为 0.454mg/100g，在冬性青稞中为 0.416mg/100g，春性品种高于冬性品种，而春性品种中以山南的最高（0.507mg/100g）、日喀则的最低（0.404mg/100g）。林津等（2016）对西藏山南隆子县黑青稞和白青稞的 B 族维生素进行了测定，结果显示黑青稞中的维生素 B_1、维生素 B_2 和维生素 B_6 含量分别为 0.273、0.076 8、159μg/100g，高于白青稞，其中维生素 B_1 和维生素 B_2 差距最为显著。矫晓丽等（2011）采用 HPLC 法对青海地区不同品种青稞中 B 族维生素含量分布进行了分析，结果显示 15 个青稞品种中除了叶酸未检出、维生素 B_{12} 含量较少之外，其余 4 种 B 族维生素含量均较丰富，其中二道眉黑青稞维生素 B 总含量高达 0.108 42mg/g，民和产的长芒黄脉青稞维生素 B 含量最低，为 0.038 92mg/g；玉树产的四长二短芒白青稞维生素 B_1 和烟酸含量最高，分别为 0.058 9mg/g 和 0.015 8mg/g，而二道眉黑青稞维生素 B_2 和维生素 B_6 含量最高可分别达 0.053 2mg/g 和 0.029 8mg/g，聚类分析显示 15 个青稞品种 B 族维生素质量分数大致可以分为 4 类，由低到高分别占供试品种的 6.7％、13.3％、20％、60％。

第五节　青稞灰分和矿物质元素

一、概况

矿物质（mineral）是地壳中自然存在的化合物或天然元素，是构成人体组织和维持人体正常生理功能所必需的各种元素的总称，是人体必需的七大营养素之一。人体内的矿物质元素除碳、氢、氧、氮等主要以有机物的形式存在外，还有 60 多种元素，其中钙、镁、钾、钠、磷、硫、氯 7 种元素含量较多，

占总矿物质的 $60\%\sim80\%$，为宏量元素，二价铁、铜、碘、锌、锰、钼、钴、锡、钒、硅、镍、氟、硒等 14 种元素含量少于 0.005%，为微量元素。以上元素共同构成了人体营养所必需的无机盐。矿物质中微量元素含量极少，但其对人体健康具有重要作用，如硒是联合国卫生组织确定的人体必需微量元素，且是该组织认定的唯一防癌抗癌元素。在人体新陈代谢过程中，每天都有一定数量的矿物质通过粪便、尿液、汗液、头发、皮肤等途径排出，因此必须通过饮食来予以补充，但过量摄入矿物质不但无益，而且有害。植物中含有多种有机盐和无机盐化合物，这些物质均是由不同矿物质元素组成的。当把植物体烘干并充分炭化燃烧时，碳、氢、氧、氮等元素以 CO_2、水分、分子态氮及氮氧化物的形式挥发，而灼烧后剩下不能燃烧的残烬物质即为灰分。灰分组成一般认为是一些金属元素及其盐类，即各种矿物质元素的氧化物，由于矿物质元素以氧化物形式存在于灰分中，因此矿物质元素也被称为灰分元素。

二、青稞灰分和矿物质的测定方法

（一）青稞灰分的测定方法

灰分根据其溶解性可分为水溶性灰分和水不溶性灰分、酸溶性灰分和酸不溶性灰分等多种类型，一般情况下灰分测定是指总灰分的测定，可参考 GB 5009.4—2016《食品中灰分的测定》和 GB/T 4800—1984《谷物灰分测定方法》来分析。

（二）青稞矿物质元素的测定方法

青稞矿物质元素的测定方法主要有原子吸收光谱法（AAS）、电感耦合等离子体原子发射光谱法、比色法、紫外分光光度-硫酸钡比浊法等，其中基于原子吸收和原子发射光谱的测定方法可同时测定多种矿物质元素，选择性好、灵敏度高、简便、快速，而比色法和比浊法设备简单、廉价，操作方便，灵敏度也可满足基本测定需求。此外，还有极谱法、离子选择电极法、荧光分光光度法等。

三、青稞灰分和矿物质元素分析

青稞籽粒总灰分含量随着品种不同差异显著，同时也受到栽培环境、土壤成分和施肥条件等因素的影响，因此在青稞食品加工生产中先期建立稳定的青稞原料基地对保证青稞产品口感品质良好、组成成分稳定具有重要意义，在生产实践中，可以根据加工目的选择合适的品种和栽培条件以保证获得优质的生产原料。青稞矿物质元素含量一般为 $1\%\sim4\%$，青稞灰分含量低于皮大麦，而大麦米灰分含量则低于皮大麦和青稞。矿物质元素在青稞样品灰化过程中主要存在于灰分中，主要包括钾、钠、钙、镁、铁、锌、铜、磷、锰、硒等。青稞籽粒中铜、铁、磷、锌和钾含量比其他谷物高，而珍珠麦由于脱去了外壳，除铜元素含量变化不大外，其他矿物质含量均有所下降，表明青稞外壳中含有的矿物质较多，占到了全谷籽粒的 32% 左右。我们对来自青海、西藏、四川、甘肃、云南等地的 38 个主栽青稞品种的灰分分析显示，不同青稞品种灰分含量为 0.02%～1.22%，平均水平为 0.4%，品种间差异较大，其中 42.11% 的青稞品种灰分含量为 0.3%～0.6%，39.47% 的青稞含量小于 0.3%，18.42% 的品种灰分含量大于 0.6%，其中阿青 6 号灰分含量高于 1.2%。一般而言，膳食纤维和灰分含量高的青稞品种磨粉后的麸星较多，会导致加工精度降低。哈文秀等（2011）利用微波消解-电感耦合等离子体原子发射光谱法测定了青稞中的矿物质元素，结果显示各主要矿物质元素含量为钙 742.3μg/g、铜 5.65μg/g、铁 118.6μg/g、钾 4 640μg/g、镁 1 251μg/g、锰 15.2μg/g、钠 1 132μg/g、磷 3 544μg/g、硫 1 356μg/g、锌 24.4μg/g。柳觐等（2010）采用紫外分光光度法和火焰原子吸收分光光度（FAAS）法测定了青稞中的 9 种矿物质含量，结果显示，青稞样品种各元素平均含量由大到小依次为 K＞S＞Mg＞Ca＞Fe＞Na＞Zn＞Mn＞Cu，其中钾含量高达 4 103μg/g，硫次之，为 1 175μg/g。

青稞矿物质元素中磷元素是 DNA、RNA、多肽和磷脂的重要组成部分，参与脂质和脂肪酸的乳化和转运，同时也是细胞膜的基本构成元素之一。青稞中磷含量较高，可达 0.47%，食用青稞是补充人体磷需求的重要途径。研究表明，青稞中植酸含量较低，因此在食用青稞时由抗营养因子植酸带来的营养降低效应很小，使得肠道中磷元素更易吸收利用。

青稞中锌元素含量高达 52.0mg/kg，显著高于燕麦（22.0mg/kg）、玉米（10.4mg/kg）和小麦（24.0mg/kg）。锌为所有有机体所必需的微量元素，锌缺乏可引起生长缓慢、发育迟缓、免疫力下降、伤口愈合迟缓等疾病，特别对于妇女和学前儿童尤为重要。现代生活中，锌缺乏的主要原因是主食中锌水平低，人体从日常饮食中摄入不足，而更进一步也受到作物种植过程中土壤缺锌导致本身储备不足的影响。目前，已有研究从测土配方、遗传改良等技术出发来解决作物中微量元素缺乏的问题，通过农学增施钾肥和遗传学杂交育种及转基因等手段可有效提高现有农作物中能为人体吸收利用的微量营养元素含量。这些方法即为生物强化技术，然而也有一些微量元素可在生产加工过程中人为加入，或者通过对原料青稞在富含某些矿物质的条件下进行萌动培养以改善其营养品质。虽然青稞相比其他作物锌含量较高，但总体来说通过植物强化锌元素是不够的，目前有研究人员试图克隆与相关矿物质元素吸收、转运有关的基因，进而通过转基因技术培育富含特定矿物质的大麦新品种。针对人们对锌、硒等重要矿物质元素的特定需求及缺乏问题，开发富硒、富锌、富铁等青稞新食品也是补充人体微量元素需求和促进人体健康的有效途径。

第六节　青稞β-葡聚糖

现代社会，人们对健康的重视程度越来越高，而对食品的要求已从过去温饱有余逐渐向营养、安全、健康的方向发展，这促使了广大学者对食品及其原料中具有生理或生物活性物质的深入研究，建立良好的分离分析方法，在此基础上开发出具有特殊功效的保健食品或药品，常见活性化合物主要包括维持健康必需的营养成分、防御疾病或延迟衰老和增强免疫力的生物大分子、小分子非营养物质。青稞是发展保健功能食品的良好谷物资源之一，除了基本营养组成外，还包括多种生物活性成分，如β-葡聚糖、母育酚、γ-氨基丁酸、多肽、酚类、花色苷等物质，这些成分存在于青稞籽粒的不同部位，其中β-葡聚糖主要存在于胚乳细胞壁，母育酚主要存在于胚中，单宁等主要存在于皮层与糊粉层中。在自然界中的某些微生物和谷物，如青稞、大麦和燕麦等都含有丰富的β-葡聚糖，其中青稞β-葡聚糖以西藏青稞含量相对较高，可达3.66%～8.62%，平均水平为5.25%。江南大学食品学院检测中心对青海青稞β-葡聚糖含量进行检定，结果表明其含量为11%～15%，远高于西藏青稞。日本、韩国等水稻主产国，由于缺少种植大麦、燕麦等粮食作物，每年需要从盛产大麦、燕麦的美国、加拿大等国进口，以进行β-葡聚糖产品的生产及保健食品和食品添加剂应用。我国食品工业也在大麦、燕麦等谷物提取β-葡聚糖方面做了大量工作。许多研究表明，青稞β-葡聚糖具有抗癌、降血脂、降血糖等功效，因此对于青稞β-葡聚糖的研究与开发具有很重要的现实意义。

一、概况

青稞β-葡聚糖是青稞籽粒胚乳细胞壁的主要组成成分，占细胞壁干重的75%左右，而青稞糊粉层中β-葡聚糖含量只占到26%，其余为67%的阿拉伯木聚糖。目前，分子生物学试验和动物试验表明，β-葡聚糖具有清肠、降血脂、降低胆固醇、调节血糖、提高免疫力、抗肿瘤和预防心血管疾病的作用，这引起了全世界的关注。青稞β-葡聚糖在医药、食品、护肤等方面应用广泛，更多的应用途径有待我们进一步开发和利用。β-葡聚糖含量因青稞品种和栽培地区不同差异很大，另外也与籽粒蛋白质含量和粒重有一定关系，多数研究结果表明青稞籽粒β-葡聚糖含量与千粒重呈负相关，而与蛋白质含量呈正相关，但也有学者认为两者的关系恰好相反。蜡质大麦青稞品种β-葡聚糖含量一般较高，这主要是因为存在控制蜡质性状的基因影响了纤维的合成，使得合成了更多的β-葡聚糖（>6%），例如大麦高赖氨酸突变体在 lys5 等位基因的作用下便可调控β-葡聚糖的含量以补充低的淀粉含量，使总纤维素和多糖含量稳定在 50%～55%。作为非淀粉类多糖的一种，β-葡聚糖广泛分布于禾本科不同成员的不同组织中，与小麦（*Triticum aestivum*）、水稻（*Oryza sativa*）和玉米（*Zea mays*）相比，青稞籽粒中（1→3）1→4-β-D-葡聚糖含量较高，由于β-葡聚糖具有β-(1→3)和β-(1→4)两种糖苷键，该分子结构赋予了β-葡聚糖特殊的理化特性和功能特性。有研究报道了 18 个品种大麦水溶解性β-葡聚糖的组成，结果显示，不同品种大麦中二糖、三糖、四糖、五糖、六糖、九糖等组成比例不同。青稞中β-葡聚糖多位于细胞壁的中间层，和脂膜毗连，主要起到维持细胞形状和赋予细胞一定刚性的作用，但目前关于β-葡聚糖的相对分子质量说法不一、差异较大，这可能与研究过程中采用的原料及提取工艺差异有关。

二、青稞β-葡聚糖的分析方法

青稞β-葡聚糖的分析方法主要有黏度法、酶法、荧光法、刚果红比色法、苯酚-硫酸法及高效液相色谱法等，各方法互有优劣。

（1）黏度法。黏度法是根据β-葡聚糖提取液黏度计算β-葡聚糖含量的方法。但β-葡聚糖黏度大小与其含量和相对分子质量大小均相关，而β-葡聚糖的相对分子质量估计值是不固定的，会因来源不同而改变，所以此方法可靠性较差。当在试验中所用β-葡聚糖来源相同时，黏度较大说明β-葡聚糖含量相对较高。

（2）酶法。酶法即 AOAC 995.16 法，是主要利用特异性的β-葡聚糖酶、β-葡聚糖苷酶、葡萄糖氧化酶或过氧化氢酶来测定β-葡聚糖水解生成的葡萄糖单体含量来定量β-葡聚糖含量的方法。该方法用样量少，测定时间短，方便大批量测定，但要求β-葡聚糖水解完全且酶的纯度要高，测试成本较高。

（3）荧光法。β-葡聚糖可与某些荧光物质特异性结合并形成可引起荧光强度变化的复合物，且荧光变化趋势与β-葡聚糖含量呈一定的线性关系，因此可根据该线性关系计算出β-葡聚糖含量。此法操作简单，实用性强，但荧光剂对光敏感，对测定结果有一定影响。

（4）刚果红比色法。刚果红比色法是基于刚果红可以与谷物中β-葡聚糖特异性结合后在特定波长下吸收强度增加的原理进行定量的方法。该方法快速、方便，但只能检测水溶性β-葡聚糖。

（5）苯酚-硫酸法。在硫酸存在的情况下，单糖在加热过程中会产生糠醛或糠醛衍生物，然后通过酚类、芳香族胺类等显色剂缩合成有色络合物进行比色。该法的缺点是不能专一测定β-葡聚糖，容易受到其他多糖的干扰。

（6）高效液相色谱法。首先使用苔聚糖酶对葡聚糖进行特异性水解，继而将生成的寡糖在色谱柱中进行分离，最后用反向高效液相层析定量测定。该法需要大型仪器设备，过程较为复杂，成本较高。

1996 年，ICARDA 发展了几个校准使用 NIR 系统模型 5000 来预测 β-葡聚糖含量的方法。目前，应用较多的 β-葡聚糖测定方法是 Megazyme 试剂盒测定法，以 Megazyme 试剂盒测定法及以此为校准发展起来的其他方法也正被广泛应用于青稞籽粒 β-葡聚糖含量的测定中。

三、青稞 β-葡聚糖提取与纯化

目前，科学研究及工业生产实践中已建立了多种 β-葡聚糖的提取和纯化方法，很多申报了相应的专利，各方法特点不同，在制备生产 β-葡聚糖时应当根据生产研究目的及生产环境条件来选择合适的技术。俞苓等提出了一项通过酵母发酵制备青稞 β-葡聚糖的新技术，以期解决传统高温水提 β-葡聚糖时淀粉溶出干扰及纯度和回收率低的问题，同时避免生物酶法需要酶种类多、过程控制参数复杂等技术问题。该方法主要步骤如下：①将粒径 $75 \sim 100 \mu m$ 的青稞麸皮粉加入水中，搅拌均匀后得到质量分数为 $10\% \sim 20\%$ 的青稞麸皮粉浆液，然后控制温度为 $55 \sim 65℃$ 糊化 $15 \sim 30min$，冷却至 $25 \sim 35℃$ 后得到糊化液；②在糊化液中接种商业酿酒活性干酵母，控制温度 $25 \sim 35℃$，以 $100 \sim 180r/min$ 的速度搅拌，发酵 36h，得到发酵液；③取发酵液于 $6\,000 \sim 8\,000r/min$ 离心 $10 \sim 20min$，去除沉淀得到上清液；④将上清液于 $45 \sim 65℃$ 旋蒸至原体积的 $1/11 \sim 1/5$，得到浓缩液；⑤在浓缩液中加入无水乙醇，然后在 $4 \sim 10℃$ 进行醇沉过夜，弃去上清，得到醇沉淀；⑥醇沉液以 $6\,000 \sim 8\,000r/min$ 离心 $10 \sim 20min$，收集沉淀即为 β-葡聚糖粗品；⑦将 β-葡聚糖粗品按 $1:(50 \sim 100)$ 的比例配成水溶液后按照 $1g:200mL$ 的比例加入活性炭，放入温度为 $45 \sim 60℃$ 水浴中 $10 \sim 30min$，然后在真空度 $0.1 \sim 0.4MPa$ 过滤收集滤液，滤液于 $45 \sim 60℃$ 浓缩后，于 $8 \sim 10Pa$ 真空冷冻干燥 $24 \sim 48h$，青稞 β-葡聚糖产品得率为 4.32%，纯度为 85.25%。

戎银秀等（2018）建立了一种基于乙醇和生物酶的青稞 β-葡聚糖制备方法，该方法主要包括如下步骤：①青稞磨粉后过 $40 \sim 80$ 目筛以制得青稞粉；②将青稞粉按料液比 $0.05 \sim 1g/mL$ 加入大于 80% 的高浓度乙醇，加热回流 $1 \sim 5h$ 进行灭酶；③向灭酶后的青稞粉中按料液比 $0.02 \sim 0.2g/mL$ 加入水，用 20% 的 Na_2CO_3 调整 pH $7 \sim 11$，然后加入 $10 \sim 1\,000U/g$ 高温淀粉酶，混合均匀后于 $85 \sim 90℃$ 下搅拌回流 $1 \sim 10h$；④将上述溶液 pH 调至 $2 \sim 4.5$，静置后析出蛋白沉淀并离心去除；⑤取离心提取液浓缩 $1 \sim 5$ 倍后按 $0.125 \sim$

0.5g/mL 浓度加入（NH$_4$）$_2$SO$_4$，静置后粗多糖析出，离心后收集沉淀，得到青稞 β-葡聚糖粗品；⑥将 β-葡聚糖粗品加水复溶后采用 1 000～5 000 Da 的超滤膜去除小分子；⑦将超滤后的 β-葡聚糖溶液通过喷雾、烘箱或冷冻等方式干燥即可得到青稞 β-葡聚糖产品，其 β-(1→3) 糖苷键与 β-(1→4) 糖苷键比值为 1/5～1/2，动物实验表明该产品具有较好的降血脂和降血糖功效。

张敬群等（2011）也提出了一种酶法制备青稞 β-葡聚糖的方法，其基本流程如下：青稞清选粉碎，过 20～40 目筛，按料液比 1：（6～10）加入水后 90℃预糊化 2h，加 α-淀粉酶酶解 30min，然后过 40 目筛，滤渣依次按照 1：（3～6）和 1：（2～4）料液比用同样方法处理，然后合并三次滤液，4 000r/min 离心 10min 去除淀粉，上清液加 10%～30%双氧水脱色，加 2～4 倍乙醇沉淀、过夜，再次过 40 目筛，4 000r/min 离心 10min，分离沉淀物，用二氧化硅真空干燥，抽检 β-葡聚糖产品，最后分装封口。

Ghotra 等（2008）通过乙醇和酶法提取了大麦葡聚糖，首先大麦籽粒经过磨粉得到面粉和麸糠，经过乙醇提取得到 β-葡聚糖浓缩液，然后在实验室进一步纯化得到 β-葡聚糖浓缩物，于 82℃条件下加去离子水助溶，离心后收集上清液，加入终浓度为 50%的无水乙醇，离心沉淀得到 β-葡聚糖，用无水乙醇洗一遍，40℃干燥过夜，离心过滤后即可得到纯化的 β-葡聚糖。

郑学玲等（2009）建立了碱提酸沉结合酶解制备青稞 β-葡聚糖的工艺，该方法的主要步骤如下：①通过筛理（粉碎过 40 目筛）、酶处理（料液比 1：6，稀盐酸调 pH 5，加 40U/100mL 的细胞壁分解酶，45℃酶解 1h）、挤压膨化组合方式对青稞麸皮原料进行预处理；②用无水碳酸钠调节 pH 10，45℃搅拌 1h，于 3 500r/min 离心 10min，上清液与沉淀物收集备用；③沉淀物按料液比 1：4 加 40U/100mL 的纤维素酶 45℃酶解 1h，调 pH、搅拌、离心等步骤与上相同；④合并两次提取上清液，用 2mol/L 盐酸调 pH 为 4.5，静置 30min，离心后取上清液备用，沉淀为蛋白类物质；⑤上清液调 pH 6.5 后加 30U/100mL 的高温 α-淀粉酶，90℃搅拌酶解 1h，离心弃沉淀，上清液备用；⑥加入 1.5 倍体积 95%的乙醇，4℃静置过夜，离心弃上清液，沉淀加水复溶后，9 000r/min 离心 45min，弃沉淀留上清液；⑦在不断搅拌条件下缓慢加入同体积 50%（W/V）（NH$_4$）$_2$SO$_4$ 溶液，分级沉淀 β-葡聚糖后 9 000r/min 离心 25min，收集沉淀备用；⑧将沉淀冷冻干燥后即得青稞 β-葡聚糖纯品，提取率为 6%，纯度可达 80%。

雷菊芳等（2012）开发了一种从谷物麸皮中提取 β-葡聚糖的新方法，其原理是将谷物麸皮与水混合后，分别用碱液和淀粉酶提取，获得上清液，加酸沉淀分离除去蛋白质等物质，然后直接采用卷式膜浓缩，再用通过硫酸铵初步沉淀纯化，将沉淀物溶于水中，再次用卷式膜浓缩，最后干燥得到青稞 β-葡聚糖，该方法的 β-葡聚糖得率可达 57%，产品纯度达到了 85%。近年来，青海省青藏高原农产品加工重点实验室建立了一种一次性连续分离青稞营养成分的方法，首先将青稞粉碎成粉末，得到青稞碎产物，在上述碎产物中加水，混合后调节 pH 至 10～11，进行提取，然后将提取物过筛，分别收集筛上物和筛下物；将筛上物烘干，研磨得到青稞纤维粉，将筛下物离心得到第一沉淀物和第一上清液，再将第一沉淀物烘干得到青稞淀粉；将上述第一上清液用酸调 pH 为 4～4.5，离心后得到第二沉淀物和第二上清液，将第二沉淀物冷冻干燥后得到青稞蛋白，将第二上清液进行超滤，得到透过液和浓缩液，浓缩液处理方法与上述步骤相同；将透过液进行浓缩，沉淀后分离得到第三沉淀物，将其干燥后即得到青稞 β-葡聚糖。该方法操作简便、分离效率高，所得青稞蛋白得率为 15%、纯度为 86%，青稞淀粉得率为 35%、纯度为 90%，青稞 β-葡聚糖得率为 8%、纯度为 80%，青稞纤维粉得率为 30%。

四、青稞 β-葡聚糖功能特性

青稞 β-葡聚糖可溶于水，也可溶于酸和稀碱，其黏度、泡沫稳定性和乳化性均受温度、pH 等条件影响，这些特征使得 β-葡聚糖具有独特的生理功能。在 pH 7.0 时，1%（W/V）的 β-葡聚糖的黏度随温度升高而增大，在 55℃时达到最大值，其泡沫稳定性在 45℃以上时随温度升高和 pH 增加而减小，在 pH 8.0、45℃时最佳，而乳化性在 pH 7.0、55℃条件下最稳定，高温及高 pH 均会降低其乳化性。低浓度的 β-葡聚糖与水分子相互作用可增加溶液的黏度，随着浓度的增大，β-葡聚糖缠成网状结构，引起溶液黏度的增大，当达到一定程度时可形成凝胶，从而妨碍糖类、氨基酸等营养物质向肠黏膜的移动及与消化酶的接触，影响养分的吸收代谢。β-葡聚糖具有高亲水性，其形成的网状结构可以吸纳大量的水分，进而改变肠道内容物的物理特性，使其与肠黏膜表面的多糖蛋白复合物相互作用，导致黏膜表面水层增加，也降低了养分的吸收。β-葡聚糖可吸附 Ca^{2+}、Zn^{2+}、Na^+ 等离子和有机质，从而影响这些物质的代谢。对于饲料而言，青稞中 β-葡聚糖含量越低，越有助于动物的消化吸收。流变学研究还证明，β-葡聚糖的功能特性由其结构、分子大小以及在溶液中的状态所决定。张静等（2010）研究不同大麦品种来源的 β-葡聚糖流变学特性，结果显示 β-葡聚糖相对分子质量越高、分布范围越窄，则零剪切黏度越高。Burkus（2005）的研究发现低黏度的 β-葡聚糖溶液在较低浓度下特性更接近于理想状态的牛顿流体，并且 β-葡聚糖的流变学特性与其生理功能有密切关系。

随着研究的深入，青稞 β-葡聚糖在医药保健上的功能性越来越受到关注。

首先是降低血糖、降低血脂及降低胆固醇作用。我国卫生部公布的数据显示，心血管疾病占主要发病致死率的 40%，是我国居民第一大致命疾病。有研究表明，葡聚糖可以通过修复胰岛 B 细胞、改善胰岛素抵抗、增加肠胃黏度、影响消化酶活性等途径来达到调节血糖的功效。β-葡聚糖能有效改善冠状动脉机能，扩大冠体流量，提高心肌供氧能力，降低血脂含量，改善血液循环，从而预防动脉硬化。此外，β-葡聚糖可锁住饮食中的胆固醇，抑制人体对其吸收，并降低胆酸在肠道中的吸收，从而促进肝消耗胆固醇来产生胆酸。Yokoyama 等（2002）用 β-葡聚糖强化的大麦粉加工成含 7.7% β-葡聚糖的大麦面包供 5 位志愿者食用，发现餐后血糖升高和胰岛素反应水平可明显降低。其次，青稞 β-葡聚糖具有防癌、抗肿瘤及增强免疫力的作用。据报道，香菇 β-葡聚糖对病毒或化学性肿瘤的发生有一定的预防作用，在治疗胃癌、结肠癌、乳腺癌、肺癌等方面疗效显著。夏岩石等（2010）认为，β-葡聚糖能够与巨噬细胞表面的受体相结合，参与细胞信号转导途径，调节细胞因子的表达水平，进而参与细胞周期调控，因此 β-葡聚糖也具有一定的抑制肿瘤的功效。此外，β-葡聚糖对人体和动物的免疫机能有促进作用，能加快生长、增强体质、提高抗病能力。另外，β-葡聚糖还可以清除细胞内自由基、提高抗氧化酶活性，如谷胱甘肽过氧化物酶（GSHPX）和超氧化物歧化酶（SOD），并能抑制脂质过氧化酶活性，对保护细胞膜和延缓衰老具有一定的作用。

第七节　青稞母育酚

一、概况

母育酚是指具有维生素 E 活性的一类化合物，最早于 1922 年由美国加州大学 Evans 等从莴苣和麦胚中提取出来，发现为大白鼠正常繁殖所必需的一些脂溶性物质。1924 年美国阿肯色州 Sure 将该物质命名为维生素 E，1936 年 Evans 等将从麦胚中分离出来的结晶状维生素 E 命名为 α-生育酚（tocopherol），之后又鉴定出具有维生素 E 生物活性的化合物，统称为母育酚（tocol）。母育酚主要包括生育酚（T）和生育三烯酚（T3），二者分别存在 α、β、γ、δ 4 种构型，共计 8 种化合物，其中一般以 α-T 最为重要。研究表明，母育酚在抗氧化、抗衰老、增强植物抗性等过程中发挥着重要作用。目前已经从大麦等谷类和蔬菜的油中发现母育酚，而母育酚的开发和利用受到萃取分离工艺的影响，同时母育酚含量受到大麦基因型和生长条件的影响，因此筛选和培育高母育酚含量的大麦（青稞品种）及配套优化栽培模式是大麦母育酚产业化发展的重要因素。母育酚对人体健康非常有益，Ehrenbergerouá 等

（2008）研究表明，裸大麦和糯大麦的总母育酚含量更高。母育酚对人体正常生长和生殖尤为重要，人体缺乏母育酚时会影响精子的生成和卵巢的正常功能，从而导致不育症、轻微贫血、肠胃不适、弱视等，目前可行性较好的母育酚检测方法为高效液相色谱法和荧光分光光度法。谷物和植物油是生育酚很好的来源，但不同资源的生育酚浓度及其8种异构体的成分比例是不同的。随着科学研究的不断深入，已证明母育酚的8种异构体生理功能及活性具有区别性，尤其近些年来有很多证据表明生育三烯酚在抗氧化性能、降胆固醇、抑制癌症等方面具有独特的生理功能，在某些方面甚至优于生育酚。Hendrich 等（1994）认为应当区分对待生育三烯酚和生育酚，并把异黄酮、类胡萝卜素及生育三烯酚作为人体所需的新营养素。

二、青稞母育酚含量与组成分析

青稞母育酚类在分析前首先需要进行提取分离，而目前其分离萃取主要通过不同的溶剂体系进行，常见的有正己烷溶剂萃取、石油醚溶剂萃取、超临界 CO_2 萃取等。以石油醚萃取为例，其主要过程如下：精确称取 5.0g 青稞粉样品置于 150mL 磨口锥形瓶中，加入 40mL 石油醚，40℃ 水浴回流 40min，冷水冷却后过滤入球形蒸发瓶中，用 50mL 石油醚分 3 次冲洗锥形瓶及残渣，过滤并入球形蒸发瓶中，滤液于旋转蒸发仪上蒸干石油醚，残渣用无水乙醇溶解并定容至 5mL，摇匀，微孔滤膜过滤后即得样品。生育三烯酚超临界 CO_2 萃取示例如下：精确称取 5.0g 经预处理的裸大麦，添加入萃取釜中，先静态萃取 5min，然后在萃取温度 51.8℃、萃取压力 34.7MPa、乙醇加量 9%、萃取时间 120min 的条件下对样品进行动态萃取，保持流速 1mL/min，用经铝箔包覆的试管收集萃取物，萃取物用正己烷转移到 10 毫升棕色容量瓶中并用正己烷定容至 10mL，后用于高效液相色谱法分析。青稞母育酚的提取工艺主要有直接提取和微生物发酵提取两种，直接提取流程为：青稞籽粒→精选→研磨→收集麸皮→磨粉→萃取→提纯→母育酚；微生物发酵提取流程为：青稞籽粒→精选→破碎→蒸煮→微生物接种培养→发酵青稞→粉碎→萃取→提纯→母育酚。由于母育酚是一类脂溶性且结构类似的化合物，因此不同工艺均需要通过萃取的手段将青稞母育酚从脂质中提取出来，经过反复纯化除杂后可得到纯度较高的母育酚产品。

目前，青稞母育酚主要通过高效液相色谱法进行分析，其优点是可以同时测定各种不同的母育酚化合物，实现组成和含量的准确分析。但该方法需要大型仪器设备，操作复杂，成本较高。鉴于在青稞育种栽培领域中往往需要对大量的青稞样本资源以及育种早代材料进行检测筛选，样品数量庞大的同时样品数量有限，因此高效液相色谱法在一定程度上不利于欠发达地区开展大麦（青稞）母育酚的快速测定。近些年，有大麦专家提出了荧光分光光度法检测青稞母育酚含量的快速新方法，以期方便探讨不同栽培环境对青稞母育酚组成与含量的影响，为青稞功效成分开发及产业化提供科学方法和依据。经多次验证后，得出实验方法：以一定浓度的母育酚为参照物，激发波长为 365nm，发射波长为 409nm，以样品荧光强度对标品浓度作图可得工作曲线为 $y = 55.8x - 3.48$（$R^2 = 0.9966$），优化条件下母育酚荧光强度在 120min 内稳定，精密度和准确度良好。荧光定量母育酚的优点在于快速、方便、操作简单，可利用酶标仪等实现大量样品的批量化检测，但该法测得结果为青稞中母育酚总含量，无法实现对母育酚化合物组成与比例的分析。实践表明，在使用紫外检测器和荧光检测器条件下，高效液相色谱法可以很好地测定青稞母育酚含量及组成，母育酚不同组分生理功效差异很大，不同青稞品种间差异显著，通过色谱技术对母育酚各个组分比例测定具有重要意义。

母育酚主要存在于青稞胚芽中，而青稞外壳中含有的是生育三烯酚与其他分子形成的聚合物，这些物质具备独特的生物学效应，如具有抗氧化活性和减少血清中 LDL-胆固醇含量等。通过对青稞母育酚含量和组成分析发现，青稞籽粒含有高浓度的 α-T、β-T、γ-T、δ-T 以及大多数具有生物活性异构体组分。青稞生育酚和生育三烯酚各异构体成分含量与青稞品种、栽培措施、生长环境及采用的检测方法、提取方法等有关。Panfli 等（2008）对 36 个大麦品种母育酚进行了测定分析，结果显示大麦生育酚和生育三烯酚各组分间差异较大，总生育酚平均含量为 69.1mg/kg（以干重计），其中以 α-T3 为主要成分（50%），δ-T 和 δ-T3 含量为微量。大麦（青稞）母育酚含量与皮、裸形状无显著相关性，但蜡质青稞的母育酚含量相对最高。基因型和环境因素往往是互作来影响青稞母育酚的含量与组成，裸大麦基因型生育酚含量相对较低，但其含有 γ-T3、δ-T3 等含量较高的有效异构体成分，仍然表现出高营养价值，具有很大的保健食品开发潜力。据报道，大麦（青稞）中各母育酚组分含量总体表现为 α-T3（36.00%～64.63%）＞γ-T3（10.84%～25.65%）＞α-T（9.42%～23.75%）＞β-T3（3.45%～22.31%）＞γ-T（0.43%～5.09%）＞δ-T3（0.56%～3.59%）＞β-T（0.28%～1.52%）＞δ-T（0.14%～0.83%），但不同品种间母育酚成分比例变异很大。张玉红等对收集的永 2830、浙农 3 号、沪麦 4 号、法国裸麦 5 号、BDGC-Gas 四棱裸麦、WII36 等国内外 30 个不同基因型大麦品种的大麦油和母育酚含量的变异规律进行了研究，结果显示裸大麦大麦油含量平均为 4.16%，高于皮大麦平均值 2.96%，而蜡质裸大麦（Sumire mochi）含量最高为 6.15%。大麦油中母育酚组成成分主要为 α-生育酚（占总生育酚的

65.4%）和 α - 生育三烯酚（占总生育三烯酚的 70.7%）。大麦油及其母育酚含量既受基因型控制，又受生长环境条件的影响，大麦种皮可能是大麦油主要储存组织之一。

三、青稞母育酚合成代谢与分布

大麦（青稞）母育酚包括了生育酚和生育三烯酚两大类共 8 种异构成分，而各种成分的含量、分布及医学活性各不相同。对青稞籽粒发育过程中营养、功效成分含量及分布特征的动态变化规律进行分析，对开发青稞食品、饲料及不同成熟期青稞营养活性食品具有重要意义。朱睦元等以 8 个不同品种大麦的混合品为样品，分析了大麦籽粒发育过程中母育酚的合成规律，结果表明大麦籽粒总生育酚（T）与总生育三烯酚（T3）含量随着籽粒发育进程不断增加，在籽粒黄熟过程中含量上升最快，达到最高水平，这个阶段增加的总量达 50%，其中含量变化最大的是 α - T 和 α - T3，其他异构体含量较低并保持基本稳定，因此以生育酚和生育三烯酚为主要功效的大麦（青稞）在对应开发利用时不宜过早收获。一般来说，母育酚中生育酚主要位于胚中，而生育三烯酚则几乎只存在于外皮和胚乳中，不同组分在生长发育过程中以不同的动力学模式积累。Moreau 等研究结果表明果皮中 T3 含量低于胚乳，认为差异可能是由于不同成熟期大麦蜡熟期籽粒糊粉层与果皮是相黏附的，从而使得果皮中 T3 含量较高。朱睦元等的进一步研究显示籽粒发育早期，颖壳中含有一定量的生育酚和生育三烯酚，但随着籽粒成熟，T 和 T3 含量逐渐下降直至消失，颖壳中生育酚异构体以 γ - T 和 α - T3 含量最高，生育三烯酚中 α - T3 含量最高。Cheryld 等分析了燕麦种皮、珍珠米、胚乳中 T 和 T3 含量，发现在种皮和胚乳中存在大量 T3 化合物，基于此提出在食品加工中可以通过改变磨粉、筛选、风选等技术来增加麦粉及其食品中生育酚、生育三烯酚的含量，从而提高产品的保健功能。在去颖壳的大麦籽粒中，T 和 T3 含量呈现前期、后期高及中期低的特点，而 α - T 含量和 α - T3 含量在发育过程中波动较大。

四、青稞母育酚功能特性

母育酚是指具有维生素 E 生物学活性的一类化合物，主要包括生育酚（α - T、β - T、γ - T、δ - T）、生育三烯酚（α - T、β - T、γ - T、δ - T）以及具有 D - α - 生育酚生理活性的衍生物。生育酚最初于 1922 被发现并被命名为"抗不育维生素"，也就是通常所说的维生素 E。现代研究证明，母育酚具有抗氧化、抗衰老、抗癌变、降低胆固醇、增强植物抗性等功效。在青稞中，母育酚和 β - 葡聚糖为两类最为主要的功能成分，它们能显著降低人体的低密度脂蛋白和胆固醇水平。目前，在植物体中已经发现的母育酚为生育酚和生育三烯酚两类 8 种具有类似结构的化合物，各成分医学功能不尽相同，青稞籽粒中包含了较高浓度的 8 种全部母育酚组分。为充分发挥青稞母育酚功效，专家学者试图通过磨粉、筛选、风选等加工工艺来增加青稞粉中母育酚含量，人们也致力于应用超临界 CO_2 萃取等新技术提取纯化青稞中的母育酚复合物，从而拓宽具有保健功效青稞母育酚的应用领域。大麦（青稞）中 α-T3 可分别占到总母育酚含量的 50％和总生育三烯酚的 65％，α-T3 是 8 种异构体成分种含量最高的。有研究表明，γ-T3 和 δ-T3 对减少血清中 LDL 胆固醇可能比 α-T3 更有效，但一般我们认为 α 型（α-T 和 α-T3）生物学活性（包括具有抗氧化活性、降低 LDL 胆固醇、抑制某些肿瘤细胞生长和增殖等）更强。Rice 等（1983）通过对猪、牛的饲喂试验发现 α-T 能被吸收、转运和利用。Qureshi 等（1989，1991）研究显示母育酚可降低鸡、天鹅及人体血清中的胆固醇水平。生育三烯酚降低人体和动物体血清中 LDL 胆固醇的能力可能是通过它作为胆固醇生物合成限速酶 HMG-CoA 还原酶的抑制剂来发挥作用。最新研究表明，生育三烯酚可能会影响几种类型人类肿瘤细胞的生长或增殖，在某些情况下，单一生育酚异构体有不同的抑制能力。

　　母育酚即维生素 E，是一种脂溶性维生素，可溶于脂肪和乙醇等有机溶剂，不溶于水，对热和酸稳定，对碱不稳定，对氧和热不敏感，在油炸过程中母育酚活性明显降低，在铁盐、铅盐或油脂酸败条件下会加速母育酚的氧化破坏。1938 年瑞士化学家实现了维生素 E 的人工合成，20 世纪 80 年代研究人员发现，人类缺乏母育酚会引起遗传性疾病和代谢性疾病，母育酚对防治心血管疾病、肿瘤、糖尿病、神经系统疾病及皮肤病等方面有广泛的作用。母育酚作为一种重要的体内和体外抗氧化剂，虽然包括了生育酚和生育三烯酚在内的 8 种化合物，但一般认为自然界中分布最为广泛、含量最丰富、活性最高的维生素 E 形式为 α-生育酚，在母育酚化合物众多生物学功能活性中，其对生育的促进作用最为重要和突出。母育酚可以促进性激素分泌，增加精子活力和数量，从而提高生育能力并预防流产。除此之外，母育酚还具有保护 T 淋巴细胞、保护红细胞、抗自由基氧化、抑制酪氨酸酶活性、抑制血小板聚集、改善血液循环等功能，其对眼睛晶状体内过氧化脂反应也有一定的抑制效应。母育酚是一种脂溶性的维生素，因此需要一定的脂肪来避免其被消化掉，在膳食中杏仁、榛子等坚果富含维生素 E 和有益脂肪酸，在一定程度上可以保护机体细胞膜不被氧化。许多水果和蔬菜的表皮也都含有维生素 E，食用水果和蔬菜也是补充体内维生素的途径之一。维生素的补充要符合人体本身的需求，长期大剂量食用维生素可能会出现恶心、呕吐、眩晕、视力模糊、胃肠功能及性腺功能紊乱、免疫力下降等不良反应。

第八节 青稞 γ-氨基丁酸

一、概述

γ-氨基丁酸（γ-Aminobutyric acid，GABA）也被称为氨酪酸或 4-氨基丁酸，是一种以自由态存在于真核生物和原核生物内的非蛋白质天然氨基酸，是一种新型的功能因子，广泛分布在动植物体内，为哺乳动物脑、脊髓中重要的抑制性神经递质，其分子结构如图 2-1 所示。GABA 是由麸酸脱羧而成的天然氨基酸，不参与组成蛋白质。GABA 在植物体内具有多种功效，可调节体内 pH，促进代谢和生长发育，提供三羧酸循环旁路代谢产物，抵御逆境等，高等植物可以通过 L-谷氨酸在 GAD 催化下经 α-脱羧生成 GABA，也可通过多胺降解形成。研究表明，GABA 具有降低血压、降低胆固醇、增强记忆力、参与脑循环、增进脑机能、促进睡眠、镇痛安神、促进生长激素分泌、促进酒精代谢、抗癫痫和忧郁、高效减肥、抗衰老等多种保健功效。国家卫生部于 2009 年 9 月将 GABA 列入新资源食品，富集 GABA 的原料可用于生产功能性食品，通过饮食来降低和预防高血压。在日常活动中，虽然蔬菜、水果中都含有 GABA，但含量很低，人们从天然食物中摄取 GABA 往往不能满足需求。青稞是含有一定量 GABA 的粮食，经过一定手段富集后可作为良好的富含 GABA 的作物资源。

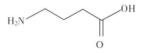

图 2-1 γ-氨基丁酸分子结构

二、青稞 γ-氨基丁酸检测方法

由于 GABA 的突出生理保健功效，对动植物产品中 GABA 的检测备受关注，目前已有很多 GABA 的快速分析方法，如紫外可见分光光度法、电化学法、放射受体法、薄层扫描法、氨基酸自动分析仪法、高效液相色谱法等，在这些方法中，电化学法和比色法灵敏度不够高，薄层层析法易受环境影响，放射受体法结果不够稳定，目前多采用基于高效液相色谱法和氨基酸自动分析仪的仪器分析法测定。

（一）青稞样品中 GABA 常用提取方法

（1）青稞样品粉碎过 60 目筛→称取一定量青稞粉（2g）→加入 5％三氯乙

酸溶液 5mL→30℃振荡提取 2h→离心 10min（转速 1 000r/min）→取上清液→待测。

（2）青稞样品粉碎过 60 目筛→称取一定量青稞粉（2g）→加入 3～5 倍体积的 0.01mol/L 的柠檬酸缓冲液（pH 6.0）→37℃水浴电动搅拌抽提 4h→减压抽滤→离心 30min（转速 4 000r/min）→取上清液→待测。

（二）青稞 GABA 常用检测方法操作过程

1. GABA 含量的比色法测定 参照 Tsushida 等的比色法测定或加以改进后应用。取待测液 300μL→加入 0.2mol/L pH 10.0 硼酸缓冲液 200μL→加入 6％重蒸酚 100μL→混匀→加入 0.8mL 5％NaClO 溶液→振荡→沸水浴加热 10min→取出后立即置于冰水浴 5min，溶液出现蓝绿色→加入 2.0mL 60％乙醇溶液→于波长 645nm 处比色→根据建立的 GABA 工作标准曲线计算样品中 GABA 含量。

2. GABA 含量的高效液相色谱法测定 参照吴琴燕等（2014）的方法测定或加以改进后测定。采用邻苯二甲醛柱前衍生法检测样品中 GABA 的含量，衍生试剂与样品提取液按照 1∶1 比例混合，0.22μm 微孔滤膜过滤后进样。衍生剂配制方法如下：取 150mg 邻苯二甲醛（OPA），加入 3mL 甲醇充分溶解后再加入 27mL 0.1mol/L 的四硼酸钠缓冲液（pH 9.5），最后加入 0.5mL β-巯基乙醇，混合均匀后加入 0.03g 维生素 C（浓度 0.1％）。色谱条件如下：色谱柱为 Wondasil C_{18}（4.6mm×150.0mm）；检测器为 SPD-15C UV-VIS Spectrophotometric Detector（190～700nm），检测波长为 338nm，流动相 A 为 pH 分别为 4.5、5.0、5.5、6.0 的 10mmol/L 的磷酸缓冲液，流动相 B 为甲醇，柱温 35℃，流速 1mL/min，上样量 100μL。洗脱梯度：0～27min 采用 10％～44％流动相 B 和 56％～90％流动相 A 洗脱；27～35min 采用 44％～90％流动相 B 和 10％～56％流动相 A 洗脱；35～39min 采用 90％流动相 B 和 10％流动相 A 洗脱；39～40min 采用 10％～90％流动相 B 和 10％～90％流动相 A 洗脱；40～45min 采用 10％流动相 B 和 90％流动相 A 洗脱。

3. γ-氨基丁酸含量的氨基酸分析仪测定 参照钱爱萍等（2007）的方法测定或加以改进后应用。采用日立 L-8800 氨基酸自动分析仪测定，分析柱规格为 4.6mm ID×60mm，分析树脂为 2622 ♯，除氨柱规格为 4.6mm ID×60mm，除氨树脂为 2 650L，泵 1 流量 0.4mL/min，泵 2 流量 0.35mL/min，基线噪声小于 4μV。氨基酸分析仪 30min 洗脱程序如表 2-1 所示，在 30min 短程序中，保留原有 23min 再生时间，GABA 分析时间设置为 7min（包括树脂再平衡）。以 GABA 标品绘制标准曲线，通常以 GABA 浓度为横坐标，峰面积为纵坐标，根据回归方程计算样品中 GABA 含量。

表 2-1 氨基酸分析仪 30min 洗脱程序

| 洗脱时间 | 缓冲液流量/% | | | | | | | |
/min	B1	B2	B3	B4	B5	R1	R2	R3
0				100.0		50.0	50.0	
7.0				100.0		50.0	50.0	
7.1					100.0	50.0	50.0	
10.0					100.0	50.0	50.0	
10.1					100.0			100.0
11.0					100.0			100.0
11.1			100.0					100.0
15.0			100.0					100.0
15.1			100.0			50.0	50.0	
27.0			100.0			50.0	50.0	
27.1		100.0				50.0	50.0	
30.0		100.0				50.0	50.0	

4. GABA 含量的薄层法测定 取提取分离的待测样品液→加入 10% 磺基水杨酸→离心→取上清液→冷冻干燥（黄棕色固体）→加蒸馏水溶解→Sephadex G-25 层析柱分离→蒸馏洗脱→取茚三酮阳性反应洗脱液→调节 pH 约为 4.0→磺酸型阳离子交换柱 pH 梯度洗脱（冰乙酸-吡啶缓冲液）→收集含 GABA 的洗脱液→浓缩→硅胶 H 薄层层析→根据样品和标准品的 R_f 值完成定性定量鉴定。

三、青稞 GABA 功能特性及富集

目前，关于大麦（青稞）籽粒 GABA 含量测定的工作已有较多报道（唐俊杰，2013；杨晓梦，2013；巨苗苗，2014），为大麦（青稞）GABA 资源的筛选及开发利用提供了良好的理论基础。GABA 是细胞自由氨基酸库的重要组分，植物的不同组织、细菌、真菌、薸类、藻类中均存在，例如天然米糠中 GABA 含量约为 46.98mg/100g、桑葚中约为 2.26g/kg、苜蓿中含量高达 6.6%。根据有关报道，天然大麦（青稞）中 GABA 含量为 1.29～25.98mg/100g。赵大伟等（2009）采用比色法测定了国内外 180 个大麦品种籽粒 GABA 含量，结果显示不同品种的 GABA 含量存在较大差异，其中中国大麦品种 GABA 含量为（9.99±4.59）mg/100g，高于美国大麦籽粒［（8.31±2.17）mg/100g］，多棱大麦 GABA 平均含量为（9.40±4.22）mg/100g，高于

二棱大麦籽粒 [(8.60±2.68)mg/100g]，他们通过研究最终筛选出了来自云南迪庆的高 GABA 含量的青稞籽粒材料 [(29.51±1.20) mg/100g]。曹斌等（2010）也采用比色法分析了青藏高原地区 178 份和国际干旱改良中心引进的国外大麦资源 157 份中 GABA 含量，结果表明青藏高原地区裸大麦农家品种和育成品种籽粒 GABA 含量分别为 （19.00±5.90)mg/100g 和 （18.18±4.26)mg/100g，均显著高于引进品种 [(13.41±5.01)mg/100g]，西藏农家品种富含高 GABA 种质，其中 WB21 籽粒 GABA 含量最高可达 （34.60±0.93)mg/100g。此外，研究还表明籽粒 GABA 含量与籽粒颜色之间存在显著相关性，深色籽粒 GABA 含量高于浅色籽粒，紫色籽粒 GABA 含量最高为（19.62±5.88)mg/100g，白色籽粒 GABA 含量最低为 （12.99±4.87)mg/100g。由于青稞富含 GABA，因此对于青稞种质资源的开发和筛选尤为重要。对于我国大麦产业技术体系，朱睦元、张京等专家学者已经开展了很多相关工作，主要是以下几方面：①大麦资源 GABA 含量分析，筛选具有高生物转化率优质大麦品种；②建立基于新机理的新技术、新工艺，提高大麦 GABA 活性物质的生物转化率；③测定了 62 个大麦材料 GABA 含量，结果显示大麦品种间存在显著差异，不同收获时间对 GABA 含量具有显著影响，不同生产工艺对 GABA 提取率也有显著影响；④初步建立了高含 GABA 功能性大麦及其制品精加工工艺技术。

GABA 具有多种生理活性，如降血压、降低胆固醇、增强记忆力、改善脑部机能等。GABA 可以通过人体谷氨酸脱羧酶进行生物合成，但随着人年龄的增长和精神压力的增加，人体内 GABA 积累很困难，通过食用富含 GABA 的天然植物、食品等来补充人体对它的需求是研究热点。在机体内可能以 GABA 作为抑制性神经递质，通过与 3 种特异性受体 GABAA、GABAB 和 GABAC 相互作用发挥生理活性，其主要生理功能如下：

（1）增强脑功能与记忆。GABA 可从根本上镇静神经，从而起到抗焦虑效果，有利于学习、记忆及改善睡眠。GABA 可以提高脑中葡萄糖磷脂酶的活性，能有效活化脑血流通，增加氧供给量，可改善脑血管障碍症状、脑部外伤后遗症及脑动脉硬化导致的头疼，有效预防或改善老年痴呆症。

（2）调节血压。GABA 通过调节中枢神经系统作用于血管运动中枢，于有效促进血管扩张，达到降血压的目的。另外，GABA 对抗利尿激素后叶加压素及血管紧张素转换酶 （ACE）同样具有较强的抑制作用，也可起到协助降压的作用。

（3）抗癌作用。GABA 可提高人体免疫力，预防和抑制癌症，对脑癌、乳癌、肝癌、大肠癌等癌细胞增殖有抑制效果，尤其对大肠癌抑制效果突出。

（4）改善肝、肾功能。GABA 在体内能抑制谷氨酸脱羧反应，与 α-酮戊二酸反应生成谷氨酸，使血氨含量降低，解除氨毒，增进肝功能。试验表明，小鼠喂食富含 GABA 的胚芽米后，其肾基底膜细胞坏死减少，尿素氮降低，表明 GABA 具有活肾功能。

（5）镇静、抗惊厥、治疗癫痫。GABA 通过与其 A 型受体结合增加神经元细胞膜对 Cl^- 的通透性，引起细胞超极化，产生突触后抑制效应，从而发挥镇静神经、促进睡眠、抗惊厥的作用。GABA 的缺乏与癫痫有一定相关性，GABA 可提高机体抗惊厥阈值，是治疗惊厥的特效药。

（6）调节食欲。GABA 可通过对动物的食欲神经肽作用并抑制下丘脑饱中枢来影响食欲。

（7）调节激素分泌。GABA 可促进生长激素的分泌，影响肠道激素的分泌，对胰岛素、甲状腺激素等外周激素的分泌也具有重要的调节作用。

（8）促进生殖。GABA 可以通过调控多巴胺抑制系统来抑制垂体激素包括促黄体激素（LH）和催乳素（PRL）的分泌。研究表明，GABA 可激发小鼠及人类精子发生顶体反应，提高精子的受精能力，还可明显促进精子的穿卵能力，从而达到促进生殖的效果。

（9）其他。GABA 还具有调节心律失常、抗衰老、抗疲劳、控制哮喘、改善脂质代谢、预防肥胖、防止动脉硬化和皮肤老化、镇痛、消臭、解毒等作用。

γ-氨基丁酸在植物体内也具有多种功效，如调节 pH、促进生长发育、提供某些代谢产物等。高等植物富集 GABA 主要通过两种途径进行，一种途径是 L-谷氨酸在 GAD 催化下经 α 脱羧产生 GABA($L\text{-}Glu \longrightarrow GABA + CO_2 \uparrow$)，另一种途径为多胺降解过程。谷氨酸脱羧酶和二胺氧化酶（diamine oxidase，DAO）是两种途径的关键限速酶。当植物体受到外界胁迫（如热刺激、冷冻、机械损伤、盐胁迫、缺氧、浸泡、酸化等逆境胁迫）或植物激素作用时，植物体内 GAD 酶被激活而引起酶活力增强，从而促使 GABA 大量富集（郭元新等，2012；何娜，2013；黄亚辉等，2010）。杂粮中 GABA 富集的关键在于浸泡和萌芽，通过改变相应条件可直接影响 GAD 酶活性，从而达到富集 γ-氨基丁酸的目的。邓俊琳等（2018）对青稞 γ-氨基丁酸等活性成分在萌发过程中的动态变化进行了探讨，结果显示高 GABA 含量多出现在萌动的中期和后期，西藏 2000 在萌动 111h 后 GABA 含量高达 61.36mg/100g，整个试验中青稞萌动后 γ-氨基丁酸含量分布在（19.00 ± 5.90）mg/100g，高于一般萌动小麦和燕麦的 GABA 水平。结合萌发和低氧、氯化钠、氯化钙、赤霉素胁迫等可提高植物体内 GABA 的富集。谷类中米糠、糙米和粟谷的蛋白质含量较高，氨基酸组成丰富，特别是谷氨酸和 γ-氨基丁酸含量高。在谷类浸泡发芽过程中，Ca^{2+} 浓度、PLP 浓度和谷氨酸钠浓度与 GABA 富集呈正相关，GAD 被刺激后酶活增强，发芽糙米中 GABA 含量达 1.32g/kg，而米糠中 GABA 含量可提高到 9.22g/kg。微生物发酵法是生产 GABA 的重要方法，采用的主要是人肠杆菌，发酵培养基为麸皮水解液、玉米浆、蛋白胨、矿物质等。发酵过程中，利用人肠杆菌脱羧酶作用将 L-谷氨酸转化为 GABA，经分离纯化后可得 GABA 产品，该法发酵液中 GABA 含量可达 2.588g/L。除此之外，GABA 可通过化学合成法富集，最早是由邻苯二甲醛亚氨钾和 γ-氯丁氰在剧烈反应条件下得到，目前主要通过吡咯烷酮经 NaOH 或 KOH 水解开环制备 GABA。王金玲等（2010）以 2-吡咯烷酮为原料制备 GABA，产品收率为 80%，产品纯度可达 99%，该法工艺路线简单，产率高，产物易于分离提纯，检测方便，适合大规模工业化生产，但生产中需注意异硫氰酸苯酯可能分解而影响安全性。

四、富含 γ-氨基丁酸食品开发

青稞富含 GABA，是开发高 GABA 含量保健功能食品的理想资源，在筛选高 GABA 水平青稞种质资源的基础上，还可通过发酵、萌动等技术显著提高 GABA 含量，研制富含 γ-氨基丁酸的食品，满足人体对该特殊氨基酸的需求。据报道，青稞经过超声处理和酶解处理后依托现代加工手段开发系列富含 GABA 食品，例如青稞→前处理→超声处理→酶促生物转化→酶解活化→①低温干燥后可得高含 GABA 青稞籽粒，进一步可用于开发其他食品；②挤压膨化后低温干燥，可得富含高 GABA 的团粒化粉体；③α 化处理后低温滚筒干燥，得到富含高 GABA 速溶功能粉。青稞本身富含 GABA，经过萌发、胁迫发酵等处理后 GABA 含量进一步提高，可广泛用于开发各种饮料、糕点、麦片、强化乳制品、发芽糙米、青稞复配米、青稞 GABA 营养粉、青稞膨化休闲食品、青稞 GABA 强化主食等活性食品。卓玛次力（2018）以青稞糙米为原料，研究了发芽青稞糙米的加工工艺及产品抗氧化活性，结果表明，最佳萌发工艺为浸泡温度 35℃、浸泡时间 12h、发芽温度 30℃、发芽时间 20h、Ca^{2+} 浓度 1.0%，在此条件下，青稞发芽糙米中 GABA 含量可达 60.96mg/100g，而未发糙米含量仅为 34.02mg/100g，发芽后青稞糙米清除 DPPH 自由基、ABTS 自由基能力显著提高。

"药食同源"是自古以来提倡的膳食疗补方法，通过合理摄取一些具有功能活性成分的食品原料，从而达到一定预防疾病及治疗的效果。近年来，基于不同植物来源的 GABA 食品引起了人们的广泛关注，并获得了良好的社会经济效应，包括植物（米胚、米糠、绿茶、南瓜、豆制品、番茄、小球藻等）、微生物（乳酸菌、酵母）。GABA 在风味饮料、果蔬汁及其发酵饮料、活性物质强化蛋白饮料、特殊用途饮料、固体饮料等饮料加工领域的应用已有报道，而且展现出广阔的开发前景。早在 1986 年，日本就成功开发了富含 GABA 的

Gabaron Tea，其作为一款降血压的茶在市场上成功销售，后续又开发出富含GABA 的发芽糙米和乳酸菌及酵母发酵的高含 GABA 食品。近些年，各类奶制品在我国消费量很大，功能性奶制品也越来越受到人们的青睐，因此利用GABA 等活性成分强化的奶制品也备受关注。Nomura 等（1998）从生产奶酪的菌株中分离出一株高产 GABA 的菌株 Lactococcus lactis 01-7，可使奶酪制品中 GABA 的含量提高到 383mg/kg。金增辉等（2003）研制出富含谷胱甘肽（GSH）和 GABA 米胚芽的即食型乳饮料、冲调型速溶奶粉、泡腾片及袋泡茶 4 种功能性饮品。Yutaka 等（2007）利用酵母发酵含 GABA 的果蔬汁和麦芽汁，制成富含 GABA 的低醇饮品，饮品中的 GABA 一方面是通过大麦芽自身蛋白酶转化 GLu 生成，另一方面是利用酵母发酵作用生产GABA。

GABA 最成熟的功能食品为发芽糙米，即"处于发芽状态的糙米"，在一定生理活性工艺条件下，发芽糙米所含有的大量酶如 α-淀粉酶、β-淀粉酶、β-葡聚糖酶、麦芽糖酶、纤维素酶、蛋白酶、脂肪酶等被激活和释放，并从结合态转化为游离态，在这个过程中发芽糙米纤维质外壳被酶解软化，部分蛋白质分解为氨基酸，淀粉降解为多糖，糙米食用品质和感官风味得以改善，而且保留了丰富的维生素、微量元素、膳食纤维等功效成分，最为重要的是产生了多种促进人体健康的成分，如 GABA、六磷酸肌醇（IP6）、生育酚和谷胱甘肽（GSH）等。发芽糙米营养价值是原糙米的数倍，发芽后消化吸收率提高，GABA 含量是普通白米的 5 倍，是未处理糙米的 3 倍以上。利用乳酸菌和酵母发酵可生产高浓度 γ-氨基丁酸的粉末，日本大阪生物环境科学研究所的森下日出旗博士筛选得到了高产 γ-氨基丁酸的乳酸菌（Lactobacillus plantrum M-10），该乳酸菌在米糠成分存在的条件下能增强产 GABA 能力。米糠可通过自身谷氨酸脱羧酶来富集 GABA，该酶最适温度为 35～40℃，最适 pH 为 5～6，可以加入谷氨酸或谷氨酸钠来提高生物转化率并利用酵母发酵消除还原糖对 GABA 的消耗，在优化条件下米糠 GABA 含量可达4 500mg/kg。在蛋白质分解产生氨基酸及微生物酶促转化的条件下，奶酪中通常都含有一定量的 GABA，在奶酪制作过程中使用适宜菌种则可以加工生产富含高 GABA 的奶酪产品。除糙米外，玉米、黑米、粟米、大豆、豇豆、绿豆、黑豆、荞麦、燕麦、藜麦等粮食作物均可通过发芽来富集 γ-氨基丁酸并开发富含 GABA 的发芽粮食功能食品。在此基础上，豆类酿造产品如含GABA 的酱油、豆酱、豆豉、纳豆、腐乳、豆奶等均有研究报道，也有学者以檀香叶、蕨菜、咖啡生豆、藻类、桑叶、羽衣甘蓝、番木瓜、茱萸、果实、辣椒、果蔬、南瓜、食用菌粉、马铃薯等为原料，采用物理方法（厌氧或发芽）和微生物发酵的方法加工富含 GABA 的食品素材或功能产品。

第九节 青稞多酚类化合物

一、概述

植物多酚是一类复杂的二级代谢产物，广泛存在于植物体内（如皮、叶、根、果中），可以提高谷物、蔬菜、水果和其他食用植物的营养、感官及功能品质。从广义上讲，结构中包括一个芳香环以及一个或多个酚羟基的芳香族羟基衍生物都可以称为多酚类化合物，部分青稞多酚类化合物结构见图 2－2。目前，已知植物多酚超过 8 000 种以上，根据其结构、性质、来源等不同有多种分类办法，如 Harbourne 将植物中多酚类化合物分为简单酚、萘醌类、木脂素类、单宁、酚酸类衍生物和香豆素类等。多酚类化合物一直以来都是国内外的研究热点之一。流行病学研究表明，全谷物与氧化应激相关的慢性病有着密切关系，在一定程度上可缓和慢性病的发展，而发挥这种功效可能与全谷物中多酚类物质有关。随着人们对全谷物认识的不断深入，谷物多酚被认为是全谷物发挥重要生理功能的主要物质基础。谷物多酚包括原花青素、花青素、醌类、黄酮、黄烷酮、黄烷醇、查尔酮、氨基酚类等化合物，可通过自由基清除

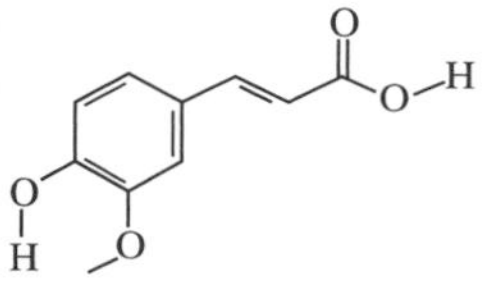

阿魏酸

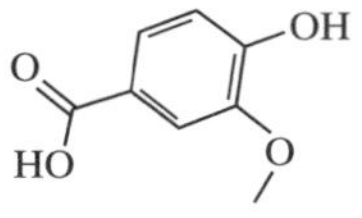

香草酸

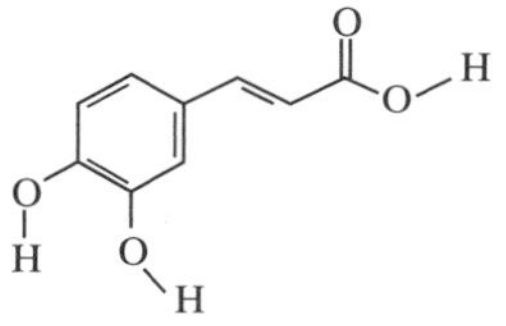

咖啡酸

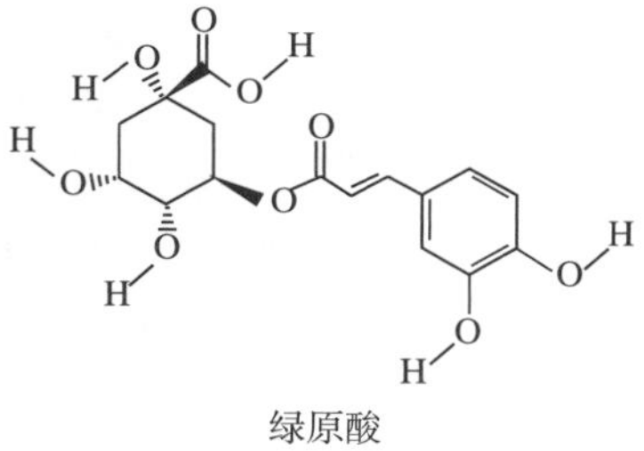

绿原酸

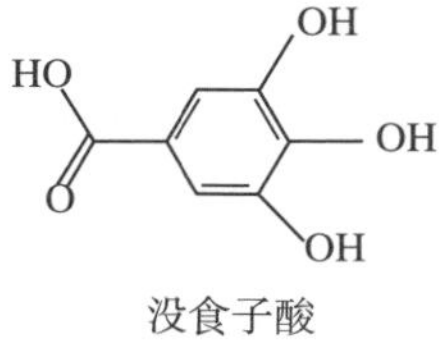

没食子酸

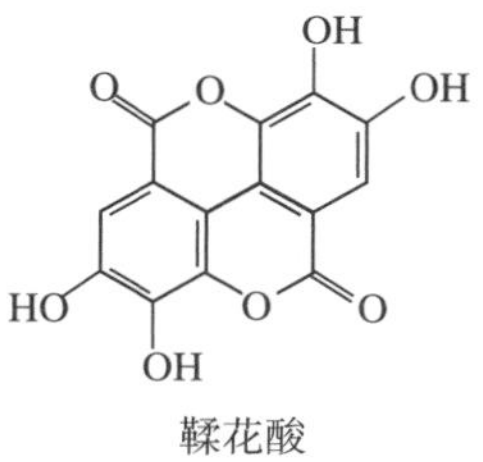

鞣花酸

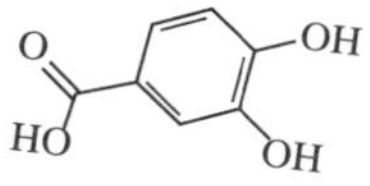

原儿茶酸

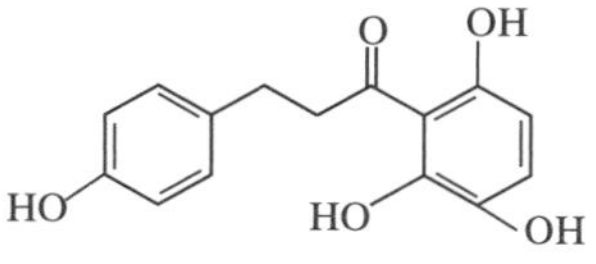

根皮素

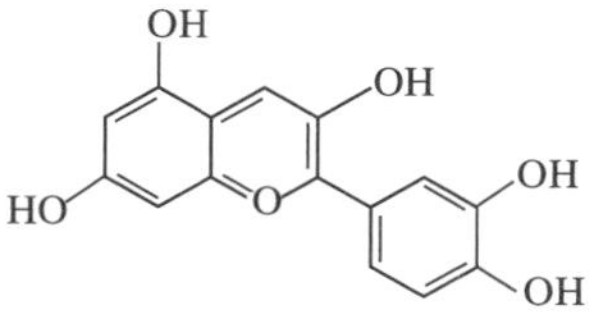

花青素

图 2－2 部分青稞多酚类化合物结构

剂、还原剂、单线态氧的淬灭剂等天然抗氧化剂作用以及酚酸清除促进脂肪过氧化的自由基来发挥其抗氧化、抗癌、抗衰老、降血糖、降血脂、预防心血管疾病等独特功效。我国青稞品种资源丰富，而青稞高海拔、高寒、缺氧、强光照等适宜生长条件促使青稞具有"三高两低"的营养特征且富含酚类化合物。青稞多酚主要有酚酸、类黄酮、聚黄酮几大类，青稞酚酸和黄酮均有游离态和结合态两类，它们的含量与组成受青稞品种、生长环境、籽粒颜色、基因型、栽培条件等因素的影响，以往国内外研究工作多注重于游离酚和游离黄酮含量及活性评价，现在结合酚与结合黄酮化合物也引起了人们越来越多的研究与关注，青稞结合酚和游离酚的含量与组成是其发挥功能特性重要的物质基础之一。

二、青稞多酚类物质含量的分析测定

总多酚含量的测定方法主要有薄层层析法、纸层析法、气相色谱法、高效液相色谱法、Folin-Ciocaheu 法等，其中层析法在分离效果、速度和准确性方面存在诸多不足，定量过程复杂耗时且对操作和环境条件要求高，因此很少作为多酚含量与组成的准确分析。气相色谱（GC）法测定植物酚类，测定速度快、灵敏度高，但该方法需要衍生化处理，前处理较为复杂。目前，最为常用的为高效液相色谱法和福林酚比色法，其中 Folin-Ciocaheu 法价格低、操作方便、便于大量样品快速检测，被广泛用于总酚含量的测定。

（一）高效液相色谱法

采用高效液相色谱法定性定量分析多酚时，要用酚类化合物的标准品建立工作曲线参考分析。常见的标准品有苯甲酸、阿魏酸、咖啡酸、绿原酸、反式肉桂酸、p-香豆酸、o-香豆酸、3，4-二甲氧基苯甲酸、没食子酸、邻羟基苯甲酸、间苯三酚、原儿茶酸、焦性没食子酸、β-二羟基苯甲酸、水杨酸、丁香酸、橙皮素、橙皮苷、山奈酚、柚皮素、杨梅素、柚皮苷、槲皮素、芸香苷等，标准品检测前以 DMSO 配成为 100mg/kg 的贮备液。根据标准品经色谱柱洗脱后的保留时间鉴定样品化合物组成，并通过峰面积和标准曲线进行定量。

（二）Folin-Ciocaheu 法

Folin-Ciocaheu 法的原理是，在碱性溶液中，酚类化合物能将电子转移到磷钼酸/磷钨酸复合物上，形成一种蓝色化合物，化合物的颜色与多酚含量呈正相关，该蓝色化合物的最大吸收波长约在 760nm。Bonoli 等在 Singleton 等的方法上进行了小幅改进。测定流程为：取青稞样品研磨成粉，称量青稞粉，分别用 70％的甲醇、乙醇及丙酮溶液于 40℃条件下过夜振荡提取（100r/min）。提取后抽滤，滤液浓缩除去有机溶剂后用蒸馏水定容，取一定量溶液测定总酚含量。取 100μL 青稞多酚提取液，加入 500μL Folin-Ciocalteu 试剂和 6mL 双蒸水，混匀 1min，再加入 2mL 15‰ Na_2CO_3 溶液，混匀 30s，双蒸馏水定容至 10mL。静置 2h，750nm 波长下测定吸光度值，总酚含量以没食子酸含量表示，总酚含量在 1～9μg/mL 范围内线性关系良好。

三、青稞酚酸的含量与组成

青稞酚酸的含量与组成因品种和测定方法的不同有所差异，而大麦中青稞酚酸类物质含量一般为 50～120mg/kg，主要包括羟基苯甲酸和羟基肉桂酸衍生物，较多存在于糊粉层中，已发现的酚酸类物质有没食子酸、原儿茶酸、p-香豆酸、绿原酸、香草酸、咖啡酸、丁香酸、鞣花酸、苯甲酸、芥子酸、苯乙烯酸等，其中最丰富的为阿魏酸和 p-香豆酸，它们主要以酯键结合方式存在于细胞壁中。许多研究结果显示，阿魏酸是大麦中的一种小分子化合物，由于该成分可能易受遗传和种植环境的影响，不同试验表现出的结果可能不同。青稞品种资源丰富，不同颜色、不同性状的品种多达上千种，如黑青稞、紫青稞、蓝青稞等，通常状况下，黑青稞酚酸含量相对较高。皮大麦中间苯三酚、尿黑酸、香草酸、丁香酸、水杨酸、o-香豆酸的含量明显低于裸大麦，但皮大麦中 p-香豆酸含量却很高。蓝色大麦和紫色大麦的间苯三酚、香草酸、丁香酸、邻羟基苯甲酸、3,4-二甲氧基苯甲酸、水杨酸和 o-香豆酸含量显著高于黑大麦。此外，7-羟基香豆素、7-羟基-6-甲氧基香豆素、6,7-二羟基香豆素等多以游离形式存在，也有与脂或糖苷结合的形式存在，主要酚酸均存在多种构型。我们测定了青藏高原 52 个不同粒色青稞品种资源的酚酸和黄酮化合物含量（以干重计）与抗氧化性，结果表明除黄色组青稞外，紫色组和黑色组青稞结合酚平均含量分别为 229.91mg/100g、241.62mg/100g，显著高于其对应游离酚含量，蓝色组青稞结合酚（207.59mg/100g）高于游离酚含量（207.11mg/100g），差异不显著，结合酚是有色青稞多酚的主要存在形式，4 种粒色青稞中游离酚平均含量由大到小依次排序为黑色＞黄色＞紫色＞蓝色，结合酚排序依次为黑色＞紫色＞蓝色＞黄色。不同形态酚类物质对自由基清除能力的强弱具有选择性，游离态酚类化合物含量在一定程度上决定着 DPPH 自由基和 ABTS 自由基清除能力大小，FRAP 铁离子还原能力受到青稞中游离态及结合态酚类化合物含量的共同影响。我们采用 LC-MS 对 14-947、云青 2 号、昆仑 15 及北青 2 号 4 个品种青稞中的酚酸组成进行了分析，结果显示 4 种青稞中糠花酸、阿魏酸、原儿茶酸、香草酸含量较高，2,4-二羟基苯甲酸、咖啡酸、没食子酸、对香豆酸次之，邻羟基苯乙酸含量较少。在食品加工过程中一般需要将青稞进行磨粉以获得细粉和麸皮成分，而麸皮中含量丰富的多酚类物质，使得麸皮具有较大的开发利用价值，可制成麸皮膳食纤维保健产品等。履新（2004）报道了大麦麸皮多酚类抗氧化活性和抗突变的性能，结果显示麸皮经正己烷脱脂后用 75% 乙醇抽提和经 SP-850 树脂提纯后，得到多酚类提取物，得率约 1%，多酚含量 28.7%，而 HPLC 分析显示大麦麸皮多酚有 10 余种组分。大麦麸皮多酚提取物具有亚油酸抗氧化能力和超氧化物清除能力，其超氧化物清除力小于抗坏血酸而大于 α-生育酚、BHT 和 HA。

四、青稞黄酮物质含量与组成

黄酮类化合物广泛存在于多种植物中，具有消炎、消肿、降压、降血脂以及清除自由基等多种功能，可用于食品、药品和化妆品等的开发。Kim（2007）分析了 127 种有色大麦的总黄酮含量，发现总黄酮含量为 62.0~300.8mg/kg，在有色大麦中杨梅素是最主要的黄酮类化合物，其次为儿茶素和槲皮素，柚皮苷和橙皮苷含量为微量，而裸大麦杨梅素和山柰酚含量高于皮大麦，蓝色裸大麦槲皮素和山柰酚含量显著要高，蓝色和紫色大麦柚皮苷、槲皮素和山柰酚含量与黑色大麦有显著差异。作者等比较研究了不同粒色青稞中游离态及结合态酚类化合物的含量（以干重计）及其抗氧化活性的差异，结果显示不同籽粒颜色青稞酚酸含量是黄酮含量的 10 倍，总黄酮含量约为 42.65mg/100g。4 种粒色组青稞中除紫色组青稞的结合黄酮含量显著高于游离黄酮含量，蓝色、黑色、黄色组青稞游离黄酮含量分别为（23.60±2.19）mg/100g、（23.33±3.20）mg/100g、（23.78±4.43）mg/100g，显著高于其对应的游离黄酮含量，表明青稞中黄酮类物质主要以游离态形式存在。游离黄酮平均含量的顺序依次为黄色组＞蓝色组＞黑色组＞紫色组，紫色组青稞的游离黄酮平均含量 [（19.88±4.65）mg/100g] 显著低于蓝色组 [（23.60±2.19）mg/100g]、黑色组 [（23.33±3.20）mg/100g] 及黄色组 [（23.78±4.43）mg/100g] 青稞。另一项以 14-947、云青 2 号、北青 2 号及昆仑 15 号为研究对象的研究表明，青稞黄酮化合物以儿茶素最丰富，其次为根皮素、槲皮素、芦丁、柚皮苷、杨梅素、柚皮素相对较少，橙皮苷和山柰酚未检出。张唐伟等（2017）对西藏不同品种青稞品质差异进行了分析，结果表明青稞总黄酮含量范围在 0.14%~0.42%，总黄酮含量有色青稞显著高于普通青稞。普晓英等（2013）检测了国内外 177 个大麦品种黄酮含量，显示不同品种黄酮含量差异大，国内大麦品种籽粒含量 [（125.08±19.00）mg/100g] 高于国外品种 [（112.68±16.24）mg/100g]，多棱大麦含量 [（121.56±17.72）mg/100g] 高于二棱大麦 [（114.28±17.48）mg/100g]，筛选到的高黄酮含量大麦品种为我国的紫光芒大麦（177.384mg/100g），进一步探究发现大麦籽粒总黄酮含量与不同农艺性状间存在一定相关性，总黄酮含量与生育期和千粒重呈极显著负相关，与实粒数和棱形呈显著正相关。

五、青稞多酚类物质的提取

目前，已报到的青稞游离酚和结合酚的提取方法较多，举例说明如下。

（一）青稞游离酚类提取

方法一：参考 Zhao（2006）的方法并有所改进。准确称量 1.0g 青稞全粉，按照料液比 1：25 的比例加入体积分数为 80％的丙酮，室温条件下超声提取 20min，4 000r/min 冷冻离心 10min，收集上清液，残渣用同样方法重复提取 2 次，合并 3 次上清液，45℃减压旋转蒸干，甲醇定容至 10mL，得游离态酚类物质提取液，分装后于−20℃避光储存，称样和提取均重复 3 次。

方法二：取青稞粉 5.0g，加入 40mL 有机物/水提取混合液，超声降解 10min。提取液可以为 80％乙醇、80％甲醇或 80％丙酮，为了使乙醇和丙酮提取液达到均衡，可采用乙醇：丙酮：水（$V/V/V$）＝7：6：6 的混合提取液进行。1 000×g 离心 10min 收集上清液，残渣再次以同样过程提取，然后合并两次上清液，40℃旋转蒸发至干，用 5mL 0.3％（V/V）甲酸溶液悬浮。

方法三：磨细青稞种子并过 1.0mm 筛网，所得青稞粉加入己烷反应 24h，室温下不间断搅拌得到脱脂青稞。取适量脱脂样品于 500mL 平底烧瓶中，分别加入 70％丙酮（V/V）、70％乙醇（V/V）、70％甲醇（V/V），45℃回流提取 4h，提取液过滤后将残渣再提取一次，合并两次提取液后旋转蒸发并冷冻干燥得到游离酚粗提物。有研究显示，70％丙酮提取物相对于乙醇和甲醇提取物具有更高的还原力、自由基清除能力、脂质氧化抑制能力，因此 70％丙酮是提取天然酚抗氧化剂相对最适合的溶剂之一。

（二）青稞结合酚提取

方法一：向提取游离酚后的残渣中加入 20mL 正己烷，振荡后离心（3 000r/min，5min）弃去上清液，向沉淀物中加入 17mL 体积分数为 11.00％的硫酸，75℃水浴 1h，加入 20mL 乙酸乙酯萃取 5 次，离心（3 000r/min，5min），合并乙酸乙酯萃取相，在 45℃条件下旋转蒸发至干，残余物用甲醇定容至 10mL，用孔径为 0.45μm 有机膜过滤，得青稞结合酚提取液，分装后于−20℃避光保存。

方法二：取 1.0g 青稞粉加入 100mL 2mol/L NaOH 溶液，室温下分别消化 4h 和 20h，在存在氮气条件下不断摇动，冰浴，用 10mol/L HCl 调节溶液 pH 至 2～3。加入 500mL 己烷脱脂，得到溶液用 100mL 二乙醚：乙酸乙酯＝1：1 的抽提液抽提 10 次，有机相合并后真空干燥，最后用 5mL 0.3％的甲酸溶液（V/V）悬浮。

方法三：取 1.0g 青稞粉加入 6mL 96％乙醇和 30mL 25％ HCl 溶液，65℃摇晃 30min，弃去有机相，加入 10mL 96％乙醇和 50mL 40～60℃的石油醚

（$V/V=1/1$），剩下的用 25mL 该混合溶剂洗两次，最后用 100mL 混合溶剂洗 5
次去脂，有机溶液合并后，真空干燥，再用 5mL 0.3％甲酸溶液（V/V）悬浮。

六、青稞多酚类物质对食品加工的影响

青稞富含酚类化合物，酚类化合物占青稞籽粒干物质的 0.1％～0.3％，
主要分布于青稞麸皮、糊粉层和胚乳中，远高于小麦、大米、玉米、燕麦、小
米等常规作物，青稞多酚含量高低与品种基因型、生长环境、栽培条件等因素
密切相关。青稞中酚类物质对青稞食品营养及加工品质有着重要影响。酚类化
合物具有抗多种疾病、抗氧化、高还原力等特点，因此相关产品中多酚物质
含量高低与分布影响食品的健康性及"色、香、味、形"。青稞在煮制、炒
制、磨粉、膨化、烹调等过程中，酚类物质易发生氧化反应，其氧化产物可
直接影响青稞食品的外观和质量。多酚类化合物具有高亲水性，其水和能力
及与其他生物分子结合的能力强，在食品的凝胶体系中酚类物质容易与蛋白
质、淀粉粒、多糖等相作用构成"多酚-天然大分子"相互作用体系，从而
影响食品的加工工艺品质及感官特性，如酚类可与细胞壁多糖发生交联，降
低酶对细胞壁的降解，该反应对青稞食品加工有负面作用，也影响膳食纤维
在人体内的降解。青稞中酚类物质（如儿茶酸、原花色素等）的含量也会影
响青稞萌发及萌发青稞与相关产品的色泽和风味品质（如青稞发芽食品、青
稞发酵食品等）。因此，虽然青稞具备抗氧化、抗癌、抗衰老、降血糖、降
血脂、预防心血管疾病等众多功效，但在食品加工中需要重视多酚含量与健
康功效发挥之间的关系，研究适宜方法，既保持青稞中特定酚类物质含量及
相关酶类活性，又可使加工的青稞食品具有良好的色泽、风味、营养及健康
品质。

第十节　青稞花青素

一、概述

花青素又称为花色素，广泛存在于植物体中，分布于植物的花、果、叶、
茎内，呈红色、紫色或蓝色等颜色。花青素是一类水溶性的天然色素，属于酚
类中的黄酮类化合物，多以糖苷形式（花色苷）存在，可作为天然食品添加剂
使用。青稞花青素为水溶性的花色苷类，安全健康，具有良好的消除体内自由
基和抗氧化作用，表现出延缓衰老、增强免疫力、益气补肾、保护心血管等功
效，开发应用前景广阔。青稞花青素的合成及积累受青稞生长环境（光照、温
度）、栽培条件（肥料、水分）、品种基因型、发育阶段等的影响，虽然青稞花
色苷类主要为原花青素和花青素，但两者含量之间并无相关性。

二、青稞花青素的测定方法

（一）原花青素含量测定

1. 香兰素法 青稞磨粉后称取 0.2g 青稞粉，置于 50mL 的锥形瓶中，加入 10mL 含有 1% HCl 的甲醇溶液，室温搅拌 2h 后 3 000×g 离心 10min，收集上清液并用孔径为 0.45μm 的滤膜过滤，收集滤液待测。取 2mL 待测样品液，加入 2.5mL 1%（W/V）香草醛甲醇溶液，再加入 2.5mL 含 25%（V/V）H_2SO_4 的甲醇溶液，混匀后放置 20min，测定样品在 500nm 处的吸光度值，以儿茶素标准品为对照计算浓度，结果以 μg/g 表示。

2. 液相色谱法 取 10g 去壳烘干青稞籽粒，经高速磨粉后置于 150mL 三角烧瓶中，加入 3∶1（V/V）丙酮水溶液 75mL，振荡 3h，过滤后于滤液中加入 5g PVP 树脂，振荡吸附 1h。过滤并弃去滤液，用 50mL 乙腈分 3 次洗脱树脂，洗脱液旋转蒸发浓缩至约 5mL。采用液相色谱测定，进样量 2μL，色谱柱为 Sepherisorb，ODS 25μm，4mm×100mm，流动相为甲醇∶水＝1∶1，流速 0.5mL/min，检测器为紫外检测器，检测波长为 281nm。

3. 气相色谱法 取 5g 去壳烘干青稞籽粒，经磨粉后置于 150mL 三角瓶中，加入 3∶1（V/V）丙酮水溶液 75mL，振荡提取 3h，取出过滤后加入 5g PVP 树脂振荡吸附 1h，过滤后弃去上清液，树脂采用 50mL 乙腈分三次洗脱，洗脱液旋转蒸发至 2mL 左右，取出，倒入 10mL 具塞试管中，加 1mL DMCS、0.5mL BSTFA 硅烷化，在常温下衍生 1h，取 0.8mL 衍生化样品测定，色谱条件参考王建清等（1993）方法。采用 GC-9A 气相色谱仪、氢火焰离子化检测器（FDI）、CR-3A 色谱数据处理机。载气：氮气，流速为 60mL/min；氢气，60mL/min；空气，550mL/min。程序升温：柱温从 155℃ 开始恒温 3min，以 8℃/min 升温至 215℃，再恒温 14.5min 结束，检测器及进样口温度 270℃。

（二）花青素含量测定

目前主要采用 HPLC 法测定青稞中的花青素含量，测定需要不同花青素标准品参考定量，常见标准品有矢车菊素、矢车菊素-3-葡萄糖苷、飞燕草素、飞燕草素-3-葡萄糖苷、棉葵素、锦葵素-3-葡萄糖苷、花葵素、花葵素-3-葡萄糖苷、芍药素、芍药素-3-葡萄糖苷、矮牵牛素等，标准储备液（100mg/kg）由含 0.1% HCl 的 80% 的甲醇配制，低温避光保存。测定过程如下：青稞磨粉后准确称取 0.2g，置于铝箔包裹的锥形瓶中，加入 2mL 含 0.1% HCl 的 80% 甲醇溶液，4℃ 放置 24h 后 10 000×g 离心 10min，收集上清液，用 0.45μm 滤膜过滤后收集滤液，转入棕色色谱小瓶中以上样测定，根据设备型号选择具体检测波长、进样体积、色谱柱、流动相、洗脱梯度、洗脱时间和流速等参数。

三、青稞原花青素和花青素的分布与含量

青稞原花青素主要是聚黄烷类物质，通常只在外种皮层合成，由儿茶酸和原儿茶酸的二聚体和三聚体组成，并积累于谷物的外种皮层。Skadhauge 发现当大麦籽粒完全发育成熟时，野生型大麦外种皮层充满原花青素，而不含原花青素的突变体植株外种皮未检测到原花青素。Mulkay 等（1981）利用核磁共振（NMR）从大麦中鉴定出原花青素 B-3 和原翠雀素 B-3 2 个二聚体及 4 个三聚体，这 6 种原花青素中儿茶酸是构成多聚体的基本单元。Kim（2007）分析了 127 种有色大麦中原花青素和花青素的含量与组成，结果显示原花青素含量为 15.8～131.8mg/kg，裸大麦原花青素含量高于皮大麦，蓝色和紫色大麦中原花青素含量高于黑色大麦，而通常含花青素的大麦品系原花青素含量明显低于不含花青素的品种。大麦中花青素是除黄酮醇和黄烷醇外的主要类黄酮物质，是类黄酮中最重要的一类水溶性植物色素，许多色素均由它们合成。青稞种花青素含量的种间差异很大，有色大麦中花青素含量为 13.0～1 037.8μg/g，蓝色和紫色大麦的花青素含量（320.5μg/g）显著高于黑色大麦（49.0μg/g）。紫色大麦中以矢车菊素-3-葡萄糖苷为主，其次为芍药素-3-葡萄糖苷，占总花青素的 50%～79%，而蓝色和黑色大麦中最丰富为飞燕草素-3-葡萄糖苷。张唐伟等（2017）分析了西藏不同青稞品种的品质差异，结果显示有色青稞花青素含量品种间的变异较大，总体含量为 0.022 7～0.649 7mg/g。陈建国等（2016）采用响应面法优化了黑青稞花青素的提取工艺，得到最佳的工艺条件为乙醇体积分数 59.01%、1g 原料添加 21.87mL 溶剂、提取温度 62.40℃、提取时间 2.76h、pH 1.82，在此条件下花青素的提取量可达 103.48μg/g，陈建国还对囊谦黑青稞的花青素含量、种类及抗氧化活性进行了分析，实验表明囊谦黑青稞花青素主要由 8 种花青素组成，含量为 8.27mg/100g。在食品加工中，花色苷类化合物可以作为食品添加剂使用，研究表明，蔗糖、果糖、木糖醇等甜味剂对青稞色素均具有保护作用，维生素 C 对色素有明显的降解作用，维生素 B_1 和维生素 B_6 低浓度时对青稞色素起保护作用，而高浓度时则加速色素的降解。此外，在不同光照和温度条件下，除维生素 C 外，其他供试的食品添加剂对青稞色素稳定性的影响无显著差异，而维生素 C 对花色苷的促降解作用与温度密切相关，这些研究工作对青稞食品加工具有一定的指导意义。

第三章

青稞传统食品加工

第一节　青稞糌粑

一、神秘的糌粑

有关糌粑的神话首先源于青稞的产生。藏族有一则"青稞种子的来历"的神话，它讲述了青稞的来历，即糌粑食俗最初的来源。至今，在很多藏族民俗宗教活动和节庆期间，糌粑是必不可少的祭祀品。糌粑亦是藏族节日中不可或缺的食品，如在岁时节日、生产节日、宗教节日等重要节日中都有吃糌粑的风俗，藏族过藏历年时，家家都要在藏式柜上摆一个叫"竹索琪玛"的吉祥木斗，斗内放满青稞和卓玛（人参果）等。邻居或亲戚朋友来拜年，主人便端过"竹索琪玛"，客人用手抓起一点糌粑，向空中连撒 3 次，再抓一点放进嘴里，然后说一句"扎西德勒"（吉祥如意），表示祝福。糌粑作为藏族人民的一种民俗食品，不仅产生于独特的地理环境、经济条件和生活方式，更在藏族人们独特的政治、历史、宗教、社会及人们对事物的认识、态度、处理方式等的作用下，产生了独特的食俗及语言民俗。这些食俗也正是藏族人民思想、观念、信仰等的反映，是民族文化的充分体现。

二、糌粑的由来

糌粑，是藏语谐音字，但从汉字的结构来看，是两个形声字，从米，分别念"昝""巴"。糌粑是一种古老的食品，大概在原始时代的农牧大分家之前就已经有了这个名字。青藏高原海拔高、气压低、水的沸点低，这就成为藏族多喜欢焙炒青稞碾为粉末做糌粑吃的重要原因之一。另外，糌粑和着酥油、奶茶食用，具有热量高、营养丰富、抗寒耐饥的特点，适宜高原山区耐寒的需要。糌粑易于制作、便于携带的特点符合游牧的生活方式。在牧人家中，都置有手摇的小石磨，随时用来磨糌粑粉。牧人放牧或外出时，只要怀揣个木碗，腰束

"唐古"[即藏语称作"唐古"的皮口袋，专门用来装糌粑、曲拉（即干酪素，是牛奶提取奶油后经脱水所得的固形物）、奶茶或牛奶、酸奶、酥油和糖]，带上水壶，就随时随地可以解决吃饭问题了。

糌粑是藏族传统主食之一，藏族人民一日三餐都有糌粑，"糌粑"是炒面的藏语译音，根据用料，糌粑分为"乃糌"（即青稞糌粑）、"散细"（即去皮豌豆炒熟后磨成的糌粑）、"毕散"（即青稞和豌豆混合磨成的糌粑）等。通常所说的糌粑是指青稞糌粑，是将青稞麦粒炒熟、磨细、不经过筛滤而成的炒面，与我国北方制作的炒面有点相似，区别是北方的炒面是先磨后炒，而青稞糌粑是先炒后磨，而且不除皮。

三、炒青稞和磨糌粑

炒青稞是一个复杂过程，先要对青稞进行精选，把其中的瘪麦粒、野生植物籽、石子、土块等杂物除去，留下饱满的青稞，并将其淘洗干净，然后将沙子炒烫，即将适量的沙子摊开在炒锅内以旺火加热，再把适量的青稞堆放在炒锅的细沙上，当沙子烧得相当烫时（这一温度的掌握全凭操作者的经验或感觉），操作者用"T把"的槽口咬住炒锅沿，两手持木柄，端起锅，左手在前，右手在后，像烹饪大师那样颠着炒锅。经过几次颠炒之后，利用筛子将沙子筛回炒锅里，剩下的炒青稞经磨碎后即为糌粑粉。

早期的糌粑用人力手工磨制，后来开始借助水力磨制。人们利用山涧水流的冲力巧妙地建造出一个个水磨坊，用来加工糌粑。通过调节水磨石板下方的轮子，控制磨盘的转动速度。当石磨快节奏工作时，会磨出比较粗的糌粑粉，当把石磨转动的速度调慢后，则会磨出比较细的糌粑粉。手磨不大，用人力转动，由于携带方便，不受自然条件约束，所以牧区多用手磨磨制糌粑粉。

四、青稞糌粑的吃法

糌粑的食用方式主要是拌和酥油茶，即在木碗或瓷碗中放入适量的酥油、曲拉，再倒入奶茶（如果喜欢甜味，也可加糖），待酥油融化，曲拉被泡软，将茶喝到适量，加入糌粑粉，然后用左手托住碗底，右手大拇指紧扣碗边，其余四指和掌心扣压碗中的糌粑粉，从左至右使小碗在左手掌上不停地旋转，边转边拌，直至捏成疙瘩（即"糌粑团"），藏族人称这种吃法为"抓糌粑"。此外，糌粑也可调以盐茶、酸奶吃，还可以和着少许曲拉、酥油，倒入奶茶，调成粥吃。糌粑的吃法在藏区因地区差异，名称亦不同。有的称为"加卡""者合"，有的称为"都玛"等。糌粑还被人们制成各种点心或其他食品。如"辛"（即将糌粑、蕨麻粉、碎奶酪渣、葡萄干、糖、红枣等用酥油熬煮使其溶化，搅拌，然后盛进盆中冷凝成型食用）、"特"（类似"辛"，但形状为圆团状）等。

还有一种吃法，那就是先把糌粑面拌成糊状，倒入锅中，加上适量的水，再放入牛羊肉、野菜等煮成类似内地的菜稀饭，分盛在碗里吃，藏族人称这种食物为"土粑"。在牧区，牧民只有在逢年过节或招待客人时才做"土粑"吃。

五、即食糌粑的制作

主要原料：青稞。

配料：酥油、糖、盐、曲拉。

（一）工艺流程

青稞精选→炒制→磨碎→糌粑粉→调制→成型→杀菌→成品。

（二）操作要点

1. 原料预处理 青稞原料要求颗粒饱满，无杂质、无霉烂、无虫蛀、无变质，并进行多次冲洗，除去附着的沙土、杂物，沥干晾晒。

2. 炒制 将晾晒后的青稞原料在一定的温度下翻炒一定时间，焙炒至青稞表皮焦黄均匀，冷却备用。炒青稞见图 3 - 1。

3. 磨碎 传统多用水磨，也有用石磨或粉碎机将炒制的青稞粒磨成一定粒度的粉末，即为糌粑粉。磨青稞见图 3 - 2。

图 3 - 1 炒青稞　　　　　　　图 3 - 2 磨青稞

4. 调制 按照先用热奶茶或牛奶、茶水将酥油（从牛奶中分离出的奶油）融化，然后按糌粑粉、白糖、曲拉的顺序投放，将糌粑粉与酥油、曲拉、白糖、奶茶或牛奶等搅拌均匀。调制青稞糌粑见图 3 - 3。

5. 成型 当糌粑粉搅捏至能用手捏成团时，就可以进行成型处理了。传统的做法是根据需要捏成一定形状直接食用，现在也可用有花纹模具手工压模成型。捏制青稞糌粑见图 3 - 4。

图 3-3　调制青稞糌粑　　　　图 3-4　捏制青稞糌粑

（三）即食糌粑配方

迟德钊等以糊化度、色度和感官评分为主要指标，对糌粑粉的炒制工艺及即食糌粑的工艺配方进行了研究。糌粑粉的最佳炒制工艺条件为炒制温度110℃，炒制时间10min，在此条件下其糊化度达85.86%，糌粑粉的 L*（白度）值为74.92，a* 值（红绿值）为0.41，b* 值（黄蓝值）为17.42。配以40%的糖、20%的酥油、40%的牛奶，调制成型后的即食糌粑形状整齐，组织细密均匀，口感绵软不黏牙，甜度适中，麦香味较浓，感官品质好。

随着民族特色食品——糌粑的传承和发展，目前已经衍生了各种各样的制作方法。

（1）取适量糌粑放入碗中，加入少量冷开水或茶水，可加入少量白糖或食盐，揉成面团状即可食用。

（2）取适量糌粑放入碗中，加入适量开水或温牛奶，用筷子搅拌呈糊状食用。

（3）取适量糌粑放入碗中，加入适量开水或肉汤，然后加少量"黑芝麻糊"等配料，用筷子搅拌成团或呈粥状即可食用。

（4）将20%糌粑和80%的面粉混合，加入适量的水和发酵粉，发酵后做成馒头上锅蒸熟后即可食用。

（5）将60%的糌粑和40%的面粉混合，加入适量水和其他配料制作成饼干，放入烤箱，烤熟即为即食糌粑（图3-5）。

图 3-5　即食糌粑

<h1 style="text-align: center;">第二节　青稞干粮</h1>

干粮是常用于野外生存和战争等情况的一类食品，其特点是携带方便、水分含量低、保存时间长，因此在历史发展的长河中被广泛采用。青稞干粮则是以青稞为原料制作的方便携带和贮存的食物，以糌粑最为寻常。制作青稞干粮使用的原料——青稞，品种资源丰富，在青海高原种植广泛，营养物质丰富且全面，以此制作的干粮可以很好地为人体提供所需的各类营养元素，及时补充体能。在以前，由于没有机械设备等精密仪器设备，很难制作出含水量较少或脱水处理的面食，主要依靠传统工艺来加工，对操作熟练度要求较高。可长时间保存、便于携带的食品尤其是胡饼逐渐兴起后，干粮一度成为人们长途跋涉必备的食物，而如今的干粮可实现精深化加工，可以将"粗粮"加工成"细粮"，在显著改善口感的同时，可做成各类方便食品，如压缩饼干、罐头等食品。

一、烙制青稞油饼

（1）将青稞面粉与普通面粉按 1∶2 的比例混合后加水揉成较光滑的面团，于容器中醒发 20min。

（2）取适量食用油于碗中，加入食盐、花椒面、葱花等，混合均匀。

（3）面团醒好后，可以手撕成多份或者用刀切成均匀的多份，取一份揉成圆形后擀成圆片状，然后在饼面上放上一层油酥或涂一层清油，摊铺均匀。

（4）将面片从一侧仔细地卷成长条状，然后再将此长条状面从一头开始盘起来，擀成饼状后，准备入锅烙制。

（5）先在锅底滴入少量清油，均匀加热，然后将青稞饼放入锅中烙制，及时翻动，保证饼受热均匀，直至两面变为焦黄即为青稞油饼（图 3-6）。

图 3-6　青稞油饼

二、锟锅

(一)锟锅概述

锟锅（图3-7）是青海农业区和半农半牧区人民（藏族、回族、土族、撒拉族及汉族）经常食用和走亲访友的必备物品，是每餐难离的主食之一，当地群众也称之为"锟锅馍馍"。锟锅是将面团放置在单独的金属模具中，然后埋在以麦草等为燃料的灶膛或炕洞内的火灰里烤制而成的食品，其直径一般为10～50cm，厚10～15cm，外层较厚且脆。锟锅花样较多，制作时可以在发面里加

图3-7 锟 锅

入菜油、红曲、姜黄、香豆粉等，然后层层叠叠地卷成红、黄、绿等不同颜色的面团。为了增加锟锅的营养和口感风味，常在面团调制时加入鸡蛋和牛奶等。锟锅壁较厚，传热缓慢，麦草燃料火力均匀，烤制时火力大小适中，烤制半个小时左右即可。锟锅的特点是制作简单、携带方便、松脆好吃且经久耐贮，因此受到广大农牧民的喜爱，并作为地方特色干粮而不断被传承。

(二)锟锅的制作过程

锟锅好吃且制作简单，是最受青海人喜欢的食品。其制作过程中所用的烤具一般是生铁铸成的锅，锅壁较厚，直径20cm左右，两边各有一个耳，可以保证烤制中便于翻动且均匀传热，而传统制作时的燃料可使用柴草、牛粪、马粪等，这些燃料火力适中、加热均匀且方便易得。锟锅制作使用青稞面、白面或混合粉等，烤制产品的外层具有金黄的脆皮，香气浓郁，内部酥软，有着沁人心脾的麦香味。典型锟锅制作工艺如下：

（1）取适量青稞面于容器中，加水和面（加酵母发酵或不发酵），揉成较为光整的面团后倒在案板上，适量撒入干面和碱面，继续揉至一定程度后用擀面杖擀为圆面片。

（2）在圆面片上撒上适量香豆、芝麻、菜籽油、红油等，用手或工具将油和香豆涂抹均匀，然后把面放进锅里压平整后盖上盖子，将锅放火堆里或炕洞里烤制；或者将面片的一边开始卷成筒状后切割成数段，3～4段摞起来后从中间翻一下，再从中间捏一下，从而形成花形面胚后入锅烤制。

（3）按照小锟锅一锅两个、大锟锅一锅一个的方法，将面胚放入烤锅中并盖好锅盖，避免灰尘进入锅中；烤制15min左右后进行翻动操作，烤制30min后出锅即为锟锅。

"盖着大花被面，吃着锟锅馍馍"是一种青海乡村文化，那些在青海生活过的人们对锟锅都很偏爱，如今在青海省会西宁的大街小巷里随处可见锟锅店铺。锟锅可以说是青海特有的面食之一，被称作青海人的"专属面包"。出锅后的锟锅焦黄酥脆，美味可口，青海人皆食之。近年来，随着旅游市场的不断升温，锟锅也吸引了广大游客的青睐，可作为主食和酸奶、牛奶、茶等搭配，也可作为随身便携的干粮在各种场合充饥。

锟锅的特点是外脆内软，绽开如花，色彩鲜丽，异香扑鼻，制作简单，省时、省事，松脆好吃，携带方便，经久耐藏。

三、青稞油花

（一）油花概述

青稞是一种禾谷类的作物，其特点是内外颖壳分离、籽粒裸露，也称作裸大麦、元麦、米大麦，主要产自西藏、青海、四川、云南等地，是藏族人民的主食，在青藏高原种植历史约 3 500 年，早已在青藏高原上形成了极富民族特色的青稞文化。青稞质地粗糙，色泽较深，筋骨脆弱，擀成面团比较难，然而在青藏高原上勤劳的

图 3-8　青稞油花

人们把青稞吃出了新鲜感，吃出了很多新花样，通过"烙、蒸、烤"3 种基本方法，配合一些本土产的香料、清油、胡麻籽等便可制作出形态和风味不同的食品，极大地丰富了青海人的饮食文化。青稞油花（图 3-8）就是青稞特色面食之一，是青海人家常食物之一。传统的青稞油花是用青稞磨制的面粉（也可与豌豆一起磨制成混粉）做成的卷形花卷，在花卷中一般卷入菜油、香豆、胡麻籽等，它是通过上笼蒸熟的美食。青稞面做不出像白面花卷一样的精致食物，然而青稞油花辅以绿油油的香豆粉、黑油油的胡麻粉和清香的清油后，吃起来别具滋味。

（二）青稞油花的制作过程

（1）取适量青稞面于容器中，加入少量水和面。

（2）和好的面团于案板上擀成一片一指厚的面片，然后在面片表面撒上一层香豆粉或胡麻粉，浇上少量清油后，用手掌或工具涂抹均匀。

（3）将上述面片卷成一个卷筒，用工具将其切成 5～6cm 长，根据需要进一步捏制各种花形，最后上蒸笼蒸熟即可。

青稞油花在青海有着很长的历史，由于其食用方便、美味，深受人们的喜

爱。随着农业科技的不断发展进步，小麦种植面积不断扩大，加之小麦容易制粉、面团品质优良、口感好，使得目前多采用小麦面来做油花且花样更为丰富。然而，青稞营养丰富、促进健康，蒸制后有独特风味，这是小麦面油花所不具备的。为了改善油花的组织结构和食用品质，可选择用青稞面与豌豆面、小麦面等按一定比例复配后的混面来制作油花，从而做出美味而又健康的新产品。青稞蒸制品除了油花外还有锅塔，锅塔相比油花制作更为简单，取一块拳头大的青稞面团捏制成塔状，然后单独或与油花一起上蒸笼蒸熟即可，锅塔也是一种具有民族特色的青稞食品。

四、青稞油饼

（一）青稞油饼概述

油饼因地方不同在做法和风味上有一些差别，主要方法是油炸和烙制。油饼大多时候和油条一样是把醒好的面涂上一层食用油后入锅煎炸即可，其特点是外酥里嫩，可做早餐、晚餐等，如北京油饼、山西油饼、宁夏油饼、福建油饼等。然而，在青藏高原上有另一类由青稞做的油饼——青稞油饼（图3-9）。青稞油饼是一种用油烙或炸制而成的食物，它的制作是在高温油脂煎炸环境下完

图3-9 青稞油饼

成的，也属于高油脂类的食品，由于加入的青稞面粉相比普通面粉 GI（血糖生成指数）值较低，因此其热量比普通油饼低且营养价值更高，可配合豆奶、牛奶、奶茶等一起食用。青稞油饼非常具有地方特色，口感美味，青海人一日三餐均有食用，在一些宴席聚会上基本是一道必点的特色食品。青稞具有高膳食纤维、高蛋白、高矿物质含量的特点，普通磨粉食用时口感粗糙，但在油饼中青稞体现出的是一种酥软、顺口和清香诱人的口感，青海人和外地人都非常喜爱。在制作青稞油饼时不仅可以将和好的面团进行醒发后直接擀成片状入锅油炸，也可以在调制面团时加入一些香豆、葱花、鸡蛋、奶制品、香草等配料以增加成品风味。

（二）青稞油饼的制作过程

（1）取适量青稞面粉和普通面粉按1:2的比例混合于容器中，加入少量水和面，揉成较光滑的面团后醒面20min。

（2）在醒好的面上撕下一块揉圆后擀成圆片状，厚度为10～30mm，在面片中间划两刀，于表面涂抹上一层菜籽油后准备油炸。

（3）在锅中加入适量菜籽油，加热至无气泡并有少量油烟时将做好的面胚整体入锅炸制，在此期间翻动几次直至两面呈金黄色即可。

五、青稞翻跟头

翻跟头是一种油炸面制品，属于青海的民俗食品，一般是在逢年过节的时候制作和食用。青稞翻跟头（图 3-10）顾名思义是利用青稞或者青稞与豌豆、小麦面等的混粉为原料油炸制成的翻跟头，其花样为两头翻出、中间切缝，制作过程中一般将青稞面粉与小麦面粉等按一定比例混合，加水发面、醒面后将面擀薄，切成约 1 寸*宽、3 寸长的面片，然后从中间切一道缝（不出两头），再将两头从中间翻出成型，最后将做好的面胚投入沸油中炸 5min 左右即可。青稞翻跟头的特点是焦黄酥脆，适口易存，放较长时间而不变质，是青稞系列食品中富有特色的一员。

图 3-10　青稞翻跟头

六、青稞饼

（一）青稞饼概述

青稞种植历史悠久，在青海省栽培面积长期保持在 80 万～100 万亩，仅次于小麦和油菜，是青海六大作物之一，是藏族人民主要的粮食作物。青海地区青稞产量大、品种丰富，但青稞由于纤维质含量高且不含面筋蛋白使得深加工面制品制作较难，而勤劳的青海人在不断的生活实践中开发出了许多美味而又制作简单的青稞食品，将青稞营养丰富、耐寒充饥的优点充分发挥。青稞民俗食品众多，如青稞饼、糌粑、青稞炒面、青稞搓鱼等，其中青稞饼由于口感酥软、香气四溢、有益于消化、营养健康而受到广大消费者的喜爱。青稞饼是由青稞面调制烘烤而成，外观金黄，口感香甜，在藏区和青海地区较常见。

（二）青稞饼的制作过程

（1）将青稞去除杂质清洗干净后磨制成粉。

---

　　* 寸为非法定计量单位，1 寸≈3.33cm。——编者注

（2）取适量青稞面粉，加入少量发酵粉后加水和成均匀的面团，静置发酵 3h。

（3）在面团中加入菜籽油和香豆沫，然后分割成小块并揉成圆饼状。

（4）将面饼盛于烤盘中，放入烤箱烘烤 15min 左右，即得到口感酥软、香气醇厚的青稞饼（图 3-11）。

图 3-11　青稞饼

青稞饼不仅香甜可口，同时有独特的青稞香味，是典型的藏族特色美食。青稞饼有助于消化，经常食用可增强体质、提高免疫力等；青稞饼长期露在空气中不易变坏，方便出远门的人带在身边，随时可以食用充饥。

第三节　青稞传统面条

一、青稞长面（八路饭）

（一）青稞长面概述

青海地处高原，海拔高、温度低，尤其是门源地区，很适合种植冷凉作物青稞，而以食为天的先民们就在这被称作黑粗杂粮的青稞面上不断进行着创新与创造，至今保留下了很多营养可口面食的加工制作方法，青稞长面就是其中之一。青稞面一般有 4 种做法：一是长面，即将揉好的面团在案板上擀成厚度为 2~3mm 的大圆片后再切成细长面条，调以臊子称为"臊面"，随着面条加工设备应用得越来越多，传统切制加工已很少见；二是凉面，即将面擀好后切成细长条，煮熟后拌上清油冷却即可食用；三是旗花，也称为"寸寸子"，是将擀好的面（稍厚）切成 2 寸长的条状，煮熟后经调拌即成；四是麻食儿，即将擀好的面切成正方形后，将一对角捏之便可做出麻食，煮熟后可食用。青稞长面取"长福长寿长往来"之意，属于一种具有地方风味的特色待客面食。随着人们健康意识的增强，现在的人都很重视保养，尤其在饮食上对健康的要求更高，而在面食中由于青稞营养健康且味道香，含有多种维生素和微量元素，食用后具有清肠道、调节血脂、降低胆固醇、抗肿瘤、提高免疫力等生理功能，因此人们对青稞面做法的探究在不断深入。传统的青稞长面是利用磨制的青稞粉加水调制成面团后擀成薄面片，而后切成长条状煮熟食用。为了增强青稞长面的面团品质，现在很多都是将青稞粉与小麦面粉复配使用，这样做出的长面更加筋道好吃。

（二）青稞长面制作工艺

（1）取适量的青稞面和小麦面粉按 1∶1 的比例置于容器中搅混均匀，加入鸡蛋等食材，然后加适量清水和成较硬的面团。

（2）采用手工擀开或用压面机将面团压成均匀而光滑的片状。

（3）将面片切成均匀的长细条，入锅煮熟后配上拌料即可食用（图 3 - 12）。

图 3 - 12　青稞长面

二、青稞钢丝面

钢丝面原是内蒙古西部特有的一种美食，是采用玉米面经过多道工艺制作而成，在食用前要先泡再蒸，蒸到半熟之后再泡再蒸，从而得到口感筋道、色泽金黄、甜香适口的钢丝面，在吃的时候可拌入臊子、辣椒、油、麻酱、醋、蒜泥、炒菜等，很适合中老年人或高血脂的人群食用。随着国家经济的不断发展，粗粮供应逐渐减少，钢丝面逐渐退出了大众餐桌，现在更多是将其作为特色小吃或功能食品。钢丝面在青藏高原也经过了很长一段发展历程，曾是青海老一辈人的重要食物，食用后可补充糖类、蛋白质、膳食纤维、矿物质、维生素等营养物质。与其他西北地区钢丝面不同的是，青海钢丝面是以青稞为主要原料制作而成的面食，尤其以青海门源的青稞面最为出名，这种面不仅具备青稞的营养，还具备青稞独特的香气，在青海广大农村地区是很流行和受欢迎的小吃。青稞钢丝面的制作方法与玉米钢丝面类似，主要是将青稞面粉经过多道工艺压制而成，压制好的青稞面本身已九成熟，冷却后会变硬，因此被形象地称作"钢丝面"（图 3 - 13）。

图 3 - 13　青稞钢丝面

三、青稞饺子

青海藏区的农牧结合区以及农区的人们都喜欢吃饺子，藏语称饺子为"班嘻"或"边嘻"，圆润饱满的藏式饺子与扁平、馅少的汉族传统水饺在做法上有较大区别。藏区是青稞的主产区，而青稞又是藏族人民的主粮，因此传统的藏式饺子主要以青稞面为原料来制作。①制作馅料。常见的馅料有两种，一种是纯羊肉馅，选羊肉、新鲜羊油、葱等剁碎成馅，加适量盐、花椒粉、生姜粉、少量酱油、菜籽油、冰水后搅拌均匀备用，另一种是羊肉萝卜馅，即在纯羊肉馅的基础上加适量过沸水的萝卜馅，调味后备用。②制作饺子皮。取适量的青稞面粉加水和成面团，将充分揉搓后的面团制成条状，然后用刀横切成小块状面团，再用擀面杖擀制成中间厚、边缘薄的小面饼即可。③包饺子。取适量馅料置于饺子皮上，对折后从一头开始将两边饺子皮捏合形成纹路，将剩余饺子皮捏成尖状，这样便完成了青稞饺子的制作。现在，青稞饺子馅料多样，除了羊肉馅外还有韭菜馅等。④煮制。可选择在沸水或羊肉汤中煮制，煮到饺子膨胀后缩回且饺子表面形成凹状后即可。传统的青稞饺子（图 3 - 14）青稞风味浓郁，香气丰富，然而青稞质地粗糙、脆而少筋，和面很难形成黏弹性好的面团，使得制作的饺子在煮制中很容易破碎、糊汤，为了改善青稞饺子口感品质，现多采用将青稞粉与面粉按 1∶1 的比例复配和面制作饺子皮，这样做出来的青稞饺子口感细腻、香气十足，也方便制作加工。

图 3 - 14　青稞饺子

四、青稞燃饭

青稞燃饭（图 3 - 15）是一种青海高原上的传统青稞美食，其特点是以脱皮或未脱皮的全谷青稞入饭制作而成，含有青稞中的蛋白、脂质、纤维素、矿物质、维生素等营养成分，在获得特色口感风味的同时可以很好地发挥各种活性物质对人体健康的促进作用，其对补充藏族人民日常饮食营养和能量需求有重要作用。青稞燃饭的制作过程如下：首先是将青稞原料清

图 3 - 15　青稞燃饭

洗干净，用热水浸泡 3h 左右，用脱皮机脱皮或不脱皮，然后加少量水并利用蒸锅蒸熟。取菜籽油适量加入锅中，油热后放姜爆香，再加入牛肉粒，拌以十三香、盐、生抽等调料炒制变色后，加入土豆、葱花、盐等炒匀，最后将蒸熟的青稞米加入锅中炒匀后即为青稞燃饭。青稞燃饭葡聚糖含量高，食用后具有清肠、调节血糖、降低胆固醇等作用，长期食用这类食品有助于提高机体免疫力。在口感角度上，蒸制后的燃饭黏性好，口感弹牙，老少皆宜。为了获得更好的口感风味，常将青稞与大米按 1∶4 的比例混合制作青稞燃饭，做出的燃饭有着大米和青稞的混合香气，吃起来松软适口，营养均衡，是广大食客的非常喜爱的食品。

五、青稞搓鱼

（一）青稞搓鱼概述

青稞是耐寒作物，适宜在青海藏区尤其是门源地区种植，其营养物质丰富，但粉脆而无筋，很难加工做成家常面条一类的食品。然而，门源人粗粮细作，用青稞面开发出了"黑色系列食品"，如干粮、锅盔、锟锅、油饼、蜜馓、搓鱼、搅团、长面等风味小吃，保留了所谓"北方人吃面，南方人吃米"的饮食传统。青稞即裸大麦，质地粗糙，无面筋成分，颜色有白色、蓝色、黑色等，以青稞为原料手工搓制出的条状食品，就是青海门源著名的青稞搓鱼。青稞搓鱼制作的灵感源自古人制作陶罐时的"盘条法"，该法是将陶泥搓成长条后一边盘一边捏成所需的器形，最后用水抹光罐面后进行烧制。

（二）青稞搓鱼主要制作过程

（1）取适量青稞面粉，加水搅拌至糊状，混合掺入或者不掺入其他果蔬成分，揉至面团软硬适中。

（2）将揉好的青稞面团搓成拇指粗细的长条，进一步将长条切成搓鱼用的面坯子，将面坯子用手掌心轻轻揉搓，待搓鱼延伸到一定长度后双手同时搓动，搓到一定长度即可，根据熟练程度一次搓一根或 3～5 根。

（3）将搓好的面鱼入锅煮熟，用凉开水冲一下，然后调上辣子、醋、臊子、芹菜等即做成了爽口滑溜、带着青稞清香味的青稞搓鱼（图 3-16）。

图 3-16　青稞搓鱼

第四节　青稞传统发酵酒

一、甜醅

（一）青稞甜醅概述

甜醅是西北地区的特色小吃食品之一，具有醇香、清凉、甘甜的特点，同时也具有开胃健脾的功效。甜醅主要采用燕麦或青稞制作，在青海西宁及农业区城镇均可看到这种独具地域特色的杂粮发酵美食。关于甜醅也有一些相关的俗语，例如"甜醅甜，老人娃娃口水咽，一碗两碗能开胃，三碗四碗顶顿饭"，这些俗语表现出的不仅有甜醅的风味特征，也体现了甜醅的营养特性及其在青海高原饮食文化中的重要角色。甜醅在食用时酒香阵阵，夏天食用可清心提神、去除倦意，冬天食用能壮身暖胃、增进食欲。目前除专门制售的小贩外，青海各族群众大多会酿制甜醅。

青稞甜醅制作时要求选料精细，青稞籽粒饱满，脱皮干净，蒸煮适度，发酵温度控制合适。一份品质好的甜醅应当具有颗粒白嫩、食如果肉、醇香扑鼻、入口甘浓、绵软适口、食后留香的感官品质要求。甜醅可直接食用，也可以按醪糟的吃法食用，常拌一些糖、葡萄干等，甜醅风味香甜，味道与醪糟相似，但它们的口感却差异较大。

（二）青稞甜醅的典型制作工艺

（1）将清洗干净的青稞米用清水泡1～2h。

（2）将泡好的青稞米放入蒸锅中，加适量水蒸熟。

（3）蒸熟的青稞米放入凉开水中降温至30℃左右，防止温度过高烫熟酒曲。

（4）温度降低到相应水平后加入甜酒曲，搅拌均匀。

（5）将搅拌好的熟青稞装入干净容器中，置于保温装置中，于常温发酵30h左右，当闻到有酒香和甜香味时即为成品。

二、青稞咂酒（发酵型）

青稞咂酒是以青稞为原料，煮熟后拌上酒曲，入坛并用草覆盖后酿制而成。在饮用青稞咂酒时先向坛中注入开水或清水，然后用细竹管吸饮。一般是亲朋贵客到来后大家围坐一起轮流吸饮，喝完继续添水饮用，待味道淡后可食用酒渣，因而有"连渣带水，一醉二饱"的俗语。青稞咂酒也是青藏高原上的传统青稞发酵饮品之一，具有悠久的历史底蕴，在饮用咂酒时配以美妙的酒歌是一道风景，宾主并排而坐，轮流对唱，鼓乐齐鸣，热闹非凡。饮用青稞咂酒伴随着一些有趣的民俗文化，比如客人在饮咂酒时一定要喝到坛中露出青稞、大麦、高粱等酒渣料为止，不然会使主人不高兴，因此酒量小的宾客很容易喝得酩酊大醉。

青稞㕮酒多选用籽粒饱满的青稞作为原料，将其筛分、清理后放入平锅中进行炒制，炒制的过程中要做到熟而不焦；炒制好的青稞取出后再加入放有清水的大锅里，加水量约为青稞的2/3，然后加热煮制，边煮边翻，尽可能让青稞在煮制过程中汲取充足的水分；煮好的青稞捞出后摊放在凉席上透气翻平，晾干放凉后将研成粉的白色酒曲均匀地撒在上面；将拌好酒曲的青稞装入坛子等容器中，简单封口后保温发酵；通常发酵一两天即可闻到飘散而出的青稞酒香，冬天发酵时间稍长，一般需要两三天；发酵完成后可将酒糟进行过滤，得到的发酵青稞可装入坛中贮藏，而留下的浆液微黄且略浑浊，口感醇厚甘甜，是非常可口的含醇饮品。

青稞酒存放的时间越久酒味越浓、酒劲越大。苦中带甜、酒劲浓厚是爱喝青稞酒男同胞的最爱；而存放时间较短的㕮酒味道甘甜、淡雅，深受女同胞们的喜爱。青稞㕮酒可能会出现苦中带酸，甜中带焦等酒味，这主要是酿造过程中工艺操作不到位的原因，这种酒除口感有缺陷外尚可饮用。青稞㕮酒是藏区民众饮用的佳酿，当地人往往在喜庆的日子里开坛饮㕮酒，开坛前先在酒里撒点糌粑，再注入开水后酝酿半个小时以醒酒，然后将酒坛置于上座或桌中央，待德高望重的长者唱开坛曲、饮用后，其他宾客才能按座次逆时针方向依次饮㕮酒，根据饮用情况适时加入热水勾兑。青稞㕮酒喝法极富地域特色，如用铜瓢盛酒等，有经验的饮酒人可通过勾兑水温来调节青稞㕮酒的浓淡、酸、甜、苦味，一般酒味带苦时多加开水，酒味带甜时多加凉水。饮至味淡时㕮酒渣还可以加水继续蒸酒饮用，虽然量较少，但其味道醇厚、后劲十足，蒸完剩的渣子还可喂猪或用于其他用途。

三、青稞酩馏酒（土法蒸馏）

青海地处高寒，因而在青藏高原上形成了历史悠久的饮酒文化，适量饮酒可以活血化瘀、温补驱寒等。老一辈青海人不仅善饮酒，很多人家都会拌酒曲、酿酒，正如青海花儿所云"黑大麦熬下的好酩馏，香味儿浓，没喝二两着醉了"。在青海人们常饮用的酒除了白酒就是酩馏酒，白酒酒精度数高且酿制工艺复杂，普通人家很少自制，而青稞酩馏酒则是青海人家自产的酒，其造价低廉，卫生安全，既可自用，也可待客。青稞酩馏酒一般采用土法蒸馏，其特点是性味辛温、清纯雅正、绵甜甘润、醇厚爽口，尤其是温热后曲味醇香、甜润可口，冬夏饮用皆宜。天热时冷饮青稞酩馏酒可去火降温、祛湿舒筋、活络提神、不伤脾胃，天冷时热饮青稞酩馏酒可使脾胃温热、四肢舒展、周身不冷、祛寒健身，若长期适度饮用青稞酩馏酒还能治风湿、补肾益气、养胃健脾等。

青稞酩馏酒以青稞为原料，经土法酿制而成。青稞含有丰富的营养成分和活性成分。首先，青稞是世界上麦类作物中葡聚糖含量最高的作物，其葡聚糖含量是小麦的 50 倍，人体摄入葡聚糖后对结肠癌、心血管疾病、糖尿病等有预防作用，同时可提高人体免疫力；其次，青稞含有丰富的膳食纤维，其膳食纤维含量是小麦的 15 倍，膳食纤维可清洁肠道、清除体内毒素等；再者青稞含有硫胺素、核黄素、尼克酸、维生素 E 等稀有营养物质，它们可促进人体健康发育；最后，青稞含有钙、磷、铁、铜、锌、硒等矿物质元素，它们是人体必需的元素。因而，利用青稞酿制而成的酩馏酒具有醇厚风味，同时还含有丰富的活性物质，并且表现出很高的药理价值。

青稞酩馏酒在制作时，首先将原料清洗干净并晾干、簸净煮熟、揭锅晾凉，然后撒上甜米醋后用木锨拌匀、装入背斗，运到木酒匣旁后倒入匣内，盖严保温，酿制约 3d 微酸时舀出，装入酒糟缸，再均匀撒入酒曲后严密封口、保温，约 10d 后开缸观察发酵情况，如已发酵则将酒糟复倒入烧锅内并封紧锅盖，然后将酒筒子插入酒锅盖圆眼，将烧锅、酒缸等器具连接起来并用清水盛满酒缸，开始烧火煮酒糟，蒸气通过酒缸遇冷凝结成馏液流入酒缸夹层滴出，从而酿制出青稞酩馏酒。酿制传统酩馏酒用到的器具主要有烧锅、木锅盖上有圆眼的特制酒锅盖、酒糟缸、背斗、木酒匣、熬酒缸、酒筒子、酒糟等，原料除了青稞外也可使用黑大麦、燕麦和玉麦等。按照青海酩馏酒酿制经验，一般 5kg 粮食可酿制 3～5L 酒，传统喜事至少需要 15kg 酩馏酒。酩馏酒的酿制距今已有三百多年历史，传统酿造工艺主要以家庭传承方式延续，很少有文字记载，这种土法酿制的杂粮酒在逢年过节、操办喜事等场合经常使用，给青藏高原上的人们带来了无尽的欢乐。

四、芭羌（以糌粑酿成的酒）

芭羌是指以糌粑酿成的酒，也是一种建立在青稞物质基础之上的一种青藏高原特色食品，食材本身就是糌粑，其名称中"芭"意思为糌粑团，"羌"意为酒。芭羌的制作过程如下：首先在盘子里倒入适量的糌粑和清水（以凉开水最好），用手搅拌，然后将搅拌好的糌粑平铺放在盘中并撒入适量的酒曲，将糌粑团与酒曲混匀之后再装入锅中，用棉被等保暖物品包裹起来放好，待酿制 2～3d 后芭羌即可酿成，最后用手将芭羌制作成条状并晒干，进一步可变成类似于饼干的食品。芭羌同糌粑一样食用方便，无论是在家还是长途旅行或劳作，芭羌都是一种非常方便的副食，在可以饱腹的同时也能解酒馋，其在卫藏日喀则尤为盛行。芭羌除上述制作食用方式外，还可以直接用来制作"归颠（意为煮烂的糌粑粥）"食用。

第五节　青稞其他传统食品

一、青稞爆米花

爆米花又称为"爆谷""肥仔米"等，是一种膨化的休闲零食。早在数百年前，印第安人已掌握了玉米爆米花的制作方法，并将玉米的栽种技术和烘烤技术传给了欧洲新移民。爆米花与中国传统节日"龙抬头"也有紧密的联系，最早起源于伏羲氏"重农桑、务耕田"的时代，每逢农历二月初二百姓都要炒爆米花来吃。爆米花松脆易消化，是人们日常可口的零食，丰富了我们的饮食文化，也开创了一类食物的加工方式。这种加工方式使普通不适口的食品变为可口有特色的小吃食品。常用来做爆米花的原料有玉米、大米和小米3种，制作方法主要有机器法和炒制法，常见是将玉米、酥油、糖等一起放进爆米花机器里来做。爆米花制作的原理主要有两个：一是谷物在均匀受热过程中，籽粒逐渐软化，内部水分不同程度地汽化形成局部蒸气压，当压力达到一定程度后水蒸气冲破谷物组织，最终在热和压力的作用下形成爆米花。二是在用机器制作爆米花时，锅内温度不断升高，锅内气体压强也不断增大，当温度升高到一定程度，籽粒变软且内部大部分水分变成水蒸气，当锅内压强升到4～5个大气压时突然打开锅盖，锅内气体迅速膨胀、压强快速降低，在这种急剧的压差变化下籽粒瞬间炸开，从而形成爆米花。

青稞爆米花即以青稞为原料制作的爆米花，是一种新颖的杂粮休闲食品，具有青稞的风味特征。经过膨化处理的青稞爆米花口感好，营养物质更易吸收，便于长期保存，磨细后还可以作为代餐粉。青稞爆米花的制作方式主要有两种，一是采用爆米花机器来制作，即将青稞清洗干净后加入膨化锅内，根据需要加入糖、酥油等，将密封的锅体均匀加热到一定程度，然后开锅爆花；二是传统的炒制法，即将清理干净的适量青稞加入炒制锅中不断翻动炒制，直到青稞粒爆出一定的花便可。青稞膨化加工爆米花是丰富青稞系列休闲食品的良好方式，可以为青稞食品的大众化消费提供一种新选择。

二、青稞麦索

麦索是西北地区的民俗小吃，将颗粒饱满、尚青未干的小麦或青稞，取穗拌盐水，入锅焖熟，搓皮并去除麦皮后在案板上揉搓成细条或利用小石磨、水磨制成长条状。在清代凉州进士曾作诗"莫嫌贫苦无兼味，尚有青青麦索餐"，青稞麦索是西北地区极富特色的季节性小吃，也是青海传统风味小吃之一。青稞麦索的制作具有一定的季节性，在操作过程中也有一些需要注意的地方。每到青稞八成熟时，用手将半熟不黄的麦穗揪下来扎成把子，然后剪掉穗头上的芒刺，朝上放入锅中，加水至刚刚浸过秃穗为宜，有时可在锅上用一层塑料薄膜裹严实以防止热气外漏，从而更好地煮熟青稞。在青稞煮制时，先用旺火快速将水烧沸，等旺火烧 20～30min 后改用小火慢煮，等熟时将青穗从水中捞出，晾冷后放入簸箕中去除麦壳并用簸箕把麦芒整理干净，这时便做成了青粮食，撒盐即可有滋有味地食用。将熟青稞放到案板上进行搓制或放在石磨上进行磨制，最终做成火柴棍粗细、长短不一的绳索状，即为特色小吃青稞麦索。

青稞麦索食用方法不一，既可以将青稞麦索放在容器里拌上葱和芫荽，用炼热的清油浇过后拌匀食用，也可以将青稞麦索盛于碗里浇上酱油、醋汁并拌上油泼辣子、蒜泥等之后拌匀食用。青稞麦索吃起来柔韧道，有着越嚼越香的特点，是青海高原上一道别有滋味的美食（图 3-17）。

图 3-17　青稞麦索

三、玛森糕

藏族人民的传统食物历史悠久，勤劳的人们在长期的生活实践中做出了各种各样的特色美食，极大地丰富了藏族人民的饮食文化生活。具有典型代表的食物有酥油（从牛奶、羊奶中提炼）、茶饮（如酥油茶、奶茶）、青稞酒、奶品（如酸奶、奶渣、奶酪、奶皮等）、风干肉、糌粑、藏餐（主要有主食、菜肴、汤类、奶制品）等，其中属于藏餐之一的玛森糕是一种风味小吃，具有制作简单、营养丰富、香甜可口的特点，常被作为待客的佳肴。玛森糕的名字来自藏语音译，其制作过程中使用到了糌粑、酥油、奶渣等材料。玛森糕制作方法如下：将糌粑、酥油、碎奶渣及红糖放入锅中后加适量凉白开水，再将它们搅和在一起，然后用铲子盛入方形小木盒中，经塞满、压实后倒出，从而得到方形的玛森糕，食用时可切成薄片。此外，与玛森糕制作方法比较类似的另一种小吃为"褪"，即"奶渣糕"，其制作方法如下：取适量的酥油、碎奶渣、红糖搅拌均匀，加入适量白开水，然后慢慢揉和，放在案板上切成块状即可食用。该小吃比玛森糕制作更方便，味道香甜、油而不腻，是食用糌粑的最佳伴料，也是藏民馈赠亲友和节日食用的佳品。

四、帕杂莫古

帕杂莫古一词是藏语音译，其中"帕杂"指面疙瘩，"莫古"指化开的酥油，是藏族特色美食之一，也是藏族人民节假日必备的食品，其制作方法如下：将青稞面粉加温水捏成小圆面疙瘩，放进沸水锅里煮熟后捞出沥干，然后再放进另一加热有酥油的锅内，同时加适量的红糖和碎奶渣，慢慢搅拌至均匀后便为帕杂莫古，该食品的特点是颜色微红，味酸甜，营养丰富，深受藏族群众的喜爱。

五、归丹

归丹，即"酒羹"，也是藏语音译词，"归"指烧开或烧煮，"丹"指煮烂之意，归丹是藏族地区经常食用的一种类似粥状的功能食品，食用后能够活血化瘀、补血养颜，对恢复身体有很大益处，常作为藏区产妇必须要喝的补品。归丹制作的原料有多种，主要有青稞酒、红糖、糌粑、奶渣等，成品归丹口味酸甜可口，香气浓郁。归丹制作过程如下：首先是将青稞清洗干净并煮熟，然后拌上酒曲，装入陶罐中密封，发酵酿成微甜的青稞酒后，将该青稞酒倒入锅中，同时加入适量红糖、人参果、碎奶渣、糌粑等，搅成糊状后用文火熬 1h 左右即为成品。归丹是藏历新年家家必备的食品，类似于汉族群众大年初一早上的汤圆、水饺或中秋节的月饼一样。

第四章

青稞现代主食类产品加工

主食是构成中国烹饪体系两大组成部分之一，具有悠久的历史，在长期的发展中，人们经过不断实践和广泛交流，创造了品种繁多、口味丰富、形色俱佳的家常主食。主食在我们日常生活中起着至关重要的作用，是我们补充能量、维持生命的主要物质来源。主食中含有多种对人体有益的元素，它对人体健康所起的积极作用是其他食物无法比拟的。主食主要分为两大类：一类是五谷杂粮经过加工而成的，另一类是面粉经过蒸、烙、煎等烹饪手法而成的。

随着人们生活方式、交通运输、文化交融、营养口味等因素的变化，且人们对健康养生的不断关注，青稞作为青藏高原极具营养及功能特性的作物，其需求增长点发生了相应的变化，青稞开始从区域内以传统糌粑为主食逐渐向区域外现代青稞主食产品转变，经过几年的发展，青稞现代主食类产品应接不暇。同时，青稞现代主食类产品加工技术逐步得到改进创新，食品类型多种多样，呈现出多样化和系列化的趋势。本章将围绕青稞现代主食类产品，重点介绍青稞米、青稞粉、青稞面制品的加工流程及操作要点。

第一节　青稞米加工

由于青稞籽粒形状略同稻米，从外观上来说，青稞米能最大限度地保留青稞原粮的形态和营养，且有效改善青稞粗糙的口感和蒸煮性。因此青稞除了被加工成青稞粉外，青稞米的生产也越来越得到市场推广和认可。一般来讲，青稞米的加工工艺如下：将青稞原麦籽粒清选、去除麸皮、胚芽，经清洗抛光而成。其籽粒规整、色泽明亮。这种加工工艺较为传统和简单，适合于小作坊企业，但该工艺对青稞米中的异色粒、霉变粒无控制措施，生产的青稞米色泽不好，质量不高。因此，本节介绍一种青稞米加工工艺，该工艺可分离出异种粮粒、不完善粒、圆形豆类和荞子等杂质，使得青稞米成品色泽提高，并且保证食品安全。

一、青稞米加工工艺

（一）工艺流程

青稞米加工工艺见图4-1。

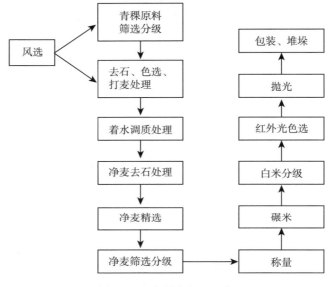

图4-1 青稞米加工工艺

（二）操作要点

1. 青稞入仓 是原粮通过汽车或者人工投料入原粮仓的过程。具体工艺如下：

云粮绞龙→斗提机→计量称重→初清筛→磁选器→吸风分离器→斗提机→输送绞龙→原料仓

2. 毛麦清理 去除青稞原粮中的杂质，同时对青稞粒进行分级，将不合格的青稞粒分离并回收，接着对得到的青稞粒进行去石、色选、打麦处理，去除并肩石、霉变粒、玻璃、塑料等异色杂质，去除表面尘土等杂质。具体工艺如下：

出仓流量计→绞龙→斗提→振动筛→吸风分离器→去石机→绞龙→斗提→厚度分级机→入净麦仓

3. 调质处理 将经过清理的青稞粒放入润粮仓进行水分调节，使其含水量为14%，经过24～48h后出仓，得到浸麦。

4. 润后青稞清理 青稞粒润后青稞进行二次去石处理；将青稞粒按照长度、厚度进行精选，分离出异种粮粒和不完善粒，同时去除夹杂在料流中圆形状的豆类和荞子等杂质，随后进行筛理、计量。

调制润麦的工艺如下：

出仓流量计→绞龙→斗提→拨斗旁通→拨斗到打麦机→吸风分离器→提升机→精选机→色选机→拨斗→斗提→着水机→润麦仓

5. 碾米　清理好的青稞粒进行 4～7 道砂辊碾米、1～2 道铁棍碾米，增加出米率，提高加工精度，最大限度地减少出碎，提高整米率；碾米次数多，每次用的力都会相应减小，从而提高整米率。

6. 分级　青稞米进行白米分级，得到精米，并对精米进行二次色选，去除异色粒和玻璃、塑料等杂质，保证产品的食品安全和食用卫生。

7. 抛光　对色选后的精米进行抛光处理，并进行包装、堆垛。

碾米、分级、抛光工艺如下：

出仓流量计→斗提→头道砂辊脱皮机→吸风分离器→斗提→三道碾米→吸风分离器→刮板→斗提→刮板→缓冲仓→出仓流量计→白米分级筛→抛光机→斗提→振动筛→色选机→Z 形斗提→称量→刮板→成品仓→打包机

二、青稞米食用方法

（一）蒸米饭

青稞米能用来蒸米饭，在用青稞米蒸米饭的时候，需要提前把青稞米洗干净，并用清水浸泡 2～3h，然后再准备适量的大米或其他杂粮米和青稞米放在一起调匀，放在电饭煲中，加适量清水，接通电源蒸熟，取出以后可以搭配自己喜欢的菜品一起吃。

（二）煮粥

青稞米还特别适合用来煮粥，但青稞米煮粥时需要的时间比较长，在用青稞米煮粥以前，最好用清水将其浸泡后，再与其他食材一起入锅煮，在煮的时候可以搭配适量红枣、桂圆、黑米和红豆等食材，这样会让煮好的青稞粥口感更好，营养价值更高。

（三）做米糊

青稞米可用来做米糊，可搭配适量的紫米或者大米，淘洗干净以后，直接放在豆浆机中，放入适量清水，接通电源，选择米糊键，让豆浆机工作，待豆浆机停止工作后，里面的米糊就做好了，取出后放适量白糖调味就能食用。

第二节　青稞制粉加工

青稞制粉指的是把青稞加工成青稞粉。依据营养要求、青稞粉的用途，以及食品质量要求，青稞通过特殊处理后磨粉或与其他面粉调配，生产出多用途、多品种的青稞粉，以满足人们日常生活和工业生产的不同需要。

青稞制粉技术是青稞主食化应用的基础和前提，青稞制粉工艺主要有两种，一种是传统制粉工艺，另一种是结合小麦制粉改良后的工艺。对于传统制粉工艺，其主要工艺步骤包括除杂、炒制处理、青稞籽粒破碎，粉碎设备包括粉碎机械和石磨；对于结合小麦制粉改良后的工艺，其主要经过剥皮、润麦、多道碾磨和筛选来提高青稞粉的出粉率。本节针对青稞传统制粉和现代制粉工艺分别做详细介绍。

一、青稞粉的种类

国内外对于青稞粉的概念和分类没有明确的界定，通常将青稞制成的粉状物统称为青稞粉。参考小麦粉的定义，我们通常所说的青稞粉是指青稞脱除麸皮后磨制的精粉，可作为青稞食品加工的基础原料。根据青稞粉的成分和加工工艺可以对青稞粉进行如下分类。

（一）按照成分分类

1. 青稞全粉　指青稞制粉过程中将青稞全籽粒进行粉碎，不去除青稞麸皮，保留了青稞籽粒中全部的营养成分，是一种青稞全谷物粉。

2. 青稞精粉　青稞制粉过程中将胚乳和麸皮分离，筛分时去除青稞麸皮的青稞粉。

3. 青稞预拌粉　将青稞精粉与小麦粉、马铃薯淀粉、谷朊粉、鸡蛋粉、酶制剂、酵母等按照一定的比例混合，得到的可以加工成青稞面条、饼干、馒头、蛋糕等面制品的专用面粉。

4. 青稞复合粉　将熟制青稞粉与荞麦粉、燕麦粉、山楂粉、花生粉、菊粉、香芋粉、枸杞果粉、蘑菇粉、冬虫夏草粉和人参果粉等按照一定的比例混合，添加糖、食品添加剂或配料而得的一种热水冲调的速溶复合营养粉。

（二）按照加工工艺分类

1. 生青稞粉　青稞制粉过程中没有采用挤压膨化、微波膨化、炒制等熟化工艺制得的青稞全粉或青稞精粉。

2. 熟青稞粉　青稞制粉过程中采用挤压膨化、微波膨化、炒制等熟化工艺制得的青稞全粉或青稞精粉。

3. 膨化青稞粉　制粉过程中采用汽爆、挤压膨化、微波膨化等工艺制得的青稞全粉或青稞精粉，属于熟青稞粉，粉体较为蓬松，产品具有一定的香味。

4. 酶解青稞粉　青稞全籽粒制粉后加水，经过 α-淀粉酶液或糖化酶的酶解，然后经过加热干燥后制得的青稞粉。

5. 青稞发酵粉　青稞制粉后添加一定量的水，然后采用酵母、枯草芽孢杆菌、乳酸菌、红曲菌等对其进行发酵，干燥后制得的青稞粉。

二、青稞传统熟粉制粉工艺

传统的青稞粉加工需要经过清理、熟化、冷却和制粉等过程。青稞的清理、熟化过程需要人力来完成，制粉过程在有水的地方采用水磨制粉，小型工厂一般采用电磨制粉。青稞炒制是技术含量较高的工艺，如果炒制不到位，炒出来的青稞达不到制作糌粑的要求，细沙清理不干净、去皮不干净的青稞做出来的糌粑口感极差。炒制好的青稞熟粉有特殊的炒制香味，粉体粒径小，均匀性好。

（一）工艺流程

青稞传统熟粉制粉工艺流程见图4-2。

图4-2 青稞传统熟粉制粉工艺流程

（二）操作要点

（1）将成熟青稞中的杂质筛除后，使用盐水进行浸泡。

（2）将浸泡好的青稞晾干，并去皮。

（3）去皮后的青稞放入密闭的容器中进行加热炒制，青稞膨化后盛出，冷却后，将其研磨成粉末。

（三）主要设备

粉碎机、炒锅、气泡膨化机、挤压膨化机、微波干燥机。

（四）类似产品

现在，人们采用汽爆膨化、挤压膨化、微波膨化技术代替了传统青稞炒制技术，开发出具有更好稳定性的青稞熟粉产品。

三、青稞熟粉现代制粉工艺

青稞传统熟制粉工艺制得的青稞出粉率低，灰分含量高，加工精度低，生产出的青稞粉品位不高，生产规模有限，适合于小作坊的青稞熟粉加工。经过工业化制粉工艺的改进，无锡东谷工程科技有限公司发明了一种适合工业化大规模生产青稞熟粉的现代制粉工艺，该工艺主要由4个部分组成：第一部分为原粮青稞清理，第二部分为润粮处理，第三部分为熟化冷却抛光，第四部分为制粉。

（一）工艺流程

青稞熟粉现代制粉工艺流程见图4-3。

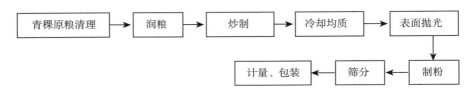

图 4-3　青稞熟粉现代制粉工艺流程

（二）操作要点

1. 原粮青稞入仓　从外面调到工厂的青稞经过初步清理后直接输送到车间的原料周转仓；除卸粮外，从下粮坑到原料仓全部机械化，配备了机械化清理、除尘装置，改善车间环境卫生，提高生产效率。

2. 清理　这一阶段主要是对青稞进行清除杂质，对新入钢板仓青稞进一步筛分清选，去除青稞中的小土块、石块、金属物等，并通过分级去石机进一步清理青稞中的瘦粒、秸秆、霉变粒、虫蚀粒。

3. 表面清洗　经过清理后的青稞进一步通过水洗处理，将青稞表面杂质和农药残留最大限度清洗干净，加入适量的水分，进入下一道工序。

4. 润粮处理　加水后的青稞表面含水量较高，但粮食内部水分少，通过润粮处理后使水分较为均匀地分布在青稞籽粒内，这对稳定后面工序的处理带来很大的方便，并提高质量。设计润粮时间为 24～48h，可以根据不同气候要求加以调节。

5. 熟化处理　润粮调质处理后的青稞，进入炒籽机炒籽，保证在100～150℃的熟化温度下熟化 5～30min，至青稞爆花率（爆腰率）达到 85% 以上，熟化率达到 95% 以上。通过控制炒制机的转动，达到蹭掉少量表皮的效果，同时采用新型可控炒籽机，炒出的青稞熟化率和爆花率稳定，确保最终质量稳定。

6. 冷却均质抛光处理　熟化后的青稞进行冷却均质，均质时间为 24h，设2 个均质仓，可以循环使用，保证生产的连续性。通过均质处理，保持青稞籽粒内外物理结构一致，便于加工。在进入研磨之前，通过对已经熟化的青稞进行表面处理，再进一步除去表面的少量杂质。减少成品中的含沙量，进一步提高成品的口感。

7. 制粉　主要采用机械化研压制粉方式，这与传统石磨制粉工艺的机理一致，对熟化后的青稞进行研磨筛分，通过控制电动机的速率，采用现代化技术对青稞制粉过程多次筛分、重复研磨，制出不同口味的青稞粉产品，首道研磨筛分后的青稞粉，含皮量少、灰分低、粉色白，可作为高档青稞精粉，精粉具有灰分含量低、精度高的特点。通过多次研磨筛分后制成的产品主要为普通青稞粉。各道研磨的青稞粉可以根据不同的要求分别输送到两个输送设备中，可以通过在输送机上的调节拨斗来调节青稞面的出品比例和加工精度，前道灰分低，较白，后道灰分高，含表皮量较大，但其香味更独特，因此，可以根据不同的市场需求灵活调整。

8. 面粉检查和计量包装　对于生产出的面粉在工艺上进行一次筛分检查，将不合格的颗粒重新回放到系统中进行再次研磨，直到达到标准细度。通过电子打包机计量、包装。

（三）主要设备
色选机、炒籽机、均质机、研压制粉机、包装机。

四、青稞现代制粉工艺

青稞与其他谷物一样，颗粒需要一道或多道加工过程才能转变成可用、可食的形式。现代加工方式通常采用的环节和达到的目的包括：改变颗粒外形或大小，分离和浓缩原料中的功能成分，改良口感和口味，调节营养消化率，提升产品的稳定性和寿命。在谷物加工中，各类研磨（干磨或湿磨）是最常用的加工方法。本节中所指的青稞现代制粉工艺主要仿制小麦的制粉工艺，包括青稞原粮色选、清理后磨粉阶段采用4～6道皮磨、1～3道撞击出粉、4～7道芯磨、1～2道渣磨、1～4道清粉提纯、2～4道打麸的多道轻碾、多级出粉。此种青稞加工工艺能提高青稞出粉率，保证青稞粉的质量。青稞粉成品中杂质、微生物、残留农药及重金属等有害物质少，在确保食品安全的同时，还提高了青稞原有营养成分的保留。青稞粉能自动化、规模化生产，促进了青稞加工的发展，提高了青稞产品的竞争力。此外，麸皮完整度高，有利于麸皮的后续深加工。

（一）工艺流程
青稞现代制粉工艺流程见图4-4。

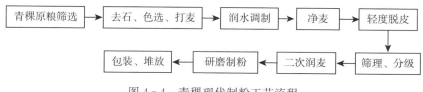

图4-4　青稞现代制粉工艺流程

（二）操作要点
1. 毛麦清理　青稞原料用振动筛筛选分级，清除大杂质、小杂质及轻杂质，将不合格的青稞分离并回收；将经过筛选分级的青稞依次进行去石、色选，去除霉变粒、白青稞、黑青稞、并肩石、玻璃、塑料、异种原料（如豌豆）或其他异色杂质，提高色泽，控制微生物，保证食品安全；将清理的青稞进行打麦处理，有效降低青稞粉成品的灰分，提高色泽，保证食品安全；青稞进行着水处理，并置入润粮仓中进行水分调节，经过 24～48h 出仓。

2. 净麦清理 清理得到的青稞净麦再次进行去石处理，这个时候可以去除黏附在青稞表面的泥土、沙粒，进一步确保青稞粉成品的颜色、安全；净化的青稞进行轻度脱外表皮处理，脱去 0.5％的外表皮，然后进行筛理、分级、雾化着水（0.2％的水）、二次润粮处理，提高水分和润粮的均匀度，确保皮层的韧性，避免制粉使皮层碎裂过多混入面粉中，影响青稞粉质量。

3. 青稞碾磨制粉 二次润麦的青稞称量，并采用磨粉机、高方平筛、清粉机、撞击机、打麸机进行多道轻碾，辅以撞击制粉、分级提纯。本技术中采用 5 道皮磨、2 道撞击出粉、6 道芯磨、2 道渣磨、3 道清粉提纯、3 道打麸完成。粉路避免回路。

4. 包装 有多级出粉包装。堆放采用自动包装、堆垛，大大减少人工，提高效率。

（三）主要设备

色选机、脱皮机、振动筛、磨粉系统、清粉机、包装机。

五、青稞粉加工制品

青稞制成粉以后，可以与其他产品混合制备出不同口感、不同功效的青稞粉状固体食品，丰富了青稞产品的种类。

（一）青稞苦荞营养粉

1. 工艺流程 青稞苦荞营养粉加工工艺流程见图 4-5。

图 4-5　青稞苦荞营养粉加工工艺流程

2. 操作要点

（1）粉碎、过筛。将各原料磨成粉，过 60 目筛。

（2）挤压膨化。分别膨化青稞和苦荞，双螺杆挤压膨化机技术参数如下：螺杆直径 65mm，螺杆转速 0～250r/min，加工能力 80～120kg/h，温控范围 0～399℃，电机功率 22kW。将膨化后的物料用粉碎机加工成膨化粉，膨化粉颗粒粗时较易冲调，颗粒细时口感较好。

（3）混合。膨化谷粉与乳清蛋白粉、木糖醇和麦香粉末香精混合均匀，以达到最佳的口感和营养。原料配比为膨化青稞粉与苦荞粉比例为 3：1，乳清蛋白粉 35%，麦香粉末香精 1.0%，木糖醇 15%。

本产品最适冲调水量为全粉质量的 6 倍。按最优配方配制的复合营养粉感官品质优良，冲调性好，其 β-葡聚糖平均含量为 1.97%，生物类黄酮平均含量为 0.25%，蛋白质平均含量为 18.44%，水分平均含量为 4.1%。

3. 主要设备 粉碎机、双螺杆挤压膨化机、搅拌机。

（二）功能性青稞粉

青稞的主要糖类成分为淀粉，淀粉占籽粒的 60%～75%，而抗性淀粉平均含量约为 10%。抗性淀粉又称抗酶解淀粉、难消化淀粉，在小肠中不能被酶解，但在人的肠胃道结肠中可以与挥发性脂肪酸起发酵反应。研究表明，抗性淀粉具有降血脂、降血糖、调节肠道和提高免疫力等生理功能。青稞中的 β-葡聚糖平均含量达 5.25%，最高达 8.62%，是小麦中 β-葡聚糖平均含量的 50 倍，作为一种水溶性膳食纤维，具有促进肠道益生菌生长、增强免疫力、润肠通便、降血糖、降血脂、保护心血管、抗癌、防癌等多种功能，其保健功能引起了全世界的广泛关注。同时，抗性淀粉多糖和葡聚糖在一定条件下能够形成凝胶，并具有增稠性和乳化稳定性。因此，制备富含抗性淀粉和高 β-葡聚糖的功能性食品辅料（青稞粉），是一种亟待开发的理想食品资源，也可作为配料应用于奶制品、蛋糕、麦片、肉制品等多种食品中。

1. 工艺流程 功能性青稞粉加工工艺流程见图 4-6。

图 4-6 功能性青稞粉加工工艺流程

2. 操作要点

（1）浸麦。将青稞浸入 0.04%～0.06% 乙醇溶液中，于 14～16℃、相对湿度 70%～80% 的条件下，依次浸麦 1.5～2.5h、空气休止 5～7h、浸麦 1.5～2.5h、空气休止 5～7h，诱导萌发。

（2）制粉。将萌发后的青稞置于 25～32℃ 烘箱中烘干，去除根芽后磨粉，过筛，得到青稞粉，冷藏。

（3）酶解。萌发得到的青稞粉依次加入 α-淀粉酶液和糖化酶进行酶解，每克青稞粉中加入 5～7mL α-淀粉酶液，得到青稞酶解液；α-淀粉酶溶液的浓度为 2.5%～3.5%，糖化酶的投料量为 2%～3%。

（4）发酵。取马克斯克鲁维酵母、热带假丝酵母、枯草芽孢杆菌的活化菌液离心，分别收集菌体，按（1～3）：（1～2）：1 的重量比混合，调节至青稞酶解液 pH 为 5～7，按 10^9～10^{10} CFU/g 接种至青稞酶解液中，放入恒温恒湿箱中培养，得到青稞发酵液。

（5）调制。将青稞发酵液过胶体磨，在 30～40℃干燥 3～4h，调水分活度至 0.68～0.72，得到功能性青稞粉。

3. 类似产品 有研究报道，将双孢菇蘑菇粉与青稞粉按照一定的比例混合，采用 α-淀粉酶和转葡糖苷酶酶解一定时间，然后将酶解产物醇析离心，得到沉淀物，将沉淀物在 −20～4℃冷藏 1～9d 进行回生处理，将淀粉凝胶在 >65℃条件下加热烘干、粉碎，得到富含慢消化淀粉的复合青稞粉。该产品对于防治糖尿病、动脉粥样硬化、抗血栓、降血脂的药物研发有一定的参考价值。

4. 加工所需的设备 烘箱、胶体磨、磨粉机、发酵罐、酶解罐。

第三节　青稞面制品加工

面制品，是指主要以面粉制成的食物，其含有淀粉、糖、蛋白质、钙、铁、磷、钾、镁等矿物质，有养心益肾、健脾厚肠的功效。中国人吃面的习惯由来已久，随着时间的推移，面制品种类日益丰富，世界各地均有不同种类的面制品。国内北方有饺子、面条、拉面、煎饼、汤圆等，南方有烧卖、春卷、粽子等。国外有意大利面、面包等面制品。

随着我国经济的发展，人民生活水平不断提高，面制品的加工方法和新技术的不断推进使得面制品的品质和营养得到提升。青稞是高原的主要粮食作物，长期以来都是高原农牧民的主食。在青藏高原的藏区，青稞主要以糌粑的形式被食用；在高原的农区，青稞主要被制成粉，做成各类主食面制品。利用青稞粉可生产面条、馒头类产品，生产过程中通常将青稞粉和小麦粉及其他原辅料进行配比加工，这样做在一定程度上提高了青稞面制品的加工性能，可明显提升产品的口感。下面将介绍几种市面上常见的青稞面制品。

一、青稞挂面

挂面是一种量大、面广并为广大人民群众所喜爱的主食面制品，许多粮油企业均有生产，但具有保健作用或针对一些特殊人群而生产的挂面还很少。随着人民生活水平和健康意识的不断提高，功能型、保健型的挂面会越来越受到人们的欢迎。青稞挂面是通过在小麦粉里加入青稞粉、食用水，经和面、熟化、压皮、成型、烘干而成。

此外，人们为了改良青稞挂面的口感并赋予青稞挂面一定的疗效，通常以青稞挂面的生产工艺技术为基础，添加不同比例的辅料，如苦荞、燕麦、魔芋粉、高粱粉、土豆粉及其他果蔬粉等，加工成各类花色的青稞挂面，使青稞挂面兼具美味与食疗的功效，最大限度地发挥青稞的保健价值。

（一）青稞挂面生产

1. 工艺流程 青稞挂面加工工艺流程见图4-7。

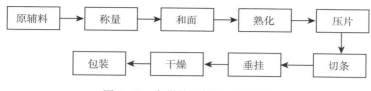

图4-7 青稞挂面加工工艺流程

2. 操作要点

（1）将混合粉注入和面机，加入35℃纯净水，和面15min。

（2）面和好后进行20min熟化。

（3）熟化好的面压片成型。

（4）采用专用模具将成型面皮切成条状，用面杆将面条挂起。

（5）经55℃烘干通道烘干脱水，烘干脱水好的挂面采用自动切面机按要求长短切好，用纸包装。

3. 主要设备 和面机、熟化机、压片机、切条机。

（二）青稞番茄土豆挂面加工技术

1. 工艺流程 青稞番茄土豆挂面加工工艺流程见图4-8。

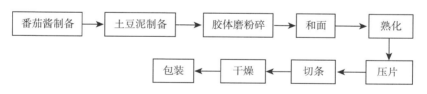

图4-8 青稞番茄土豆挂面加工工艺流程

2. 操作要点

（1）番茄酱的制备。将成熟、鲜红的番茄清洗干净，在沸水中浸泡2～3min，去皮，去蒂，切碎，放入高速万能粉碎机中，粉碎2min左右，将番茄酱倒入带盖的容器中，备用。

（2）土豆泥的制备。将土豆去皮，清洗，切片，用电蒸煮锅蒸煮后搅拌成泥状即可。

（3）胶体磨粉碎。原料经过胶体磨超微粉碎，往复操作5～6次，获得理想的均质、乳化、磨细的混合液，将其倒入容器中即可使用。

（4）面团的制作。将原料混合，充分搅拌，用手揉搓面团，和面时间一般为10～15min。冬季和面时间宜长，夏季宜短。和面温度为20～30℃，最后面团干湿均匀、色泽一致，呈松散小颗粒状，手握能成团，轻轻揉搓能松散复原，断面有层次感。

（5）熟化。将面团静置熟化。覆盖保鲜膜，一般时间控制在 10～15min，温度为 20～25℃。

（6）压片切条。将熟化好的面团用压面机压延成型。切条成型由小型切面机完成，调整好规格即可。

（7）干燥。采用热风干燥，温度为 40～45℃，时间 100min 左右。

3. 主要设备 胶体磨超微粉碎机、和面机、压面机、小型切面机。

（三）青稞高筋度挂面

1. 工艺流程 青稞高筋度挂面加工工艺流程见图 4-9。

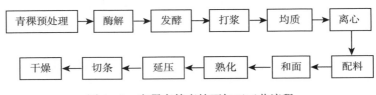

图 4-9 青稞高筋度挂面加工工艺流程

2. 操作要点

（1）青稞破碎。将精选等级为二等以上的青稞原料脱皮，脱皮率为 65%，破碎至 10 目，清洗除灰（在振动清洗机上，用自来水清洗，清洗后用鼓风干燥机干燥或自然干燥均可），得到青稞破碎粒。

（2）酶解。按青稞破碎粒重量计（基于该重量），将 0.1% 的葡萄糖氧化、0.005% 的脂肪酶、0.005% 的木聚糖酶和 0.005% 的 α-淀粉酶混合均匀后，得到混合酶；将青稞破碎粒置于密闭发酵罐中，加入混合酶，得到混合料。

（3）发酵。在混合料中依次加入其重量 0.1% 的乳酸菌和 1 倍重量的自来水，混合均匀后，封盖，置于温度为 15℃ 的发酵罐（或恒温培养箱）中发酵 20h，得到发酵产物。

（4）破壁打浆。发酵产物用纯净水冲洗 1 次后，沥去多余水分（沥去水分后水分含量约为 59%），用破壁打浆机进行破壁打浆，得到浆液。

（5）均质。浆液在压力为 1MPa 的均质机中进行均质后，经 100 目筛网过滤，得到滤液。

（6）离心。滤液经 3 000r/min 离心处理 30min，分别得到上层清液和下层分离浆液，该下层分离浆液即为发酵青稞浆液。某一实施例中用 1kg 青稞破碎粒约制得 1kg 发酵青稞浆液。

（7）挂面制作。将制得的发酵青稞浆液与小麦粉以 1：1 的重量比混合均匀后，添加谷朊粉 4.5%、淀粉 2.3%、食用盐 1.2%，经和面、熟化、延压、切条即制成青稞挂面。

3. 主要设备 粉碎机、发酵罐、均质机、离心机、和面机、压面机、小型切面机。

(四) 其他类似产品

1. 保健青稞面 将荞面粉、青稞粉、小麦面、冬瓜、西葫芦、柚子、桃子、鸭肉、鹅肉、蛤蜊肉、鸡蛋、食盐、味精、食用油等原辅料混合后制作挂面。

2. 青稞高膳食纤维挂面 将小麦粉、青稞粉、燕麦粉、玉米粉、魔芋粉、红薯粉、荞麦粉、高粱粉、黑芝麻粉、豌豆粉、青豆粉、扁豆粉、苦瓜汁、芹菜汁、苹果汁、火龙果汁、沙蒿胶、亚麻胶、大豆蛋白粉、谷朊粉、卡拉胶、盐、水等按照一定的配比进行混合后制作挂面。

3. 魔芋青稞面条 将小麦粉、魔芋粉、青稞粉、苦荞粉、燕麦粉、黄瓜汁、番茄汁、菠菜汁、水、食盐、硬脂酰乳酸钙钠等原辅料按照一定比例混合后制作挂面。

4. 青稞面和牦牛肉营养配餐面 将青稞面与牦牛肉酱进行配餐。牦牛肉酱由牦牛肉、香辣酱、食盐、鸡蛋、胡萝卜、青椒、菜籽油、酱油、十三香粉、红景天等原辅料按照一定比例混合制作而成。

5. 青稞粗粮夹层燕麦营养挂面 将小麦粉、燕麦粉、青稞粉、木糖醇、柠檬酸、植脂末、稳定剂单甘酯、食盐、食碱、谷朊粉、食用明胶、聚丙烯酸钠、CMC-Na、魔芋精粉以及适量的水等原辅料按照一定比例混合后制作挂面。

二、青稞方便面

方便面是速食面，又称泡面、快熟面、即食面，南方一般称为碗面，是一种可在短时间之内用热水泡熟食用的面制食品。有油炸和非油炸两种类型。青稞速食面是近几年发展起来的一种方便速食食品。

(一) 工艺流程

青稞方便面加工工艺流程见图 4 - 10。

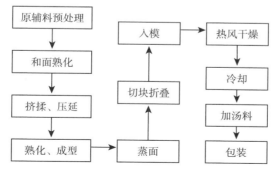

图 4 - 10 青稞方便面加工工艺流程

（二）操作要点

1. 原料 青稞粉 60～85 份，此处的青稞粉为复合酶改性青稞粉。复合酶改性青稞粉的配比为：65%～75%青稞粉，2%～4%葡萄糖氧化酶，1%～3%木聚糖酶、0.2%～0.8%蛋白酶、1%～2%植酸酶、15%～25%水和 1%～2%的食盐。搅拌均匀后，调节 pH 为 6.5，于 30～45℃下，酶解 24～36h，然后去除酶液，烘干即可。

2. 和面 将称好的复合酶改性青稞粉置于和面机中，加入 25～40 份水进行混合搅拌，混合搅拌时间为 10～20min，得到面团。

3. 挤揉、压延 对面团进行反复的挤揉、压延 15～25min。

4. 熟化、成型 将面团转移至熟化机中，于 15～25℃下，搅拌 8～15min，然后经挤出机挤出成型。

5. 蒸煮 将成型后的面条在蒸汽下进行蒸煮，蒸煮时间为 1～2min。

6. 干燥、包装 将蒸煮好的面条依次经过低温、中高温干燥，低温的干燥温度为 10～15℃，干燥时间为 20～35min，中高温的干燥温度为 60～80℃，干燥时间为 30～50min，干燥后包装即可。

（三）主要设备

和面机、压片机、倾斜式连续蒸面机、热风干燥机、自动包装机。

（四）类似产品

1. 青稞营养杂粮方便面 由青稞粉、小米、马铃薯全粉、荞麦、植物油、纯净水、食用盐、淀粉改良剂组成。淀粉改良剂组成：小麦蛋白 3～8 份，沙蒿胶 0.2～0.8 份，聚丙烯酸钠 0.02～0.08 份，β-环状糊精 0.05～0.12 份，藕粉 1～4 份。

2. 以青稞改性面粉和变性淀粉为原料添加戊聚糖酶的方便面 青稞改性面粉和变性淀粉的质量比为（80～95）∶5，青稞改性面粉由质量含量为 35%～45%的水、蛋白酶 5%～10%、戊聚糖酶 4%～8%、脂肪分解酶 4%～8%，盐 1%～1.5%和余量的青稞粉组成。

三、青稞鲜湿面条

鲜湿面条是人们日常食用青稞面的主要形态，鲜湿面条具有新鲜、好煮、方便的特点。鲜湿面条因为水分含量高而不耐贮藏，存在保鲜期短、容易污染的缺陷。目前，鲜湿面条的保鲜主要为冷藏保鲜和化学保鲜。冷藏保鲜能耗高，且需要专门的设备，保藏条件要求较高，而化学保鲜主要是通过添加食品添加剂来抑制微生物生长繁殖。目前以添加酒精的鲜湿面条保藏效果较好，但这种保鲜方式在开袋食用时会产生刺激性的不良风味。因此，目前有学者发明了采用原料杀菌预处理、加工过程设备杀菌和抑菌剂防腐的全流程保护模式，不但有效延长了青稞鲜湿面条的货架期，还增强了煮后面条的弹性和韧性。

（一）工艺流程

青稞鲜湿面条加工工艺流程见图 4-11。

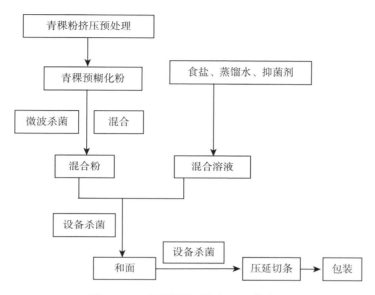

图 4-11　青稞鲜湿面条加工工艺流程

（二）操作要点

1. 青稞预糊化粉的制备　将青稞粉倒入搅拌机中，加入适量水分并充分搅拌均匀，将青稞粉含水率调整至 16%，再将混合均匀的青稞粉倒入双螺杆挤压机的螺旋进料槽中进行挤压膨化（双螺杆挤压机的运行参数如下：一区、二区、三区、四区的温度分别为 60℃、90℃、130℃ 和 160℃，螺杆转速为 260r/min，模孔大小为 0.39cm），待挤压膨化物冷却干燥后，粉碎，过 60 目筛，得到青稞预糊化粉。

2. 混合粉的制备　以重量份数计，将 50 份青稞预糊化粉与 50 份青稞粉混合，得复配粉，再将 40 份复配粉与 60 份小麦粉充分混合，得混合粉。

3. 混合粉的微波杀菌处理　将混合粉放入密封袋中，进行微波杀菌预处理。

4. 盐水的制备　将食盐、聚赖氨酸盐和丙酸钙溶解于蒸馏水中制成盐水，备用。

5. 加工设备的杀菌处理　和面机、面条机所有与面团接触的表面用 75% 的酒精进行杀菌处理。

6. 和面工艺 将混合粉倒入和面钵，加入适量的盐水，混合搅拌 6min 至面团呈松散的颗粒状，手握可成团，轻轻揉搓又能复原至松散状。

7. 醒发工艺 将松散的面絮在辊距 3mm 时压延一次，再对折压延两次，用自封袋密封，并在 30℃ 条件下醒发 30min。

8. 压延、切条工艺 调整面条机压辊的辊距，辊距分别调整为 2.5mm、2mm、1.5mm、1.2mm 和 1.0mm，进行连续压延至 1.5mm 厚的面片，最后将面片切条制成面条，放入自封袋，置于 25℃ 环境中贮藏。

（三）主要设备

搅拌机、双螺杆挤压机、微波杀菌机、和面机、压面机。

（四）类似产品

方便鲜湿青稞面配料为青稞粉、木薯复合变性淀粉、面条伴侣、水。

面条伴侣：研磨青稞粉至破壁超微粉，将破壁超微粉按 1～10g/mL 的浓度分散于蔗糖酯和乙醇的混合液中，形成悬浊液，将此悬浊液在超声波条件下搅拌，使破壁超微粉均匀分散在溶液中，将该悬浊液在搅拌条件下，加入小苏打至悬浊液 pH 为 9～11，将生物质粉末与魔芋甘露胶按 3∶1 的质量比溶于去离子水中混合均匀，使二者的浓度为 0.5～3g/L，得到混合物，使悬浊液与混合物的质量比为（1～3）∶1，将混合物搅拌加入悬浊液中，再持续搅拌 2～10min，经离心处理，所得沉淀物即为面条伴侣。

木薯复合变性淀粉：木薯淀粉和酯化剂按物质的量比为 1∶（2～3）的比例混合，在催化剂氢氧化钠作用下制得酯化淀粉，通过 $^{60}Co \gamma$ 射线辐照制得的酯化淀粉，即为木薯复合变性淀粉。

四、速冻青稞鱼面

由于青稞中几乎不含直链淀粉，决定了其具有较低的脱水收缩率和较高的冷冻-解冻稳定性，适用于制作冷冻食品。鱼面是我国传统的水产加工制品，在长江流域及沿海地区有悠久的生产历史，主要以鱼糜、面粉等原料加工而成，可以煮食、炒食或煎炸，其风味独特，深受国内外消费者的欢迎，与其他类型面条相比，鱼面蛋白质含量较高，弥补了面粉氨基酸组成不完全的缺陷，营养价值高。现有产品主要以小麦面粉为主要原料，品种单一，而以杂粮为原料的面条在该类型食品中所占比例较小。因此，将青稞粉与鱼肉结合，制作一款味道鲜美、食用方便、价格合适的速冻青稞鱼面，可将地域特色农产品资源与传统食品技术创新结合在一起，开拓一种鱼面新产品，对青稞产业的发展具有积极意义。

（一）工艺流程

速冻青稞鱼面加工工艺流程见图 4-12。

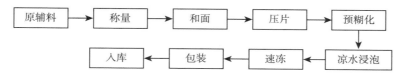

图4-12　速冻青稞鱼面加工工艺流程

（二）操作要点

1. 鱼糜的制备　将鱼去除内脏、鱼鳞，保留鱼皮后，清洗，切碎，置于容器中，放入盐水洗涤，搅拌后静置，倒出上层水，再用纱布脱水，洗涤4～6次，将鱼肉和纯净水按体积比为1∶（1～3）的比例放置于匀浆机中，匀浆得到鱼糜，封装备用。

2. 面团的制备　取59～66份的水、10～20份的鱼糜和0.5～5份的食用盐，加入匀浆机中匀浆得到鱼糜浆，取20～40份的小麦面粉加入和面机中，继续加入鱼糜浆，搅打10～20min后，加入青稞粉和5～10份的谷朊粉，继续搅打至面团成型。

3. 青稞鱼面生面条的制备　取面团放入压面机上进行压延，压延10～15次，每次压延后将面团对折，并旋转90°，将面团压制成厚度为1～3mm的面片，每次压延前，取青稞粉作为扑粉铺撒于面团上，共加入35～65份的青稞粉，将面片用带梳齿的压面辊压制成型，制得青稞鱼面生面条。

4. 青稞鱼面的预糊化　将青稞鱼面生面条置于蒸饭机中，于90～110℃蒸汽加热5～10min，在2～5℃凉开水中浸泡1～3min。

5. 青稞鱼面的速冻过程　将预糊化后的青稞鱼面滤干，放入包装袋或包装盒中，于-40～-30℃速冻20～35min，继续放入-18℃条件下冻藏。

（三）主要设备

和面机、压片机、封口机、冷冻机、速冷库。

五、青稞全麦免煮面

青稞籽粒中富含丰富的营养元素，具有丰富的营养价值、食用价值、医疗价值，因此食用全麦青稞可充分利用其营养功效。但是青稞由于籽粒较硬，淀粉成分独特（普遍含有74%～78%的支链淀粉），且籽粒中面筋含量少，因此黏性大，熟化后成型差。有学者采用二级变温挤压成型技术来克服青稞黏性强、成型差的问题，开发出青稞全麦免煮面的加工工艺技术，在有效利用青稞营养成分的基础上，极大地改善了青稞面条的口感。

（一）工艺流程

青稞全麦免煮面加工工艺流程见图4-13。

图 4-13　青稞全麦免煮面加工工艺流程

（二）操作要点

1. 原料的筛选　除去原料中的沙子等杂质，选择颗粒饱满的籽粒。每个试验样本以 2 500g 为例。

2. 淋洗　取已筛选好的青稞籽粒，用清水淋洗 10min。

3. 青稞籽粒爆裂　采用全密闭高温热风焙烤机对青稞进行半爆裂熟化，温度为 230℃，炒制时间为 20min。

4. 粉碎　通过粉碎机对青稞籽粒进行粉碎，使青稞面粉达到 100 目。

5. 加水混合　将青稞面粉、精盐、水放入和面机内，均匀搅拌。

6. 熟化成型　将搅拌好的面粉通过提升机进入自动喂料机，送到主机进行一级熟化，此时主机温度为 60℃，电机的转速为 700r/min；经过一级熟化的青稞面靠重力作用进入单螺杆挤压机内，进行二级成型，此时主机温度为 30℃，电机的转速为 700r/min。

7. 定量切断　将成型的面条进行定量（长度为 40cm）切断。

8. 常温老化　切好的面条于 30℃悬挂 6～8h。

9. 烘干、冷却　干燥温度 70℃，时间 2h，然后冷却至室温。

（三）主要加工设备

粉碎机、焙炒机、搅拌机、双螺杆挤压膨化机。此外，还可以采用青稞面粉与豌豆粉、荞麦粉、藜麦粉按照一定比例复配，经过单螺杆挤压后制备得低 GI 值的青稞挤压面条。

六、青稞馒头

青稞具有保健功能，并在预防糖尿病、高血压症、肝病、心血管病等方面具有奇特功效，青稞及其加工制品激起了人们开发和研究的兴趣。青稞大众化主食产品的研究与开发是青稞的主要用途之一。馒头，又称为馍、蒸馍，是中国特色传统面食之一，是一种用面粉发酵蒸成的食品，形圆而隆起，松软度好、口感细腻，通常北方地区多以馒头作为主食。但传统主食馒头是由小麦粉制作而成，主食结构相对单一。随着主食产业化的发展和人们对健康的追求，主食馒头多样化、满足消费者的多样化需求势在必行。基于此，现介绍一种青稞全粉馒头的加工方法。

（一）工艺流程

青稞全粉馒头加工工艺流程见图 4 - 14。

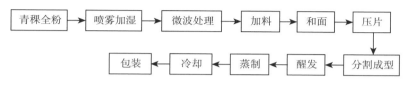

图 4 - 14　青稞全粉馒头加工工艺流程

（二）操作要点

1. 喷雾加湿　将青稞全粉进行喷雾加湿，使得青稞全粉水分含量为 20％～30％，喷雾加湿后放置 40～60min。

2. 微波处理　将青稞全粉微波处理，处理时间为 30～60s，微波功率为 800～1 000W。

3. 加料、和面　按配比称取谷朊粉、无铝泡打粉、酵母、发酵促进剂、面粉增筋剂、微波处理后的青稞全粉，于和面机中混合 2～3min 后，加水搅拌 5～9min 和成面团。主要原辅料配方为：青稞全粉、谷朊粉、无铝泡打粉、酵母、发酵促进剂、面粉增筋剂、水。

4. 压片　面团用连续压片机压片 15～30 道。

5. 醒发　制成馒头坯，成型后的馒头坯在温度 36～40℃、相对湿度 75％～80％的醒发箱中醒发 30～60min。

6. 蒸制　将醒发的馒头坯放入，蒸制 20～30min。

（三）主要加工设备

搅拌机、微波设备、压片机、醒发箱、蒸煮锅。

第五章

青稞方便休闲食品加工

在 17 世纪以前，西方一直用大麦制作面包，至今仍有人将大麦加工成珍珠米、麦精、麦片，或使大麦经膨化处理后作为快餐与早餐食品，也有人用麦芽制作面包、麦茶和糖果等。青稞属于大麦的变种，其加工产品类型与大麦有许多相似性，青稞不含有面筋蛋白，但含有丰富的 β-葡聚糖和酚类物质，将其应用于方便休闲食品中有利于改善以小麦为主的产品的营养特性和风味。目前，国内青稞除了用作主食食用外，还可用于制作方便休闲食品，我们的研究证明了青稞适合加工成烘焙食品、膨化食品、方便粥食品等。本章主要介绍青稞烘焙食品、青稞膨化食品、青稞方便粥产品等的加工。

第一节　青稞烘焙食品加工

烘焙食品是以面粉、酵母、食盐、砂糖和水为基本原料，添加适量油脂、乳品、鸡蛋、添加剂等，经一系列复杂的工艺手段烘焙而成的方便食品。它不仅具有丰富的营养，而且种类繁多，形色俱佳，既可以在饭前或饭后作为茶点，又能作为主食，还可以作为馈赠礼品。未来烘焙食品发展呈现以下三大趋势：安全、卫生是最基本的发展趋势；注意营养价值和营养平衡趋势；全谷物烘焙食品的开发趋势。青稞是制备营养保健食品的最佳原料，以青稞全籽粒为原料开发的烘焙食品必将受到消费者的欢迎，市场前景广阔。

一、青稞饼干加工工艺

饼干是以谷类粉（或豆类、薯类粉）等为主要原料，添加（或不添加）糖、油脂及其他原料，经调粉（或调浆）、成型、烘烤（或煎烤）等工艺制成的食品，以及熟制前或熟制后在产品之间（或表面、内部）添加奶油、蛋白、可可、巧克力等的食品。根据配方和生产工艺的不同，饼干分为韧性饼干、酥性饼干、发酵饼干、曲奇饼干等。韧性饼干主要以小麦粉、糖、油脂为主要原料，加入疏松剂、改良剂与其他辅料，经热粉工艺调粉、辊压、辊切或冲印、烘烤制成的图形多为凹花、外观光滑、表面平整、有针眼、断面有层次、口感松脆的焙烤食品，如牛奶饼干、香草饼干、蛋味饼干、玛利饼干、波士顿饼干等。酥性饼干是以小麦粉、糖、油脂为主要原料，加入疏松剂和其他辅料，经冷粉工艺调粉、辊压、辊印、烘烤制成的造型多为凸花的、断面结构呈现多孔状组织、口感疏松的烘焙食品，如奶油饼干、葱香饼干、芝麻饼干、蛋酥饼干等。曲奇饼干是以小麦粉、糖、奶制品为主要原料，加入疏松剂和其他辅料，以和面，采用挤注、挤条、钢丝节割等方法中的一种形式成型，烘烤制成的具有立体花纹或表面有规则波纹、含油脂量高的酥化焙烤食品。饼干制作一般需要弱筋面粉，对面粉筋力要求较低，像酥性饼干和曲奇饼干的制作并不需要面粉的筋力，而青稞粉本身不含有面筋成分，非常适合制作酥性饼干和曲奇饼干。下面主要介绍最常见的青稞酥性饼干和曲奇饼干的制作工艺。

（一）工艺流程

青稞饼干加工工艺流程见图 5-1。

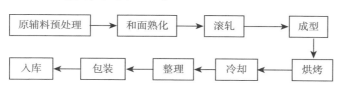

图 5-1 青稞饼干加工工艺流程

（二）青稞酥性饼干制作要点

1. 面团调制 面团调制是饼干生产中关键性的工序。酥性饼干和韧性饼干的生产工艺不同，调制面团的方法也有较大的差别。酥性面团的调制方法是先将糖、油、乳品、蛋品、膨松剂等辅料与适量的水倒入和面机内，均匀搅拌形成乳浊液，然后将面粉、淀粉倒入和面机内，调制一定时间。香精要在调制成乳浊液的后期加入，或在投入面粉时加入，以便控制香味过量挥发。夏季因气温较高，搅拌时间应缩短 2~3min。

2. 滚轧 调制好的面团，须经过滚轧，以得到厚度均一、形态平整、表面光滑、质地细腻的面片，为成型作好准备，但长时间滚轧，会形成面片的韧缩。由于酥性面团中油、糖含量高，轧成的面片质地较软，易断裂，所以不应多次滚轧，更不要进行 90°转向，一般以 3~7 次单向往复滚轧即可，也有采用单向一次滚轧的。酥性面团在滚轧前不必长时间静置，酥性面团滚轧后的面片厚度约为 2cm，较韧性面团的面片厚，这是由于酥性面团易于断裂，另外酥性面团比较软,通过成型机的轧辊即能达到成型要求的厚度。

3. 成型 经滚轧工序制成的面片,经各种型号的成型机制成各种形状(如鸡形、鱼形、兔形、马形和各种花纹图案)的饼干坯。

4. 烘烤 面团经滚轧、成型后形成饼干坯,制成的饼干坯放入烘炉后,在高温作用下,饼干内部所含的水分蒸发,淀粉受热后糊化,膨松剂分解而使饼干体积增大。面筋蛋白质受热变质而凝固,最后形成多孔性酥松的饼干成品。烘烤炉的温度和饼干坯烘烤的时间随着饼干品种与块形大小的不同而异。一般饼干的烘烤炉温保持在 230～270℃。酥性饼干和韧性饼干,炉温为240～260℃,烘烤 3.5～5min,成品含水率为 2%～4%。苏打饼干,炉温为260～270℃,烘烤时间 4～5min,成品含水率 2.5%～5.5%。粗饼干,炉温为200～210℃,烘烤 7～10min,成品含水率为 2%～5%。

5. 冷却 烘烤完毕的饼干,其表面层与中心部的温度差很大,外温高,内温低,温度散发迟缓。为了防止饼干的破裂与外形收缩,必须冷却后再包装。在夏、秋、春的季节中,可采用自然冷却法。如果加速冷却,可以使用吹风,但空气的流速不宜超过 2.5m/s。冷却速度过快,水分蒸发过快,易产生破裂现象。最适宜的冷却温度是 30～40℃,室内相对湿度是 70%～80%。

6. 包装 包装的目的有以下 3 个:一是防止饼干在运输过程中破碎;二是防止被微生物污染而变质;三是防止饼干的酸败、吸湿或脱水以及"走油"等。可根据顾客的要求将饼干包成不同重量的包装。

(三) 青稞曲奇制作要点

1. 原料配制 青稞全麦粉:低筋面粉:黄油:糖粉:水＝4:6:3:2:2。

2. 打发 黄油与糖粉按照一定的比例混合后高速打发至发白、蓬松,时间为 25～35min。

3. 原辅料混合 缓慢加入青稞全麦粉及低筋面粉,低速搅拌均匀,搅拌时间为 15～20min。

4. 挤出成型 将混合好的面团经曲奇挤压机挤压成型,厚度为 5～8mm。

5. 烘烤 将挤压成型的曲奇放入旋转式烘箱,180℃烘烤 18～21min,使其含水量达到 5%,待冷却后包装得到成品。

此外,根据青稞酥性饼干和曲奇饼干的加工工艺,还可以添加玫瑰、蕨麻、奶渣、牦牛奶、魔芋、苦荞等其他食品辅料,将其加工成具有不同风味、口感及营养特性的多元化青稞饼干,丰富青稞饼干的类型。

(四) 主要设备

和面机、饼干压片机、曲奇挤出机、远红外烤箱、自动包装机。

二、青稞蛋糕加工工艺

蛋糕作为日常生活食品，因其食用方便和易于携带而广受消费者喜爱。随着人们生活水平的提高、思想意识的改变，对食品的要求已不仅仅是饱腹，而是希望食品具有一定的保健功效。因此，传统蛋糕已不能有效满足人们的需求，而在蛋糕中添加一些具有保健功效的原料时，由于原料本身的特性，导致蛋糕的口感和口味发生变化，从而降低人们对其接受程度。青稞营养十分丰富，它是世界上麦类作物中 β-葡聚糖含量最高的农作物，对结肠癌、心脑血管疾病、糖尿病有预防作用，同时具有提高人体免疫力的作用。青稞含有丰富的膳食纤维，具有清肠通便、清除体内毒素等功效，其支链淀粉含量比普通面粉高出 26%，可抑制胃酸，对病症有缓解作用。青稞中含有对人体有益的微量元素，如钙、磷、铁、铜、锌、硒等。青稞营养成分中的硫胺素、核黄素、尼克酸、维生素 E 可促进人体健康发育。青稞不含面筋蛋白，适合制作低面筋蛋糕类产品。青稞蛋糕口感较好，且富含多种膳食纤维，具有丰富的营养价值和突出的医药保健功效，用青稞制作蛋糕可提高蛋糕的营养保健作用。

（一）工艺流程

青稞蛋糕加工工艺流程如图 5-2 所示。

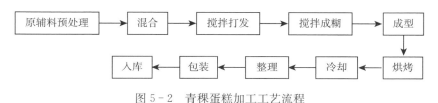

图 5-2　青稞蛋糕加工工艺流程

（二）操作要点

1. 原料配制　青稞粉 70g，麦面粉 30g，鸡蛋 5 个，木糖醇 30g，黄油 70g，盐 1g，柠檬汁 4 滴。

2. 混合　按比例称取黄油，加热融化后立即倒入由青稞粉和麦面粉混合的混合面粉，快速搅拌成为黄油烫面团；在黄油烫面团里倒入 1 个全蛋拌匀，其余 4 个蛋黄拌成可流动的稀糊状蛋黄面糊，4 个蛋清倒入器皿中，加入盐和柠檬汁，拌匀。

3. 搅拌打发　用打蛋器把蛋清打到起泡时，加入 1/3 的木糖醇，继续搅打到蛋清变浓稠、起较粗泡沫时，再加入 1/3 的木糖醇，再继续搅打至蛋清比较浓稠、表面出现纹路的时候，加入剩下的 1/3 木糖醇，继续搅打 2~4min。

4. 搅拌成糊　把打好的发泡蛋清倒入蛋黄面糊里，拌匀，直到蛋清和蛋黄面糊充分混合，得到蛋糕面糊。

5. 烘烤、冷却、包装　将糊状半成品倒入模具，放入烤箱烘烤，在 150～200℃的温度下烘烤 20～30min，即得蛋糕成品，待烘烤完成的蛋糕成品冷却后，对其进行包装。

（三）主要设备

混合机、打蛋机、烤箱。

三、青稞面包加工工艺

面包作为一种主食，在西方和中东文化中意义非凡。随着世界文化的不断交流融汇，面包在中国的地位也越来越显著，各种各样的面包层出不穷。青稞含有高蛋白、高纤维素、低脂肪、低糖、高维生素等营养成分，还有多种微量元素，青稞的 β-葡聚糖含量是所有谷类中最高的。因此将青稞添加到面包中，可以增加面包中的蛋白质、膳食纤维、维生素、矿物质的含量，并且极大地提升面包的营养价值和口感，同时也使面包具有了一定的保健功效。

青稞粉与小麦粉加工特性不同，小麦粉因所含的蛋白质能形成网络状的面筋，构成骨架和淀粉有机结合成可口的面点，而青稞粉中形成面筋的主要成分为醇溶蛋白，其含量明显低于小麦，且形成面筋网络的二硫键（—SH）或总巯基的含量均远低于小麦，所以青稞粉难以形成面筋。因此，用青稞制作面包难度较大。主要的技术瓶颈是如何增加青稞面团的黏弹性、保气性，如何提高青稞面包的质地与体积，使青稞面包同样具有小麦面包良好的口感，同时保留青稞的营养成分。

目前，有学者报道了用不同含量青稞粉（30％～70％）制作面包的方法。主要是通过添加外源蛋白、淀粉及酶制剂来改良青稞的特性，从而制作出口感类似于小麦面包的青稞面包。

（一）工艺流程

青稞面包加工工艺流程见图 5-3。

图 5-3　青稞面包加工工艺流程

（二）操作要点

1. 配料　青稞粉 30％～50％、高筋小麦粉 30％、谷朊粉 10％、马铃薯淀粉 5％、木薯淀粉 5％，另外添加葡萄糖氧化酶、α-淀粉酶、谷氨酰胺转氨酶、木聚糖酶、纤维素酶、硬脂酸单双甘油酯、硬脂酸乳酸钙、维生素 C、白糖、食用乳化油、酵母、食盐和水。

2. 调制面团　将水、白糖和食用乳化油加入搅拌机内，低速搅拌至材料分散，依次加入青稞粉、淀粉、添加剂、酵母和食盐等，低速搅拌至形成面团。

3. 分割搓圆　取出面团，置于醒发温度为 28～30℃和相对湿度为 70％～75％的醒发箱内，进行初次醒发 10～15min。将初次醒发好的大块面团分割成小块面团，再将小块面团经搓圆揉成圆球形状。

4. 装盘醒发　将不规则的面团搓圆，然后将整形的面包坯放入烤盘内，置于醒发箱内，在醒发温度为 28～30℃和相对湿度为 70％～75％的条件下醒发 60min。

5. 焙烤　将一次醒发好的面包坯送入烤炉中焙烤，分阶段进行烘烤，初期阶段，上火不超过 120℃，下火 180～185℃，时间 5min；中间阶段，面火和底火均为 200～210℃，时间 4～5min；最后阶段，上火维持 200℃左右，下火 140～160℃，时间 5min，烤至面包表面呈金黄色为宜。

6. 冷却包装　冷却至室温，包装即得成品。

（三）主要设备

和面机、搅拌机、醒发箱、烤箱、包装机。

（四）花色青稞面包加工工艺

1. 青稞红啤面包加工工艺　添加青稞红曲啤酒于青稞面包中，制作具有特色的青稞红啤面包。先要制备青稞红啤，然后再制作青稞红啤面包。

青稞红啤的制作主要是将青稞发芽制备麦芽，然后与其他辅料（大米、麦芽、青稞红曲）粉碎混合后进行糊化和糖化；制备的糖化醪经过澄清、过滤，得麦汁；将麦汁煮沸，煮沸过程中添加酒花，煮沸结束后经回旋沉淀除去酒花糟及热凝固物后，将麦汁冷却至 7～9℃；控制处理后的麦汁浓度为 15°Bx，pH 5.3～5.5；麦汁充氧，控制在 8～10mg/kg；将冷却的麦汁泵入发酵罐内发酵，发酵结束后得青稞红啤。青稞红曲在酿造过程中使啤酒自然着色、强化其营养成分。青稞红啤不仅色泽明快、口味芳香，而且具有健胃、防癌、延迟衰老、美容等功效。

青稞红啤面包制作主要工艺技术：称取一定量的糖、盐、水、脱脂奶粉、酵母等混合、搅拌，静置活化 30min；将青稞粉、青稞红啤加入混合的辅料中进行搅拌，调质面团；面团进行一次发酵后分块、揉圆、静置、整形；将整形后的面包坯放入装有高温布的烤盘内，再将烤盘放入发酵箱内进行二次发酵，发酵箱温度控制在 38～40℃，相对湿度控制在 85％左右，醒发 45～60min，使其体积达到整形后的 2 倍左右，放入炉中进行分阶段烘烤，以烤至面包表面呈金黄色为宜。

2. 发芽青稞面包加工工艺　青稞发芽是青稞种子发生生理生化变化的过程，发芽过程中在蛋白酶酶系的作用下，胚乳细胞壁被分解，胚乳储存的物质开始降解并为胚轴生长提供营养。这种变化使得青稞的营养价值提高，营养物质更有利于人体吸收，并降解和消除青稞中可能存在的有毒有害物质或抗营养物质，增加对人体有益的物质如 γ-氨基丁酸、生育酚、β-葡聚糖等的含量。这种发芽过程变化所产生的次生代谢物增加了青稞的营养价值、保健功能和风味，也给青稞的深加工奠定了良好的基础。

以发芽青稞粉为原料，添加谷朊粉、面包改良剂等，按照一定的配方与工艺生产出具有良好口感、风味、组织状态的青稞营养面包，这类面包的营养价值和保健功能被明显提高。

四、青稞酥皮月饼加工工艺

酥皮月饼为我国传统的节日性食品，既吸收西式点心皮类的制法，又结合广式月饼的特色创制而成，其饼皮色泽金黄，层次分明，其主要特色是热吃松化甘香，冷吃则酥脆可口。近年来，已经有很多改善月饼品质的研究，但多数研究集中在解决月饼营养问题方面，多局限于对馅料风味的研发，而忽略了单纯以小麦面粉加工的传统月饼饼皮难以再满足消费者的需求。青稞粉由于不含有面筋，因而适合制作月饼的酥皮，可用青稞粉部分取代小麦粉用于酥皮月饼的制作，利用青稞的营养成分，可以补充、提高酥皮的营养价值和食用口感，丰富酥皮月饼的品种。

（一）工艺流程

青稞酥皮月饼加工工艺流程见图 5-4。

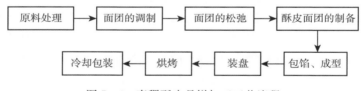

图 5-4　青稞酥皮月饼加工工艺流程

（二）操作要点

1. 原料处理　根据试验配方称好原料，面粉、青稞粉分别过筛处理备用；各种不同口味的馅料准备好，称量，分为均匀的个数，一般重量 25~30g 为宜，搓圆备用。

2. 面团的调制

（1）水油面调制。先将水、白砂糖、酥油混匀乳化，再加高筋面粉和青稞粉。用拳头往下压，揉搓成不黏手、软硬适中的面团。

（2）油酥面团调制。将酥油与青稞粉充分混合均匀，用手揉搓成与水油面团软硬度相当的面团。和面时间一般为 10~15min，冬季和面时间宜长，夏季和面时间宜短。和面温度为 20~30℃。

3. 面团的松弛 将水油面团与油酥面团分别用保鲜膜盖住,静置松弛 30min。

4. 酥皮面团的制备 将水油面团与油酥面团按照 2∶1 的比例进行包酥,经过两次擀开、卷制工序制得层次分明的面坯,并将面坯按照 30g/个分好。

5. 包馅、成型 将分好的面坯按成扁圆状,按照皮、馅 2∶1 的比例,包上馅料,按成扁圆饼状,厚度约 1.5cm。包馅时注意皮、馅软硬度要一致,收口要捏紧。

6. 装盘 把制作好的月饼有序地放入烤盘中,并刷上蛋液和蜂蜜的混合液,稍晾干后再刷 1 次,然后在月饼表面撒上芝麻粒。

7. 烘烤 将烤盘放入烘箱中,以 180℃的温度烘烤,注意烘烤 15min 左右,至月饼边缘呈微黄色时,将烤盘调头继续烘烤至月饼表面呈深黄色即可出炉。烘烤总时间为 25min。

8. 冷却包装 烘烤完毕后,采用自然冷却法冷却,将冷却好的月饼分装在相应的盒子里并包装好。

(三)主要设备

和面机、包馅机、烤箱、粉碎机。

第二节 青稞膨化食品加工

膨化食品是指采用油炸、挤压、砂炒、焙烤、微波等技术作为熟化工艺,使熟化后的物料有体积明显增加现象的食品。目前膨化技术在谷物方面应用最多的是挤压膨化技术和焙烤膨化技术。这两种技术在杂粮加工方面应用广泛,虽然其加工原理及性能有所不同,但均可以明显改善杂粮口感粗糙以及不容易消化的缺陷。食品挤压膨化技术集混合、搅拌、破碎、加热、蒸煮及成型等过程为一体,具有生产效率高、能耗低、排放少、成本低、工艺操作简单、高温短时、产品营养损失小的优点,已经被广泛应用于休闲小吃、膨化食品、谷物早餐、糖果系列产品、改性淀粉以及发酵等食品产业,在粗粮细化、产品优化、充分发挥谷物营养成分、提高成型食物口感、钝化不良因子、提高原料附加值等方面受到社会关注和认可,具备环保、健康的发展前景。焙烤膨化技术是利用空气作为热交换介质使被加热的食品淀粉糊化、蛋白质变性以及水分变成蒸汽,从而使食品熟化并使其体积增大的技术。

一、青稞麦片加工技术

青稞麦片是指以青稞籽粒为唯一或主要原料加工的轧片产品,是仿照燕麦片的加工工艺制成的产品。不仅保留了青稞的营养成分,保证青稞原有营养、风味、特性不变，而且改善了青稞的口感。根据加工工艺可分为传统加工而成的老式青稞麦片和即食青稞麦片两种类型。其中老式青稞麦片是直接将经过汽蒸处理或烘烤处理的全籽粒青稞轧制成薄片制得，它含有青稞的所有组织——麸皮、胚乳、胚芽和营养物质，需要沸水蒸煮数秒后食用；即食青稞麦片是指青稞经过汽蒸处理和烘烤处理后，籽粒两端被切割，然后再汽蒸、轧制成比老式青稞麦片更薄的麦片。由于具有更高的烘烤温度，因此麦片更薄，产品经沸水冲泡后即可食用。此外还有利用现代挤压膨化技术生产的膨化青稞麦片，此类麦片是将青稞去皮或不去皮后粉碎成粉状，然后添加其他原料或成分，如糖、盐、奶粉和其他食品辅料，经过挤压膨化和熟化干燥工艺生产的膨化青稞麦片，此类麦片可以直接干制食用或用沸水冲泡后食用。

（一）青稞麦片

1. 青稞麦片加工工艺流程　青稞麦片加工工艺流程见图5-5。

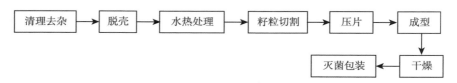

图5-5　青稞麦片加工工艺流程

2. 操作要点

（1）清理去杂。通过清理，除去青稞中的有机杂质和无机杂质，筛选出符合生产要求的青稞。利用清理筛和吸风机除去较轻的杂物，然后利用振动去除石机分离石子和重质颗粒，再利用袋孔分离机去除草籽和异种谷物，最后利用圆筒分级机分离得到净青稞。

（2）脱壳。用胶壳机、谷糙分离机和圆筒分级机等，从籽粒上除去颖壳，并分离出脱壳的净青稞粒。

（3）水热处理。该工序是青稞全麦片的关键工序，主要包括煮麦、润麦、烘麦，因为青稞不同于其他的麦粒，籽粒较硬，控制好麦粒的水分和熟化度，才能达到麦片的完整性和即食性。用烘干机除去部分水分，并使籽粒冷却，即得青稞米。

（4）籽粒切割。为了能使压片均匀，一般要对青稞籽粒进行切割，籽粒两端被切割后，再经各种筛分机筛分出正常粒。

（5）压片、成型。为使产品有较好的消化率，对青稞破碎进行糊化，以改变产品的组织和外形。压片之前对籽粒进行加湿、加热，使物料含水量达17%，在100℃的条件下处理20min。将糊化后的青稞麦粒送入双辊压片机，形成均匀的青稞片，然后经干燥冷却机干燥，使麦片含水量降至11%，并用冷空气冷却，再通过摇动筛分级除去团块和细粒。

（6）干燥。经制片后的全麦片质轻易碎，故不宜采用振动干燥、气流干燥等。为了避免交叉污染，宜采用热传导干燥，热传导干燥既能防止对流引起的空气交叉污染，又能更好地使全麦片表面着色，进一步增强全麦片的香味。

（7）灭菌包装。由于在整个生产过程中不可避免地会产生一些局部的产品污染，在产品进行包装前应进行灭菌处理，更好地保证产品卫生要求。一般采用气密性能较好的包装材料，如镀铝薄膜、聚丙烯袋、聚酯袋或马口铁罐等。

3. 主要设备 振动去石机、袋孔分离机、胶壳机、谷糙分离机、圆筒分级机、双辊压片机。

（二）青稞原麦麦片

传统的青稞麦片是以成熟、干燥的籽粒为原料加工而成，与传统青稞麦片不同，有学者介绍了一种以未完全成熟的青稞籽粒为原料制备的绿色青稞原麦食品的加工方法。未完全成熟的绿色青稞籽粒所含的可溶性膳食纤维远远高于完全成熟的青稞籽粒，而且未完全成熟的绿色青稞食品色泽美观，呈鲜嫩的黄绿色，更多地保留了青稞的天然麦香味及矿物质、维生素、天然叶绿素、抗氧化酶、黄酮等活性物质，营养丰富且易于人体吸收，因而其保健功效优于完全成熟的青稞籽粒。麦片加工工艺可以较好地保留未成熟青稞原麦的营养保健功效。

1. 工艺流程 青稞原麦麦片加工工艺流程见图5-6。

图5-6 青稞原麦麦片加工工艺流程

2. 操作要点

（1）原料处理。拣选六至九成熟、籽粒饱满的青稞麦穗。

（2）熟化。将青稞麦穗在温度100～350℃的条件下烘烤5～60min，进行熟化和硬化。

（3）脱壳。对烤熟的青稞麦穗进行脱壳，收集脱壳后籽粒饱满、色泽均一的青稞籽粒。

（4）挤压成型。将青稞籽粒在0.01～1.5kg/cm²的压力下挤压成厚度为0.5～2.5mm的麦片，麦片中的水分含量控制在3%～15%。此步骤也可以采用将青稞籽粒粉碎成颗粒状后与其他辅料混合后压片的方法。

（5）包装。青稞麦片直接抽真空或充入惰性气体包装，或在麦片中添加麦片重量 0.05%～25% 的食品添加剂，然后进行抽真空或充入惰性气体包装。

3. 主要设备　烘干机、脱壳机、粉碎机、压片机、包装机。

（三）青稞膨化麦片

将青稞去皮或不去皮后磨粉，然后添加其他辅料，经过双螺杆挤压膨化处理后压片烘干制成的青稞麦片称为青稞膨化麦片。一般而言，富含蛋白质和淀粉的植物原料经高温短时间的挤压膨化，蛋白质彻底变性，组织结构变成多孔状，有利于同人体消化酶的接触，从而使蛋白质的利用率和可消化率提高；产品不易产生回生现象，赋予制品较好的营养价值和功能特性。此外，采用挤压技术加工以谷物为原料的食品时，加入的氨基酸、蛋白质、维生素、矿物质、食用色素和香味料等添加剂可均匀地分配在挤压物中，并不可逆地与挤压物相结合，可达到强化食品功效的目的。由于挤压膨化是在高温瞬时进行操作的，故营养物质的损失小。一般来说，挤压膨化大多为即食食品（打开包装即可食用），食用简便，节省时间，是一类极有发展前途的方便食品。青稞膨化麦片在一定程度上改善了青稞粗糙的口感，同时保留了青稞特有的营养保健功效。

1. 工艺流程　青稞膨化麦片加工工艺流程见图 5-7。

图 5-7　青稞膨化麦片加工工艺流程

2. 操作要点

（1）青稞处理。将精选的饱满青稞籽粒用水清洗后，采用自然晾干或于 30～90℃ 烘干，使青稞籽粒的水分含量为 2%～15%；采用机械或人工的方法将青稞籽粒去除麸皮，并将籽粒粉碎成粒度为 10～50 目的碎麦粒，抛光。

（2）粉碎。将青稞碎麦粒磨成可过 100～150 目筛的青稞粉，使青稞粉的水分含量控制为 2%～8%。

（3）调整水分。将青稞粉与其他辅料按照一定的重量比混合，并加入干粉总量 14% 的水进行混合，搅拌均匀。

（4）挤压膨化。将混合好的原辅料放入双螺杆挤压膨化机进行挤压膨化和切割，膨化温度为 90℃—160℃—180℃。

（5）干燥、包装。经过挤压膨化的青稞麦片在 100℃ 烘干，然后包装。

3. 主要设备　粉碎机、混料机、双螺杆挤压膨化机、烘干设备。

二、青稞挤压米加工技术

挤压复配重组米，是将各种营养物质混合后制成大米状，供人们作为主食食用。现有的挤压复配重组米多采用各种富含营养成分或功能成分的原料，如杂粮、药食两用植物等，粉碎后与谷物类原料（其中米仍为主要物质）的干粉混合，经挤压造粒而成。青稞因为含有丰富的营养功能组分，因此成为开发挤压重组米的优选原料。

（一）工艺流程

青稞挤压米加工工艺流程见图 5-8。

青稞 → 粉碎 → 过筛 → 混料 → 挤压成型 → 干燥 → 包装

图 5-8 青稞挤压米加工工艺流程

（二）操作要点

1. 粉碎、过筛 将青稞籽粒清洗去杂、干燥后，研磨制成青稞全麦粉，过筛。此处可以选择用去皮青稞，也可以选择用不去皮的青稞。

2. 混料 将玉米粉、粳米粉以及乳化剂混合后加入青稞全麦粉，以形成原始粉料。将原始粉料送入混料机中，加入一定水分，使其含水量为 30%，经搅拌混合后形成复配粉料。此处的混料，可以选择青稞与其他杂粮或药食同源的材料进行混合，使得制备的产品可以具备不同的功效，满足不同人群的需要。

3. 挤压成型 将复配粉料送入双螺杆挤压机中，经高温糊化、挤压成型、切割制粒后形成挤压米料。此处可根据挤压膨化机的型号和不同的原料配比设定不同的挤压温度、喂料速度及螺杆转速等工艺参数。

4. 干燥 将挤压米料送入流化床进行预干燥，以形成预干燥米料；将预干燥米料送入微波干燥箱中进行微波干燥后冷却，制得青稞挤压米。

（三）主要设备

磨粉机、混料机、双螺杆挤压机、流化床干燥箱、微波烘干机。

（四）类似产品

有学者报道了以青稞粉、青稞麦绿素微粉和青稞胚芽为原料，在高温下挤压而成的青稞米产品，制得的产品表面光洁，颗粒饱满，内质柔韧滑爽，蒸煮烹饪方便，可单独食用，也可与其他谷物搭配食用，还可作为紧急状态时的快餐食品直接食用。

1. 原料配比 青稞米配料由 94%～98% 的青稞微粉、1%～4% 的青稞胚芽微粉和 1%～4% 的青稞麦绿素微粉组成。

2. 操作要点

（1）原料处理。将青稞依次经过筛选、去石和润麦，得到润麦青稞；将润麦青稞脱胚，得到青稞胚芽和脱胚青稞。

（2）青稞微粉制备。将脱胚青稞脱皮，并挤压成粒径为 2～3.5nm 的小米粒，经频率为 2 200～2 400MHz 的微波烘烤小米粒 240～260s，粉碎 10～20min，过 300～400 目筛，得到青稞微粉。

（3）青稞胚芽微粉和青稞麦绿素微粉的制备。青稞胚芽用频率为 2 200～2 400MHz 的微波烘烤 240～260s，粉碎 10～20min，过 300～400 目筛，得到青稞胚芽微粉；取青稞麦绿素，经 2 200～2 400MHz 的微波烘烤 240～260s，粉碎 10～20min，过 300～400 目筛，得到青稞麦绿素微粉。

（4）混料。分别将 94%～98% 青稞微粉、1%～4% 青稞胚芽微粉和 1%～2% 青稞麦绿素微粉混合均匀，形成混合物料，使该混合物料的含水量达到 16%～32%，形成含水混合物料。

（5）挤压干燥：在 50～140℃ 的温度和 1～5MPa 的压力条件下挤压该含水混合物料，并将其切割成营养米颗粒，干燥该营养米颗粒，使营养米颗粒的含水量为 8%～10%，冷却至常温，得到青稞米。

三、青稞挤压膨化米卷加工技术

目前的膨化米制品，以膨化米卷为例，多采用高温油炸、喷油烘烤、蒸炼、揉炼、烘烤或者高温高压挤压等方法来达到膨化效果，其中高温油炸型米卷含油量较高，且持续高温油炸会产生对人体有害的物质，大量食用容易引发心脑血管疾病、肥胖症等，不利于消费者的身体健康；高温烘烤型米卷的受热顺序由外至内，内外完全膨化需消耗时间，否则容易造成内外膨化不均匀，使膨化过程复杂，且降低消费者食用体验。膨化米卷一般以常见谷物（如大米）为主要原料，其主要成分是生淀粉，但生淀粉不溶于水，也不易受酶的作用，难以被人体消化吸收，因此，只有将生米、生面粉经热水溶胀，使淀粉 α 化，才能被人体消化吸收，但煮熟的米饭、面食等食品，在常温或低温条件下逐渐变硬，食用口感不佳。为了达到良好的口感和膨化效果，市面上常见的膨化米卷的脂肪含量在 30% 以上，营养素参考值（NRV）接近 60%，建议人体每天脂肪摄入量为 30～45g，而 100g 米卷就含有脂肪 30～50g，作为休闲食品，远远超过了每日推荐的脂肪摄入量，容易造成肥胖和心脑血管疾病。因此，有学者开发出了一种低脂挤压青稞膨化米卷产品以满足现有的市场和人群需要。

（一）工艺流程

青稞挤压膨化米卷加工工艺流程见图 5-9。

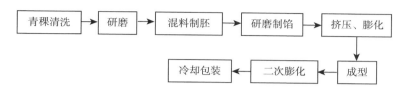

图 5-9 青稞挤压膨化米卷加工工艺流程

（二）操作要点

1. 青稞研磨 将青稞籽粒清洗去杂、干燥后，研磨以制成青稞全麦粉。

2. 混料制胚 将青稞全麦粉、粳米粉、玉米粉、玉米淀粉、碳酸钙、脂肪替代物、调味料以及第一辅料送入混料机中搅拌并持续加入水，混合以制成胚体料。

3. 研磨制馅 将脂肪替代物、稀奶油和花生酱加水溶化后，加入葡萄糖、麦芽糊精、白砂糖、奶粉、可可粉以及第二辅料并混合后，研磨制成夹馅料。

4. 挤压、膨化、成型 将胚体料和夹馅料分别送入双螺杆挤压机的机筒进料口和注芯设备进料口中，经过挤压、膨化、成型后获得预膨化米卷。

5. 二次膨化 将预膨化米卷送入热气对流干燥室进行二次膨化，然后冷却至常温以获得低脂青稞挤压膨化米卷。

6. 冷却包装 产品冷却至室温后进行包装。

（三）主要设备

粉碎机、搅拌机、双螺杆挤压膨化机、干燥箱。

四、青稞火麻仁膨化饼干加工技术

有学者报道了青稞与火麻仁结合制作膨化饼干的加工技术，为青稞膨化类产品增添了新类型。火麻仁为桑科植物大麻（*Cannabis sativa* L.）的干燥成熟种子，因其具有治疗体虚早衰、心阴不足、心悸不安、血虚津伤、肠燥便秘等功效，逐渐受到研究者的关注。当前对火麻仁的研究方向集中在保健营养特性研究及功能性成分提取，深加工产品研发以火麻仁酒、火麻仁中药型酸奶为主，消费群体相对较小众。膨化技术是利用气体的热压效应和相变原理，通过外部的能量供应，使原料内部水分迅速汽化，并形成多孔蜂窝状结构的一种食品加工方法，在食品加工生产中应用广泛，成品口感酥脆且品种繁多，深受消费者喜爱。将功效显著的火麻仁与青稞结合，利用空气膨化原理研发出符合大众营养需求、口感需求的青稞火麻仁膨化饼干，为小杂粮功能性食品开发提供了一条新思路。

（一）工艺流程

青稞火麻仁膨化饼干加工工艺流程见图 5-10。

图 5-10　青稞火麻仁膨化饼干加工工艺流程

（二）操作要点

1. 青稞炒制　将青稞洗净沥干，置于空气炸锅中以 800W 的功率炒制 8min，冷却至室温后磨粉，过孔径 60 目筛后备用。

2. 混料成团　火麻仁洗净沥干后与纯净水按 1∶1.5 的比例混合打浆后过滤备用；将称量好的中筋粉、青稞粉、谷朊粉、魔芋精粉、可可粉和蔗糖放于盆中，加入火麻仁浆及纯净水揉搓成团（以 100g 中筋粉为基准的原辅料最佳配比为：青稞粉 45％、谷朊粉 1％、可可粉 3％、魔芋精粉 10％、蔗糖 10％、纯净水 50％、火麻仁浆 35％，此处各物质的百分数为每种物质占 100g 中筋面粉的百分含量）。

3. 醒发压片　面团室温醒发 10min 后擀成面饼状，置于自动压面机中，压制为厚 5mm 的面皮，将其对折，再次压面 2～2.5mm 后出面。

4. 膨化、冷却、包装　将面皮切成长 8～10cm、宽 1cm 的长方形，约重 1g，将面皮置于空气炸锅中，于 160～180℃膨化 5～8min，待膨化后将饼干冷却至室温，密封包装得成品。

（三）主要设备

炒锅、和面机、空气膨化机。

五、青稞速溶粉加工技术

青稞虽然具有丰富的营养保健功能，但是其口感粗糙，这是制约其产品发展的主要问题。除去青稞籽粒表层麸皮在一定程度上可以缓解青稞口感，但同时也使青稞部分营养功能组分流失。因此，利用膨化技术制备的青稞速溶粉，遇水即溶解，不分层，易于消化，口感好，且青稞营养成分不会被破坏。此外，青稞速溶粉中还可以添加猴头菇、灵芝、红枣、黑芝麻等，使其营养成分更加丰富，有利于人们的身体健康，提高人们的体质。

（一）工艺流程

青稞速溶粉加工工艺流程见图 5-11。

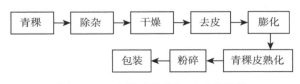

图 5-11　青稞速溶粉加工工艺流程

（二）操作要点

1. 除杂　选取无霉变的青稞，去除瘪粒、石子、泥沙，将除杂后的青稞用水淘洗，去除青稞中的杂草、秸秆。

2. 干燥　对清洗后的青稞进行干燥，使其水分含量为10%～15%。

3. 去皮　对干燥后的青稞进行去皮，得青稞麸皮和青稞胚乳粒。

4. 膨化　将青稞胚乳粒投入膨化机中膨化，膨化温度为290～310℃，压力为1.2～1.7MPa，膨化时间为5～10min。

5. 青稞皮熟化　向青稞皮中添加水制成糊状，然后送往蒸汽辊筒进行熟化干燥，干燥条件为蒸汽压力0.4～0.6MPa，时间为40～60s。

6. 粉碎　将膨化好的青稞粒、熟化后的青稞皮、猴头菇、灵芝、红枣、黑芝麻按一定的比例混合，然后粉碎成250～350目的超微粉，得青稞速溶粉。

（三）主要设备

剥皮机、膨化机、粉碎机、混合机。

六、全谷物青稞面筋加工技术

近年来我国倡导食品行业以全谷物为原料，生产健康食品，以满足消费者对绿色、健康食品的消费需求。谷类中糖类一般占重量的75%～80%，蛋白质含量为8%～10%，脂肪含量为1%左右。此外，还含有矿物质、维生素和膳食纤维。目前，市场上的面筋产品种类繁多，传统的麻辣面筋休闲食品具有高糖、高盐、高热量的缺点，且使用了较多的化学添加剂，通过添加过量防腐剂以达到延长产品货架期的目的，对人体健康不利。同时，还存在着滥用非食用原料、生产环境较差、工艺流程不合理等亟待解决的问题。为了让更多消费者吃上安全健康的面筋食品，有必要提供一种低糖、低盐、低热量且富含膳食纤维、谷物营养的全谷物健康面筋。

（一）工艺流程

全谷物青稞面筋加工工艺流程见图5-12。

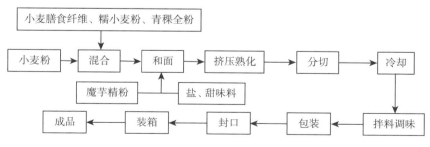

图5-12　全谷物青稞面筋加工工艺流程

（二）操作要点

1. 混合　配方：小麦膳食纤维粉 2％～6％、糯小麦粉 3％～9％、魔芋精粉 0.3％～0.9％、青稞全粉 4％～20％、盐 4％～5％、甜味料 4％～4.5％、水 20％～25％、余量为小麦粉。将小麦粉、小麦膳食纤维粉、糯小麦粉和青稞全粉倒入混合机中，盖上混合机密封盖，启动搅拌开关搅拌 5s 以上。

2. 和面　按配方称量魔芋精粉、盐和甜味料，加入水中，搅拌至溶解均匀，然后倒入混合机中，盖上密封盖后启动开关搅拌 10s 以上，在搅拌的状态下，打开出料口，将混合粉排出。

3. 挤压熟化　混合粉经自动灌粉线输送至单螺杆挤压机，将喂料螺杆的转速控制在 200～250r/min，在挤压机内物料受到高强度的剪切作用和挤压作用产热并熟化，然后在高压下从机头模孔处挤出，得到初成品。

4. 分切、冷却　初成品在输送带上经预冷后，被切刀切成标准规格长度的棒状半成品，半成品在传输带上自然冷却 3～5min。

5. 拌料调味　半成品经传输带被输送到拌料机中，待拌料机中半成品达到规定重量后，传送带自动停止加料，加入事先称量好的调味料，启动拌料机搅拌至少 2.5min。

6. 包装、封口、装箱　调味后的半成品经包装、封口后，打件装箱入库。

（三）主要设备

混合机、和面机、挤压机、拌料机。

第三节　青稞方便粥产品加工

粥是以谷物为主要原料加水熬煮而成，清淡适口，老少皆宜，容易被人体消化吸收，是一种理想而方便的营养食品。粥作为我国一种传统早餐，在早餐消费总量中占 15％以上。中国人习惯将喝粥当作一种养生方法。但是传统粥的做法离不开厨房，食用场合固定，食用不方便，保质期短，不适合工业化生产。方便粥是将煮好的粥制成成品或半成品，只需要稍加处理或不需处理即可食用。

方便粥根据食用方式可分为两种：不脱水米粥或即食米粥，如市面上的八宝粥，主要通过各种添加剂来维持粥的各种感官特性；脱水米粥，如膨化方便粥，食用前需进行复水处理，主要通过加工过程和干燥处理来提高最终产品的复水率。由于脱水米粥具有老化回生严重且复水后米汤不够黏稠等缺点，目前广为大众接受的是即食米粥，但即食米粥口味集中度非常高，如桂圆莲子八宝粥占据了极大的市场份额，并且消费者普遍认为八宝粥中食品添加剂的添加有害健康。因此，寻求健康谷物为原料制备即食米粥产品来满足市场的需求已经迫在眉睫。脱水方便粥是继方便米饭、方便面之后发展起来的另一种方便食品，由于它具有便捷、营养的特点，使其市场需求不断增加，发展迅速，已有与传统八宝粥市场一争高下的发展势头。尽管冲调型方便粥粉已经越来越得到消费者的喜爱，但是其口味传统、用料单一、创新力度不足，在一定程度上限制了方便粥的发展。当今，国人对饮食的要求日益增高，最常见的粥是大米粥、八宝粥，如果在粥中加入具有保健功效的谷物，不但可以增加方便粥的口感，而且可以增加居民粗粮摄入量，必然具有广阔的市场前景。

青稞是目前 β-葡聚糖含量最高的麦类作物，其 β-葡聚糖的平均含量为 6.57%，最高可达 8.62%，是小麦平均含量的 50 倍。β-葡聚糖作为一种可溶性膳食纤维，具有多种显著的生理活性。因此，选用青稞为原料制备方便粥产品符合现代人对健康的消费需求。

一、低血糖生成指数青稞粥

现有的方便粥粉产品大多熟化后淀粉消化速率提高，增加了餐后血糖快速升高的风险。近年来，新的糖类分类依据——食物的血糖生成指数（GI）受到了人们的极大关注，糖类类型不同，消化吸收率不同，餐后血糖水平会明显不同。以 GI 理论指导特殊人群的饮食具有重要的营养学意义。通常 GI 值在 55 以下的食物为低 GI 食物，大于 70 的为高 GI 食物，55～70 为中 GI 食物。因此寻求低 GI 值杂粮为原料制备方便粥产品更符合现代人的生活节奏和健康需求。

青稞是目前 β-葡聚糖含量最高的麦类作物，β-葡聚糖作为一种可溶性膳食纤维，起到降糖作用。同时，青稞也是谷物中 GI 值最低的作物。因此采用青稞为原料制作低血糖生成指数青稞粥可为高糖病人或糖尿病人提供主粮的选择。

（一）工艺流程

低血糖生成指数青稞粥加工工艺流程见图 5-13。

图 5-13　低血糖生成指数青稞粥加工工艺流程

（二）操作要点

1. 原料预处理　黄豆、红小豆及杏仁均用沸水预煮 20min，经冷水冷却后沥干备用。

2. 混料　将青稞、枸杞与处理好的黄豆、红小豆及杏仁进行充分混合。

3. 料液配制　将水加热至 85～90℃，加入膳食纤维、木糖醇、魔芋粉、甘蔗提取物及苹果提取物并充分搅拌，维持料液温度在 85～90℃。

4. 灌装　利用自动填米机将混色之后的物料分装于碗内，利用自动灌装机将料液灌于碗内。

5. 封口　采用二次封口方式使用高阻隔碗膜进行封口，封口温度为 180～190℃。

6. 杀菌　升温至（123±1）℃，于 0.22～0.23MPa 条件下灭菌 35min 进行灭菌熟化。

（三）主要设备

自动填米机、封口机、自动灌装机。

（四）类似产品

采用低血糖生成指数青稞粥的加工技术，可以用黑青稞配合一定比例的虫草、百合干、人参果、枸杞、花生、白木耳、百合干、桂圆肉、藜麦、山药等辅料制成口味不同、功能不同的青稞粥产品。

二、青稞方便粥加工技术

青稞方便粥是一种冲泡型杂粮制品，它需要经过一定的前处理（蒸煮、干燥）后冲泡才能食用。首先通过常规高温蒸煮使原料中的淀粉迅速糊化，然后利用复合干燥等手段形成一种脱水半成品。相对于方便米饭而言，方便粥需要更高的糊化程度和更好的复水率以达到短时间内就能复水完全的目的，因此需要更复杂的加工流程。

（一）工艺流程

青稞方便粥加工工艺流程见图 5-14。

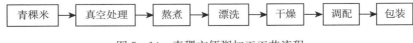

图 5-14　青稞方便粥加工工艺流程

（二）操作要点

1. 选料　挑选优质青稞米作为原料，水分含量为 10%～13%。

2. 真空处理　在真空干燥机中放入青稞米，真空表压力 0.9～1.5MPa，时间 20～60min，降低青稞米中水分含量并使米粒表面出现明显裂纹。

3. 熬煮　将经真空干燥后的青稞米直接投入沸水中，米粒表面形成薄薄的糊化淀粉层，对后续加工工艺起到促进作用。

4. 漂洗　熬煮结束后，将煮好的青稞米粒用冷盐水进行漂洗，将多余的淀粉液去除，否则制作出来的方便粥的复水性非常差。

5. 干燥　将熬煮好的青稞米粥放入金属托盘中，物料厚度保持在0.3～0.8cm，然后进行干燥。

6. 调配　将青稞米粥与槐米、桑椹干、枸杞干、白砂糖、食盐、瓜尔豆胶进行调配。

7. 包装　方便粥的包装要求具有阻光性、密封性好、耐高温等条件。

（三）主要设备

真空干燥机、蒸煮锅、调配锅、包装机。

（四）类似产品

有学者报道了萌芽青稞方便粥的制备方法。首先采用萌发技术将青稞与其他杂粮、豆类萌发，谷物萌芽长度≤0.5mm，豆类原料萌芽长度≤1mm。然后将萌芽类食物加水蒸至绵软，冷却，在−40～−20℃条件下真空冻干，使含水量控制在6%以下，得到萌芽青稞方便粥。

三、青稞方便粉加工技术

前面在青稞膨化产品加工中介绍了利用挤压膨化技术制备青稞速溶粉的加工技术。除此之外，还有部分学者报道了利用酶解和喷雾干燥、微波熟化的方法制备青稞代餐粉的加工技术。此技术能有效提取和富集青稞中的有效成分，制备的青稞代餐粉具有更好的溶解性和口感。

（一）工艺流程

青稞方便粉加工工艺流程见图5-15。

图5-15　青稞方便粉加工工艺流程

（二）操作要点

1. 调浆　大豆分离蛋白直接加水容易结块，将其先与青稞面粉混合再加水不易形成较大的结块。生物碳酸钙在酶解前加入可以提高酶的活性，降低酶的用量，并加快液化速率。

2. 过胶体磨　可以防止物料结块，使淀粉酶与青稞淀粉充分接触，有利于酶解反应。

3. 液化　通过耐高温α-淀粉酶液化，降低了料液黏度，防止产品放置过程的老化，改善产品的冲调性。在95℃、pH 6.5、加酶量200U/g的条件下水解20min，青稞粉还原糖含量达到15%左右，喷雾得到的产品具有较好的速溶性和较好的口感。

4. 调配 喷雾前加入溶解好的白砂糖、柠檬酸、稳定剂，混合均匀。稳定剂的加入不仅使冲调后的产品具有顺滑的口感和较好的稳定性，而且有利于喷雾干燥的进行。

5. 浓缩 调配好的浆液浓缩至一定浓度，才能使喷雾后的产品具有更好的速溶性。

6. 喷雾干燥 为了使产品具有好的冲调性，选用喷雾干燥法。

7. 二次调配 香精等热不稳定物质需要在喷雾干燥后通过二次调配的方式加入，以保证获得最佳品质的产品。

8. 过筛 将二次调配后的产品过筛，使产品充分混匀。

（三）主要设备

酶解罐、胶体磨、调配罐、浓缩器、喷雾干燥机、筛选机。

（四）类似产品

有学者报道了采用微波熟化和干燥的方法制备青稞魔芋营养糊的方法。先采用微波将原辅料进行熟化，然后低温粉碎至 $100\sim200$ 目，制得的粉末均匀混合，再用微波对混合物进行杀菌处理，制得产品后包装即为成品。此外，青稞还可以与芝麻糊、其他杂粮粉、莲藕粉及一些药食同源产品混合制备口味多样、功效不同的青稞代餐粉。

第四节　其他青稞方便产品加工

青稞除了被加工成烘焙产品、膨化产品及方便粥类产品外，还可以采用其他突破传统谷物加工的方式制作出不同类型的产品。本节就这些产品的加工技术做简要的介绍。

一、青稞含片加工技术

将具有药用功效的薄荷和橙皮粉添加到黑青稞或其他颜色青稞中制备含片，对于食用者可以起到清新口气的作用，适合食用油腻食品时使用；橙皮粉中含有大量的维生素 C，其味清香，有明显的提神、通气和清凉作用，具有广泛的实用性和开发价值。

（一）工艺流程

青稞含片加工工艺流程见图 5-16。

去皮 → 灭菌 → 打磨 → 混合调香 → 加热 → 烘干 → 压片 → 储存

图 5-16　青稞含片加工工艺流程

（二）操作要点

1. 制备黑青稞熟粉　将新鲜青稞去皮，用臭氧气体进行表面杀菌处理，通过高速离心喷雾干燥机进行清洗，得到干净青稞粒，将青稞粒进行护色处理，将护色处理后的青稞粒在电热鼓风干燥箱温度 86～92℃ 下烘干 30～45min，用胶体磨打磨至细度为 310～510 目，制得黑青稞熟粉。

2. 混合调香、加热、烘干　将制备的黑青稞熟粉、奶粉、橙皮粉、淀粉加热至 65～75℃ 后再加入糖粉，继续在 50～55℃ 条件下在锅中加热混合，得到黑青稞含片混合粉。向混合粉中加入淀粉和薄荷粉，搅拌均匀。

3. 压片　用压制机将混合粉压制成直径为 1～2.5cm 的含片，得到黑青稞含片成品。

4. 储存　将黑青稞含片成品在温度 18～25℃ 条件下于罐中干燥储存。

（三）主要设备

电热鼓风干燥箱、高速离心喷雾干燥机、压制机、胶体磨。

（四）类似产品

有学者报道了将青稞发酵后制成酵素粉，然后与青稞提取物、茶多酚、五味子、益智仁、刺五加等提取物按照一定的比例混合均匀，过筛、制粒、压片、包装而成为产品，该产品在一定程度上具有提高免疫力的作用。

另外，将青稞熟化后粉碎，与全脂奶粉混合，再加入一定比例的麦芽糖醇、木糖醇和柠檬酸，充分搅拌均匀，然后使其充分干燥，粉碎，过 80～200 目筛。在干燥、过筛后的混合粉中加入润湿剂，制成粒度大小为 20～40 目湿粒。最后将湿粒干燥，干燥条件为 60～80℃，6～8h，制成干粒水分含量为 4%～4.5%，压片，制得产品。

二、青稞冰激凌加工技术

冰激凌是一种含有优质蛋白质及高糖、高脂的食品，另外还含有氨基酸及钙、磷、钾、钠、氯、硫、铁、维生素等，具有调节生理机能、保持渗透压和酸碱度的功效。因其有极强的解暑功效，在夏季尤为盛行，尤其是孩子以及年轻人对其十分喜爱。目前的冰激凌通常以牛奶、奶粉、奶油（或植物油脂）为原料进行制造，这些食物容易引发肥胖，且其口味不够醇正、自然。同时这类冰激凌食用过多容易引发高血糖、高血脂、高血压等疾病，给人们带来较大的危害。

随着社会的发展，人们已渐渐意识到营养膳食的重要性，尤其是谷类食物，谷类食物以其成分天然、营养均衡、健康无害等特性越来越受到人们的欢迎。因此将谷物添加到冰激凌配方中，可以充分利用谷物的有益作用改善普通冰激凌的潜在危害，使冰激凌具有低脂、高蛋白、高营养的优点，同时拓展了谷物的深加工用途，提高其附加值。

（一）工艺流程

青稞冰激凌加工工艺流程见图 5 - 17。

图 5 - 17　青稞冰激凌加工工艺流程

（二）操作要点

1. 清洗、烘干　青稞清洗后烘干至含水量为 18%～22%，微波灭菌。

2. 炒制　炒制的温度为 175～185℃，炒制的时间为 30～60s。

3. 研磨　炒制后的青稞先粗磨至 70～90 目，然后再细磨至 270～300 目。

4. 混合、精制　将除水外的各成分（青稞粉、红景天、海藻、奶粉、砂糖、葡萄糖浆、奶油、食用胶）混匀，然后将混合粉与 40～60℃ 的水混合，常温静置 10～20min，用冰激凌机打出原味的或调味的冰激凌，即可加工成食用冰激凌。

（三）主要设备

清洗机、烘干机、炒制机、粉碎机、超微粉碎机、混料机、冰激凌机。

（四）类似产品

基础谷物在常温下用水浸泡 1h，经过筛选、浸泡萌发、磨浆、分离提取，再离心分离不溶性成分，取可溶部分进行均质乳化处理，均质乳化处理是将其中的蛋白质液体调至偏碱性，调节 pH 为 7～8，使其与基础谷物本身所含的油脂在高速剪切力作用下形成蛋白-油脂微胶囊；经过喷雾干燥制得蛋白-油脂微胶囊干粉，即基础粉，将呈味植物粉添加后得到调味粉；将原味冰激凌或调味冰激凌的各配方加水搅拌均匀后，用冰激凌机就可打出原味的或调味的冰激凌，即可食用。

三、青稞酸奶冰激凌加工技术

随着冰激凌产品的种类越来越丰富，在酸奶冰激凌的基础上添加青稞全谷物，可以更好地提高酸奶冰激凌的营养特性。青稞加到酸奶冰激凌中，在酸奶冰激凌原本营养价值的基础上，更丰富了其膳食纤维、β-葡聚糖等营养成分。

（一）工艺流程

青稞酸奶冰激凌加工工艺流程见图 5 - 18。

图 5-18　青稞酸奶冰激凌加工工艺流程

（二）操作要点

1. 青稞浆的制备　将青稞粉碎过 200 目筛，取筛下物为原料，120℃炒制，至有麦香味。选择料液比为 1∶4，糊化温度 60℃，糊化时间 10min，液化时间 20min，液化温度 65℃，液化 pH 6.5。液化后产品进行离心后得到上清液。

2. 混合　青稞浆 5%～7%，酸奶 50%～60%，全脂奶粉 4%～5%，蔗糖 13%～15%，黄油 4%～5%，CMC-Na 0.15%，黄原胶 0.1%，瓜尔豆胶 0.1%，分子蒸馏单甘酯 0.3%，饴糖 3%，其余为饮用水。

3. 均质　采用均质机将混合物料进行均质处理一定时间。将料液充分混匀，此过程是体系颗粒变小的过程，可提高冰激凌与物料的水合性，最终使成品的组织均匀、细腻，青稞在产品中的分布更加均匀。

4. 老化　老化是指混合体系中的物料在 2～4℃的低温下冷藏 3.5h，使混合物料体系在物质间相互作用达到成熟。

5. 凝冻　混合物料在凝冻机中强制搅拌条件下进行冰冻。

（三）主要设备

混匀机、离心机、高压均质机、冰柜、凝冻机。

四、青稞杞蜜加工技术

青稞营养极其丰富，具有高蛋白质、高纤维、高维生素、低脂肪、低糖的特点。青稞还含有丰富的维生素和多种有益于人体健康的无机元素钙、磷、铁、铜、锌硒等，这些物质对促进人体健康发育有积极的作用。

枸杞是我国重要的药用植物资源和药食同源的名贵中药材，枸杞的主要化学成分有枸杞多糖、枸杞黄酮、甜菜碱、类胡萝卜素及多种氨基酸，还包括酚类、有机酸和 SOD 等活性物质，具有增强免疫力、降血脂、抗脂肪肝、抗肿瘤、抗衰老、抗应激等多种生理功能和保健功能，因此深受国内外市场欢迎。

以青稞和枸杞为原料，制备成具有独特风味、纯天然、高品质的青稞杞蜜，产品口感醇正、营养丰富，具有饮用、滋补双重作用。

（一）工艺流程

青稞杞蜜加工工艺流程见图 5-19。

（二）操作要点

1. 青稞液制备　青稞与水按重量比 1∶（2～3）混合，0.10～0.13MPa，

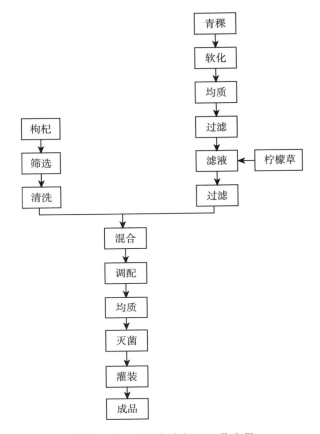

图 5-19 青稞杞蜜加工工艺流程

105～121℃软化 5～6min，软化后的青稞与水按重量比 1∶（15～25）混合，打浆，过滤，制得青稞液。

2. 调配 柠檬草和青稞液按一定重量比混合，78～85℃浸提 20～60min，过滤，收集滤液，得调配青稞液。

3. 混匀 枸杞和调配青稞液按重量比（1～1.2）∶1 混合，打浆，均质，制得青稞枸杞液。

4. 杞蜜制备 青稞枸杞液中按配方添加果葡糖浆、调味剂和稳定剂，混合均匀，制得青稞杞蜜。

（三）主要设备

均质机、灌装机。

五、青稞年糕加工技术

年糕通常意义上是指将黏性较大的糯米或米粉蒸成的糕。年糕在我国具有悠久的食用历史，是汉族的传统食物，更是农历春节的特色食品。但年糕存在营养成分单一、能量过高、不易消化、易回生、保质期过短的问题。青稞具有独特的保健作用，青稞中的淀粉都是支链淀粉，能够解决年糕保质期过短的问题，回生现象没有传统原料制作的年糕严重，可以延长青稞年糕的贮藏保鲜期。

（一）工艺流程

青稞年糕加工工艺流程见图 5-20。

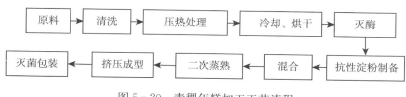

图 5-20　青稞年糕加工工艺流程

（二）操作要点

1. 原料处理　将青稞、糯米清洗干净后先在清水中浸泡 3～4h，然后在压力为 0.4～0.5MPa、温度为 110～115℃的条件下压热处理 50～60min，自然冷却，在 65～70℃的条件下烘干、磨成粉后制成浓度为 18% 的乳液。

2. 灭酶、抗性淀粉制备　加入 2U/g 的淀粉酶和 0.8U/g 的普鲁兰酶，在 60℃的温度下进行灭酶处理 5～6h，干燥后得到抗性淀粉。

3. 混料　将蔗糖脂肪酸酯与水按 1∶9 的重量比混合，在 75℃的水浴锅中加热至完全溶解，得到乳化液，备用；将猕猴桃去皮后榨汁，香菇、芸豆加水煮熟后磨浆，然后加入猕猴桃汁混合均匀，得到混合浆液，备用；将裙带菜、青笋洗净后加水磨浆，然后加入纤维素酶水解 2～3h，过滤后得到水解液，备用。

4. 二次蒸熟　将抗性淀粉、蔗糖、乳化液、混合浆液、水解液、牛骨髓粉、香草粉、甘露醇、蜂胶粉、奇亚籽粉混合均匀后加入总质量 60% 的水搅拌均匀，然后放入沸水锅中蒸熟，取出，冷却至 55～60℃时再次放入锅中进行二次蒸熟，得到混合熟料。

5. 挤压成型、灭菌包装　将混合熟料趁热送入年糕成型机中挤压成型，冷却切片后灭菌包装，即得青稞年糕。

（三）主要设备

磨粉机、烘干机、混料机、蒸制机、挤压成型机。

（四）类似产品

绿茶味木香健胃青稞年糕配料：青稞、糯米、蔗糖、鱼子、红曲米、猪皮冻、番茄、丝瓜、珍珠菜、绿茶粉、豆渣、鸡内金、木香、蔗糖脂肪酸脂、淀粉酶适量、普鲁兰酶适量。

杭白菊清热青稞年糕配料：青稞、糯米、蔗糖、紫苏籽粉、可可粉、黄豆芽、竹果肉、龙须菜、椰汁、鱼胶粉、杭白菊、百合、白果仁、蔗糖脂肪酸脂、淀粉酶适量、普鲁兰酶适量。

罗汉果清热祛火青稞年糕配料：青稞、糯米、蔗糖、葛根粉、西葫芦、番木瓜、冬瓜、野菊花、桂皮粉、葡萄籽、罗汉果、玉竹、枇杷、蔗糖脂肪酸脂、淀粉酶适量、普鲁兰酶适量。

桂圆益气健脾青稞年糕配料：青稞、糯米、蔗糖、鱼蛋白粉、糜子粉、荸荠、核桃、大豆多肽粉、迷迭香粉、莴笋、桂圆肉、白术、茯苓、蔗糖脂肪酸脂、淀粉酶适量、普鲁兰酶适量。

山茶花甘蓝青稞年糕配料：青稞、糯米、蔗糖、山茶花、甘蓝、菱角、魔芋、绞股蓝、黑蒜、干贝、牛奶粉、砂仁、松花蛋、冻干粉、蔗糖脂肪酸脂、淀粉酶适量、普鲁兰酶适量。

咖啡味补肾强筋青稞年糕配料：青稞、糯米、蔗糖、海松子酒、咖啡豆、蜂胶粉、鱼露、补骨脂、甜菊糖苷、腰果、鸡肉粉、五加皮、杜仲、蔗糖脂肪酸脂、淀粉酶适量、普鲁兰酶适量。

香菇芸豆营养青稞年糕配料：青稞、糯米、蔗糖、香菇、芸豆、裙带菜、牛骨髓粉、香草粉、甘露醇、猕猴桃、青笋、蜂胶粉、奇亚籽粉、蔗糖脂肪酸脂、淀粉酶适量、普鲁兰酶适量。

五味子双黄益气补血青稞年糕配料：青稞、糯米、蔗糖、啤酒糟、猴头菇、山竹、苦瓜、鸭蛋黄冻干粉、板栗、黄精、党参、五味子、黄芪、蔗糖脂肪酸脂、淀粉酶适量、普鲁兰酶适量。

六、青稞杂粮果冻

果冻是一种西方甜食，呈半固体状，外观晶莹，色泽鲜艳，口感软滑。随着果冻市场需求的迅速扩大，果冻行业逐步形成产业，发展至今天，我国已经超过日本成为世界上最大的果冻生产国和销售国，而随着人们生活观念的改变，果冻产品的未来主流趋向天然化、功能化。目前，市场所售的果冻主要是由果冻胶、甜味剂、增稠剂、香精等调料调制而成，大部分产品的保健功能非常有限，营养价值很低，有的果冻加入了过量的人工合成色素和防腐剂，不但没有保健作用，而且对消费者的健康有害。将青稞作为果冻原料可以充分利用青稞的营养健康特性，弥补现有果冻的危害性，赋予果冻新的理念和风味，同时拓展了青稞的用途和产品种类。

（一）工艺流程

青稞杂粮果冻加工工艺流程见图 5 - 21。

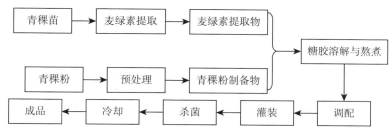

图 5 - 21　青稞杂粮果冻加工工艺流程

（二）操作要点

1. 产品配料　青稞粉制备物、青稞麦绿素提取物、卡拉胶、蔗糖、柠檬酸、苹果酸、氯化钾、香味剂、水。

2. 青稞粉的预处理　将青稞粉与水按重量比为 2∶1 的比例混合匀浆，加入耐高温淀粉酶，90℃、pH6.8、酶量 200U/g 的条件下水解 20min，获得青稞粉制备物。

3. 青稞麦绿素的提取　选择优质的青稞苗，冷水浸泡后洗涤干净，以1∶3 的比例将青稞苗与水匀浆，40℃下浸提 2 次，每次 2h，压榨过滤后浓缩得到青稞麦绿素提取物。

4. 糖胶的溶解与熬煮　将青稞粉制备物、青稞麦绿素提取物、卡拉胶、蔗糖、氯化钾、香味剂按照配比混合均匀并投入温度为 90℃的溶解容器中，充分溶解 4h 后，经 100 目过滤器过滤。

5. 调配　降温至 70～80℃并向混合胶液中加入柠檬酸和苹果酸，混合均匀。

6. 灌装与杀菌　升温至 90℃，在保持物料均匀的情况下进行灌装和封口，随后对果冻进行热水喷淋式杀菌，热水温度控制在 93℃左右，时间持续4～5h。

7. 冷却、成品　在 30～40℃的冷却水中冷却 15min，获得青稞果冻成品。

（三）主要设备

酶解罐、烘干机、混料机、灌装机、杀菌机。

（四）类似产品

在青稞果冻产品基础上，一些学者也报道了青稞与其他杂粮或药食同源的资源复配混合制作杂粮果冻产品。例如以青稞、荞麦和黑豆作为主要原料，配以西柚、苹果、樱桃制成的果汁及茉莉花、干荷叶、桂花、玫瑰花提取物，过滤，真空浓缩，得到浓缩液，再将得到的超细粉、果汁滤液、浓缩液以及具有增稠、增味及防腐功能的刺槐豆胶、田菁胶、甜菊糖、酸奶和乳酸链球菌素充分混合，加热灭菌后封口冷却，即可制得青稞杂粮果冻。该果冻不仅口感爽滑、风味独特、营养丰富，还具有清凉降火、健脾开胃和排毒养颜的功效。还有一些学者尝试了利用青稞中主要功能成分 β-葡聚糖，辅配山楂提取物、甘草提取物、白砂糖、明胶、甘油研制出一种降脂保健果冻，所制得的降脂保健果冻具有口感佳、安全、防噎、入口即化的特点。

七、青稞速溶奶茶

青稞速溶奶茶是以青稞为主要原料，通过全脂奶粉、茶粉及奶精的调味，再添加白砂糖或食盐，使青稞奶茶呈甜味或咸味，从而增加人们对不同口味奶茶的选择范围。本产品速溶率高、营养丰富、口感好、食用方便，是户外补餐良品，既能为食用者提供日常所需的能量和营养，又能提供一种有青稞奶茶味、口感好的饮料。

（一）工艺流程

青稞速溶奶茶加工工艺流程见图 5-22。

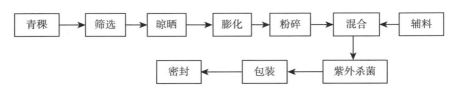

图 5-22　青稞速溶奶茶加工工艺流程

（二）操作要点

1. 速溶青稞粉原料处理　选取饱满的青稞粒，过滤除杂，清洗，沉淀30min，取出青稞粒，自然风干后，将青稞粒放入旋转炒锅中焙炒，直至使青稞粒爆裂，取出，晾凉，然后进行制粉，将备好的青稞粒放入分级取粉的磨粉机中，细度为 90 目，直至最后剩余麸皮为总青稞粒重量的 5%，将以上等级粉混合均匀，备用。

2. 混合　取全脂奶粉、茶粉、奶精、甜味剂、食盐及食用香精，分别烘干至含水量为 5%～10%，按质量份数计，分别称取青稞粉、全脂奶粉、茶粉、奶精、白砂糖、食盐及食用香精，在混合器中混合均匀，得混料。

3. 紫外杀菌、包装、密封　将混料进行紫外杀菌，然后包装和密封。

（三）主要设备

焙炒机、磨粉机、混料机。

第六章

青稞酒产品加工

酒（liquor）是以淀粉类粮食或含糖量较高的水果等为原料，经微生物或酶制剂糖化，再经酵母发酵，或酵母直接发酵的具有一定酒精含量的液体。根据生产方式不同，酒可以分为酿造酒（fermented liquor）、蒸馏酒（distilled liquor）和配制酒（compound wine）三大类。酿造酒也称为原汁酒，是谷物或者水果等经过发酵、过滤后得到的非蒸馏酒，酒度一般在 4°～18°，这种酒除了含有酒精和水外，还含有糖、氨基酸和肽等营养物质。蒸馏酒是将经过微生物发酵后得到的酒醅（醪）或发酵酒，以蒸馏的方式，提取其中的酒精和香气等成分而获得的含有较高酒精度的液体，蒸馏酒除含有乙醇外，还含有挥发性风味物质，酒度一般为 38°～65°，目前也有 25°或 30°的蒸馏酒。配制酒，也称混配酒（mixed liquor），通常是以蒸馏酒或酿造酒作为主要原料，加上果汁、香料或/和药用动植物等调配得到的酒。

本章将对蒸馏酒中的青稞白酒及酿造酒中的青稞啤酒、青稞黄酒、青稞米酒、青稞干酒的生产工艺及其操作要点等进行叙述。由于配制酒是以酿造酒或蒸馏酒为原料加工得到的，与发酵关系不大，本书将不予介绍，感兴趣的读者可以参考其他相关书籍。

第一节　青稞白酒

白酒是我国对蒸馏酒的一种称谓。白酒是利用淀粉或糖质原料（谷物），以酒曲作为糖化发酵剂，一般采用固体发酵工艺，以边糖化边发酵的方式进行糖化发酵，蒸馏、陈酿、勾兑而成的无色（或微黄）、透明的液体。其酒精浓度通常在 40%以上，经贮存老熟后，具有以酯类为主体的复合香味。

一、青稞白酒

青稞酒是青海地区特有的产品，主要是以青稞、豌豆和大豆为主要原材料，用大曲、小曲及酒母等作为糖化发酵剂，经过一系列复杂的化学反应酿制而成。青稞酒清亮透明，具有青稞特有的香气和口感。由于其饮后不上头、不口干、醒酒快、不含有害健康的添加剂等特征，适量饮用使人面色红润，精神焕发，能够起御寒、抗缺氧的功效作用，在经济不断发展的今天，青稞酒越来越受到追求健康人群的青睐。

（一）工艺流程

青稞白酒加工工艺流程见图6-1。

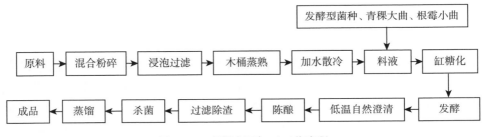

图6-1 青稞白酒加工工艺流程

（二）操作要点

1. 发酵菌种制备 将经活化的发酵菌丝体接种于液体培养基中发酵培养，得发酵型菌种。

2. 原料称量 以青稞、大米和糯米为原料，其重量比为1∶（0.5～1）∶（0.3～0.6）。

3. 浸泡 将原料用原料总重量1～3倍的热水浸泡，热水的温度设置为60～80℃，浸泡3～6h，过滤得到浸泡料。

4. 蒸煮发酵 将浸泡料加到带盖的木桶里蒸熟，清蒸50min后加10%的水冷至18～28℃，然后加入占蒸熟料总重量0.5%～1.2%的发酵菌、青稞大曲和根霉小曲并拌匀，加入发酵缸中，于20～24℃密封发酵10～20d，得到酒醅。

5. 澄清、陈酿、蒸馏 发酵完成后，7～10℃低温自然澄清，陈酿15～30d，经过滤除渣后杀菌、蒸馏，即得青稞酒。

（三）主要设备

粉碎机、发酵缸等。

（四）类似产品

1. 清香型青稞白酒 将青稞粉和高粱粉混匀得酿酒原粮，加水润料；润料后加入清蒸糠壳，蒸粮，得到清蒸后的粮料；在清蒸后的粮料中补加水，然后与母糟混匀，摊凉，加入大曲进行发酵20～40d，得到大曲清香型青稞酒醅；在大曲清香型青稞酒醅中加入清蒸糠壳，蒸馏，收集酒液，即得清香型青稞酒。

2. 浓香型青稞白酒　将青稞粉和高粱粉混匀得酿酒原粮，加水润料；将润好的原粮与酿酒母糟、清蒸糠壳混合，装甑蒸馏，出甑后得到粮糟；向粮糟中补加水，摊凉后加入大曲，入窖发酵 40～60d，得到浓香型青稞酒醅；向浓香型青稞酒醅中拌入润好的原粮、清蒸糠壳，蒸馏，收集酒液，即得浓香型青稞酒。

3. 酱香型青稞白酒　首先是下沙，将原辅料进行润粮、拌和、蒸粮、摊凉加曲、堆积、发酵；其次进行糙沙，润粮、蒸粮、摊凉加曲、堆积、发酵，取 1 轮次出酒，重复摊凉加曲、堆积、发酵这三个步骤 6 次，取 2～7 轮次酒，分轮次、分香型贮存后，按不同轮次、不同比例勾调而成。

二、多粮型青稞苦荞白酒

随着人们消费意识和生活水平的提高，健康酒、保健酒逐渐得到重视，市场规模越来越大。多粮型青稞苦荞白酒以苦荞、青稞和粮食作物为原料，选择合适酒曲，采用粮食和酒糟混蒸混烧，将酒糟反复使用，大幅度提升酒糟品质。成品综合了苦荞和青稞的香味，酒香更加醇厚，降低了传统青稞酒的苦味和辣味，口感更佳。

（一）工艺流程

多粮型青稞苦荞白酒加工工艺流程见图 6-2。

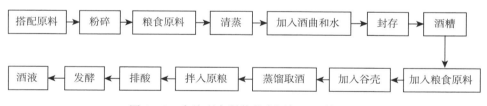

图 6-2　多粮型青稞苦荞白酒加工工艺流程

（二）操作要点

1. 原料混合　按高粱 30%～45%、糯米 15%～35%、大米 15%～35%、蒸熟的青稞 10%～25%、苦荞 10%～20%、玉米 6%～15% 的重量比例搭配粮食原料，各种粮食原料粉碎，并过 20 目以上筛。

2. 清蒸　粮食混合粉碎后加入 20%～40% 粮食原料总质量的谷壳，用水蒸气清蒸 30～45min。

3. 酒糟的制备　粮食摊凉至 15～25℃后，加入酒曲和水，下窖封存 40～70d 得到酒糟。

4. 蒸馏取酒按照质量比 1∶（3～5）　向酒糟中加入再次清蒸好的粮食原

料，然后蒸馏取酒。

5. 排酸 蒸馏取酒后再加入粮食原料总质量10%～20%的谷壳进行排酸。

6. 成品 将排酸后的酒糟取出，降温，加入酒曲下窖，发酵后取出再采用"步骤4"进行取酒。

（三）主要设备

粉碎机、酒窖。

第二节　青稞啤酒

啤酒是世界上产量最大、酒精含量最低的酒种，其营养非常丰富。由于啤酒先于其他酒类出现在人类的生活中，因此被称为"酒类之父"。啤酒酿造历史悠久，根据考古发现，啤酒酿造距今大约已有6 000年的历史。

中国是20世纪初才从欧洲大陆引进啤酒的。当前，中国每年啤酒的消耗量位居世界第一，达到4 000多万t。2016年我国啤酒年产量达到4 506万t，是世界第一大啤酒生产国。

一、青稞啤酒

青稞啤酒是指添加青稞或者用青稞麦芽原料酿造的啤酒，主要是指以青稞麦芽为主料酿造的新型营养型啤酒。其成品泡沫洁白细腻，持久挂杯，既有啤酒花的香味、柔和协调的口感，又有青稞的芳香和保健功效，是普通啤酒和青稞典型特征的完美结合，具有饮料、酒用、保健三重功效。

（一）工艺流程

青稞啤酒加工工艺流程见图6-3。

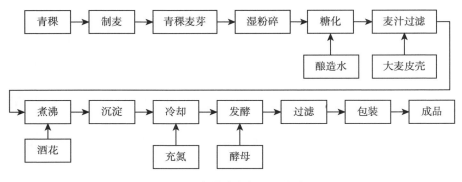

图6-3　青稞啤酒加工工艺流程

（二）操作要点

1. 原料选择与配比　原料为青稞麦芽，其含量为 100％，每吨啤酒添加酒花 0.5kg，采用全麦芽糖化工艺。

2. 湿粉碎　青稞麦芽用 0.05MPa 的蒸汽处理 30～200s，增湿后粉碎。

3. 糖化　将粉碎好的青稞麦芽送入糖化锅进行糖化。

4. 过滤、煮沸、沉淀、冷却　用大麦芽皮壳作为过滤介质，麦汁加压煮沸，在 0.04～0.1MPa 的压力下加压煮沸 120～140min，酒花分三次添加。

5. 发酵　主发酵温度 9～12℃，整个发酵周期 40～50d，贮酒时间 30d 以上，过滤。

6. 包装　60～62℃杀菌 30min，包装即为成品。

（三）主要设备

麦芽培养箱、糖化锅、糊化锅、粉碎机、杀菌机。

（四）类似产品

目前，以青稞为原料，发酵制得多种青稞啤酒，包括青稞黑啤、青稞浅色啤酒、玛咖青稞啤酒、青稞红曲啤酒、桑葚青稞啤酒，产品种类丰富，深受人们的喜爱。这些产品的生产工艺较为接近，以桑葚青稞啤酒为例，将新鲜、成熟的桑葚去杂并清洗干净，转入温水中热烫后，加入护色剂进行护色，经过打浆、酶解、榨汁、过滤、灭酶、杀菌后得桑葚汁，可将其与青稞麦芽汁混合后发酵酿造成具有极高营养价值和保健功能的桑葚青稞啤酒。另外，添加不同辅料可制备出不同风味、不同口感及特殊营养保健功效的青稞啤酒。

二、青稞精酿啤酒糖化技术

在青稞啤酒酿造过程中，糖化过程是非常重要的步骤。糖化是指利用麦芽中含有的及辅料添加的各种酶类，在水和热力的作用下，将麦芽和辅料中的高分子物质及其分解产物（如淀粉、蛋白质、半纤维素、植酸盐等）、中间分解产物逐步水解并溶解于水的过程。糖化的目的就是将原料中的可溶性物质浸渍出来，并且创造有利于各种酶作用的条件，使不溶性物质在酶的作用下变成可溶性物质而溶解，从而得到尽可能多的浸出物、含有一定比例的麦芽汁。糖化阶段是啤酒风味物质产生最多的阶段，各种氨基酸、糖类、维生素都是在这一阶段产生。

为提高糖化效率，国内大多数的青稞啤酒厂家在糖化过程中加入大米粉或者玉米淀粉混合青稞麦芽粉进行糖化，有的甚至直接使用淀粉制品和淀粉配制剂进行反应，以节约糖化成本，提高收得率。但是，这样的糖化方法会导致青稞啤酒的持泡性和质量稳定性降低，影响青稞啤酒的口味和推广。为解决此类问题，提出了青稞精酿啤酒糖化技术。

（一）工艺流程

青稞精酿啤酒糖化工艺流程见图 6-4。

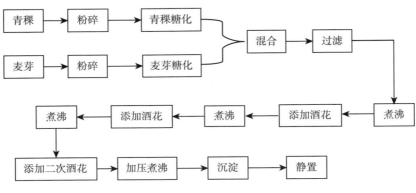

图 6-4　青稞精酿啤酒糖化工艺流程

（二）操作要点

1. 粉碎　将需要进行糖化的青稞和麦芽进行粉碎制得麦芽粉和青稞粉，其中青稞的水分含量为 10%～30%。

2. 麦芽糖化　将麦芽粉和水按照 1∶（3～4）的比例进行混合制得醪液。

3. 青稞糖化　将青稞粉、着色麦芽和特殊麦芽按照 7∶2∶1 的比例混合，将混合后的青稞粉、着色麦芽和特殊麦芽浸入 30～40℃ 温水中保持 10～30min，得到醪液，将醪液升温至 51～53℃，保持 20min。

4. 过滤　将上述步骤中所得到的醪液进行混合，将混合后的醪液泵入过滤槽中进行过滤，制得清亮麦汁。

5. 煮沸　将得到的清亮麦汁在煮沸锅中敞口煮沸 10min 后添加第一次酒花，煮沸 30～45min 后添加第二次酒花，达到煮沸终了浓度时将煮沸锅封盖加压煮沸 90～100℃，保持 15min。

6. 沉淀　将煮沸的麦汁放入回旋沉淀槽中静置 30～40min，除去麦汁中的大分子蛋白、酒花溶解后的多余物质、热凝固物，得到清亮麦汁。

（三）主要设备

麦芽培养箱、糖化锅、糊化锅、粉碎机、超滤装置。

三、青稞红曲鲜啤

鲜啤酒又称为"生啤"，是指不经巴氏灭菌或瞬时高温灭菌，而采用物理方法除菌，达到一定生物稳定性的啤酒，这种啤酒原汁原味，鲜美可口，营养更为丰富，但保质期短是它的缺点。鲜啤酒最大限度地保留了啤酒的生命活力，口味鲜美，消费者的接受度更高。

（一）青稞红曲鲜啤酿造的工艺流程

青稞红曲鲜啤酿造的工艺流程见图6-5。

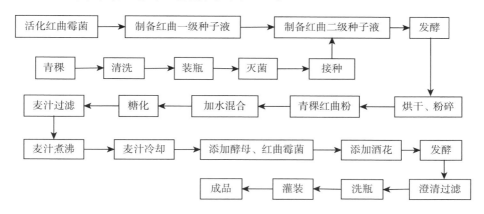

图6-5　青稞红曲鲜啤酿造的工艺流程

（二）操作要点

1. 红曲种子液的制备

（1）活化红曲霉菌。将保存好的红曲霉菌转接到PDA培养基上活化3～5d，PDA培养基组成配方为马铃薯200g、葡萄糖20g、琼脂15～20g、自来水1 000mL，pH自然。

（2）制备红曲一级种子液。将活化后的红曲霉菌转接到30L液体发酵罐中培养，发酵罐中液体培养基的组成及其制备同PDA，但不加琼脂。调节发酵罐温度为28～32℃，湿度为50%～60%，转速为150r/min，培养3～5d，得红曲一级种子液。

（3）制备红曲二级种子液。将红曲一级种子液转接到300L液体发酵罐中培养，发酵罐中液体培养基的组成及其制备同PDA，但不加琼脂。调节发酵罐温度为28～32℃，湿度为50%～60%，转速为150r/min，培养3～5d，得红曲二级种子液。

2. 青稞红曲的制备

（1）清洗、装瓶。青稞清洗后，装入1L发酵瓶中，料水比为1：1.2，封口。

（2）灭菌。将装瓶后的青稞放入高压灭菌锅中灭菌30min，灭菌条件为0.1MPa，121℃。

（3）接种。将灭菌后的青稞接入红曲二级种子液，接种量为15%～20%

（V/V）。

（4）发酵、收曲。将接种后的青稞放入培养室中培养 7～20d，培养室温度为 28～30℃，湿度为 70%～80%。将发酵结束的青稞红曲烘干，粉碎，得青稞红曲粉。

3. 青稞红曲鲜啤的制备

（1）原料、辅料选用。以青稞芽、麦芽为原料，大米、玉米或黑米中的一种或多种混合物为辅料，并将其粉碎，要求细粉含量＞60%，粗粒含量为 20%～30%，皮壳含量 8%～15%。

（2）投料。按照粉碎度要求粉碎后的青稞芽或麦芽、大米粉等按比例混合后，按照料水比为 1：0.5 进行糖化，即糖化醪液。

（3）糖化工艺。48℃ 投料（40min）→52℃（10min）→63℃（10min）→72℃（10min）（碘试不变色）→78℃过滤。

（4）麦汁过滤。糖化结束后，将醪液尽快进行固液分离（即过滤）。过滤采用过滤槽法。起始流量控制在 40m³/h，回流时间确定在 15min，过滤温度控制在 75℃，残糖控制在 2.0～2.5°Bx，洗槽方式定为 3 次洗槽，每次用 4 000L 洗糟水，并使最终麦汁浓度为（15.5±0.5）°P。

（5）麦汁煮沸。麦汁过滤后，加入青稞红曲粉，需要通过煮沸得到符合工艺要求的麦汁。煮沸时间为 30min，并添加酒花，酒花添加量为 0.05%，酒花分 3 次添加，煮沸初添加 50%，煮沸 10min 添加 25%，煮沸终了前 10min 添加 25%，定型麦汁浓度为（15.5±0.5）°P。

（6）麦汁冷却。为了合理地控制起发温度，鲜啤酒生产的麦汁冷却温度也要较低，将冷却温度控制为 6～8℃，冷却时间为 60min，同时充氧。糖化阶段结束后，得到青稞红曲鲜啤麦汁。

（7）发酵工艺。

①添加酵母、红曲霉菌。在青稞红曲鲜啤麦汁中加入啤酒酵母种子液以及红曲种子液 10^5CFU/mL，啤酒酵母种子液、红曲种子液的体积比例为 5：2，加入麦汁发酵罐中，酵母添加量为 0.6%，啤酒酵母分两次加入，使满罐后酵母数控制在 $1.5 \times 10^7 \sim 2.0 \times 10^7$CFU/mL，充氧量控制在 6～10mg/L。

②发酵温度、糖度、压力控制。接种温度控制在 25℃，主发酵温度为 28～30℃，pH 控制为 3.5～5.5。主发酵时间为 5～7d。每 4h 检测发酵罐糖度，当糖度降至（5.0±0.3）°P 时，升压至 0.05～0.1MPa；在双乙酰浓度不大于 0.1mg/L 时，进入降温阶段，并以每天降 2℃ 的速度降温到 —5℃。

③添加酒花。当温度下降到 20℃ 时，将 120～180g/100L 的酒花直接加入

发酵液中，也可通过酒花袋悬挂或者酒花网等向发酵液中加入酒花，发酵
5～7d，即得青稞红曲鲜啤初品；在进入发酵之前，先对酵母扩培，储存罐采
用蒸汽灭菌，灭菌时间为 30min，灭菌温度为 112℃；发酵罐先采用 2% 的冷
碱进行冲洗，冲洗时间为 30min，冲洗温度为 5℃，再用 5℃ 的无菌水进行冲
洗 10min。

（8）澄清过滤。将青稞红曲鲜啤初品在 −5℃ 条件下采用无菌过滤机进行
澄清过滤，即得红曲鲜啤。对过滤机的要求为：过滤机的过滤能力大，过滤后
酒的损失少、质量好，过滤不影响酒的风味。

（9）洗瓶、灌装。将 50L 不锈钢桶或不锈钢内胆、带保温层的保鲜桶清
洗干净后，用紫外线灭菌 30min。灌装青稞红曲鲜啤时，要求每桶都清亮透
明，浅满一致。

（10）成品。装桶封口后，经鼓风机吹除桶底及桶身的残水，即得青稞红
曲鲜啤成品。

（三）主要设备

啤酒生产线。

（四）类似产品

将酥油茶与青稞红曲啤酒相结合，得到一种酥油茶风味青稞红曲啤酒，产
品不仅保留其独特的风味，而且营养价值更高。

第三节　青稞黄酒

黄酒是我国古老的酒种之一，品种繁多。黄酒是以谷物为原料，在酒药和
麦曲等所含有的多种微生物的共同作用下，进行开放式的"双边发酵"，将原
料中的淀粉糖化，酵母利用糖生成酒精，蛋白质和脂肪等成分经微生物作用后
变成了有机酸、氨基酸、酯以及杂醇油，由于营养物质丰富，素有"液体蛋
糕"的美称。随着人们生活水平的提高和保健意识的增强，黄酒特有的绿色、
营养、保健功效受到越来越多消费者的青睐。

一、青稞黄酒

以青稞为主要原料制取青稞黄酒，属于青稞低度酒技术领域。这种黄酒产
品具有度数低、口感好、营养成分丰富、易于保存和运输、无污染等特点，有
较强的人体保健功效，是适宜大众饮用的酒品。

（一）工艺流程

青稞黄酒加工工艺流程见图 6－6。

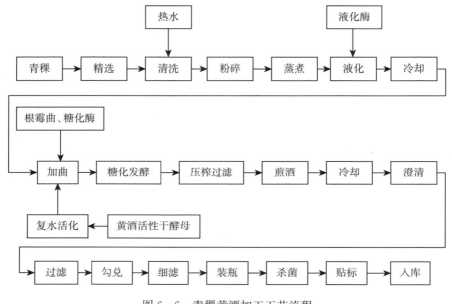

图 6-6　青稞黄酒加工工艺流程

（二）操作要点

1. 原料的选择　要求原料青稞颗粒饱满，无霉烂、虫蛀、变质等现象，淀粉含量在 60% 以上，水分含量 14% 以下。

2. 清洗　原料经过精选后按要求清洗干净，除去泥沙等杂质，清洗后沥干。

3. 粉碎　原料青稞的粉碎度为 3～5 瓣，要求细粉越少越好。

4. 蒸煮　采用夹套式蒸煮罐蒸煮 60min，然后液化，液化结束后冷却降温。

5. 加曲　待温度降至 32～35℃ 时即可加入活化后的黄酒活性干酵母，待温度降至 20～22℃ 时入罐进行糖化发酵，并将酸度调到 0.2% 左右。

6. 入罐条件　要求料水比为 1∶3.5，入罐温度为 18～20℃，前期发酵品温不得超过 32℃，发酵期为 25～30d。

7. 煎酒　煎酒温度控制在 85～90℃，约 60min 后冷却。

8. 澄清　主要是用澄清剂进行澄清，防止浑浊或沉淀的产生。

9. 勾兑调味　取澄清后的上清液进行勾兑和调味，然后采用硅藻土过滤机进行粗滤和细滤。

10. 杀菌　采用喷淋式杀菌机杀菌，杀菌温度为 90℃，时间为 30min。

（三）主要设备

喷淋式杀菌机、夹套式蒸煮罐、粉碎机、糖化锅、硅藻土过滤机。

二、红景天青稞茶酒

传统茶酒是以糯米为原料，以茶叶为辅料，或辅以其他的原料发酵或者配制而成的饮用酒的统称，茶酒兼具茶与酒的特点，是一种集营养、保健为一体的低醇、低糖饮料酒。我国茶酒的研制与加工始于 20 世纪 40 年代。茶酒具有降血脂的功能，可用于预防心血管疾病，其发展前景广阔，具有巨大的市场潜力。红景天青稞茶酒是以红景天茶饮料为原料，采用青稞黄酒的生产方法制备而成的，成品酒色泽淡黄、晶莹透明、香气自然，茶酒同饮、药食同源。

（一）工艺流程

红景天青稞茶酒加工工艺流程见图 6-7。

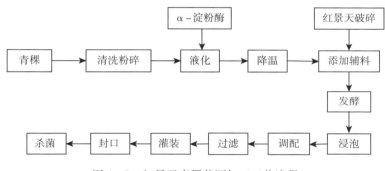

图 6-7　红景天青稞茶酒加工工艺流程

（二）操作要点

1. 原料处理　对青稞进行清洗、粉碎，加入 α-淀粉酶进行液化，接着降温至 30℃以下，然后将红景天粉碎。

2. 添加发酵剂及酶　将酒曲、糖化发酵剂、酸性蛋白酶加入罐中发酵。

3. 浸泡　将 40 倍的纯净水加热到 90℃，将茶加入，浸泡 10min，浸泡后尽快降温至 30℃以下，过滤后再作调配用茶。

4. 白砂糖和蜂蜜的处理　加原料 1 倍的纯净水，加入白砂糖和蜂蜜，控温在 80℃，搅拌条件下完全溶解，恒温 30min，再加入硅藻土助滤剂 0.1%，过滤后迅速冷却。

5. 调配　将各物料依次溶解加入，并用纯净水调配。

6. 过滤　用硅藻土过滤机过滤至澄清透明。

7. 灌装、封口、杀菌　灌装、封口后采用蒸汽杀菌机进行杀菌，杀菌温度 90℃，恒温 60min。

（三）主要设备

粉碎机、发酵罐、蒸汽杀菌机。

三、红曲青稞酒

近几年，随着人们生活水平和健康意识的提高，人们更加关注酒的营养与健康，对于酒类产品消费的多元化趋势越来越明显。红曲青稞酒以青稞为主要原料，以红曲替代传统青稞酒发酵工艺中的青稞大曲，采用"清蒸、清烧、一次清"的工艺路线。另外，在此工艺基础上，对青稞中的葡聚糖及红曲中的色素同时进行提取，并将其加入青稞酒中，使青稞酒在功能上以及外观上都有其独特的特点。

（一）工艺流程

红曲青稞酒加工工艺流程见图6-8。

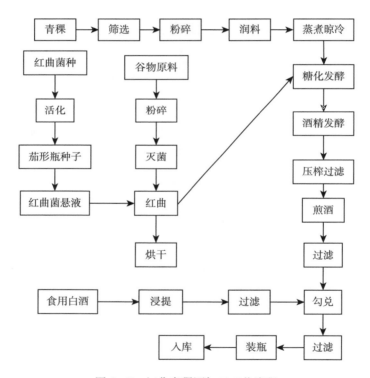

图6-8 红曲青稞酒加工工艺流程

（二）操作要点

1. 制备红曲及红曲浸出液

（1）制备红曲菌悬液。将红曲斜面菌种转接到活化培养基上活化，在茄形瓶内装培养基制成斜面，将活化后的红曲菌种接种到茄形瓶斜面培养基上进行培养，将无菌水加到长满红曲菌的茄形瓶中，刮洗红曲菌，制成红曲菌悬液。

（2）粉碎。将筛选后的谷物原料粉碎。

（3）灭菌。采用高压锅进行蒸煮，蒸煮压力为 0.15MPa，蒸煮时加水量为 50%～60%，蒸煮时间为 30min。

（4）红曲发酵。灭菌结束后，谷物原料温度降至 30℃左右时，加入 5% 红曲菌悬液，30℃ 环境发酵 5～10d。

（5）烘干。取发酵产物的 1/3 置于烘箱中，60℃ 烘 8h。

（6）浸提。烘干的红曲，按 50～250 倍加入 38%～60% 的纯粮白酒，浸泡 2～3d 后，60℃ 超声提取 3 次，每次 5～6h。

（7）过滤。将红曲浸提液过滤，即得红曲浸出液。

2. 筛选　青稞原料要求颗粒饱满，无杂质，无霉烂。

3. 粉碎　用粉碎机将筛选后的青稞粉碎，过 20～40 目筛，使细粉量不超过 20%，整粒粮量不超过 0.5%。

4. 润料　青稞粉碎后，加入原料重量 40%～70% 的水，加盖放置 30～60min。

5. 蒸煮　采用高压锅进行蒸煮，蒸煮压力为 0.15MPa，蒸煮时加水量为润料后青稞的 50%～60%，蒸煮时间为 30min。

6. 晾冷　蒸煮结束后，冷却至 30℃。

7. 糖化发酵　加入 0.8% 的根霉曲、5%～10% 的红曲，调整料水比为 1∶3.5，在 28℃ 条件下发酵 48h。

8. 提取 β-葡聚糖　糖化结束后，对青稞采用超声提取 β-葡聚糖，料水比为 1∶15，超声时间 30min，超声次数 2 次，温度为 70℃。

9. 酒精发酵　超声结束后，待温度降低为 20～28℃ 时，添加 0.4% 的酵母，酵母预先用 2% 的糖水进行活化 30min，并控制发酵温度为 30℃，发酵 8d。

10. 成品　对发酵液进行压榨过滤，得到青稞酒滤液；滤液在 65～75℃ 进行煎酒，25～35min 后冷却过滤；将青稞酒滤液和红曲色素滤液按照一定比例进行调配、过滤、装瓶、入库，在适宜条件下贮存。

（三）主要设备

粉碎机、发酵罐、蒸煮锅、高压灭菌锅。

（四）类似产品

随着人们对身体健康的重视，有助于人体健康的青稞酒越来越受到消费者的欢迎。添加具有不同功效的成分，可制备出不同风味、不同功效的青稞酒。例如青稞玛咖酒中添加了富含高营养素的玛咖，玛咖具有滋补强身的功用，长期食用会使人感觉体力充沛、精力旺盛；富硒黑枸杞青稞酒，在二次发酵过程中加入黑枸杞、当归、人参、藏红花、葡萄籽，并使用富硒水，制备出的产品既具有青稞酒清香醇厚、绵甜爽净的独特风味，又具有抗氧化、清除自由基、抗癌、增强人体免疫力、抗衰老等效果。

第四节　青稞米酒

米酒是我们祖先最早酿制的酒种，几千年来一直受到人们的青睐。米酒是以米类（主要是大米类）为原料，加酒曲、酵母等发酵剂边糖化边发酵而成的产品，包括半固体产品和液体产品。半固体产品有醪糟（如酒酿、甜酒、江米酒），各地品种浓淡不一，含酒精量较少，属于低度酒，口味香甜醇美，含酒精量极少；液体产品包括酿造米白酒以及部分黄酒。米酒具有较高的营养价值，除含有 20 多种氨基酸外，还含有丰富的短肽和维生素。米酒对血管紧张素转化酶活性有很强的抑制作用，且具有一定的抗疲劳和提高免疫力的功效。

一、青稞米酒

青稞米酒以青稞为原料，综合青稞的特殊营养成分及青稞发酵的特殊功效，具有调理肠胃、防癌抗癌、治疗便秘的功效，口感良好，老少皆宜。

（一）工艺流程
青稞米酒加工工艺流程见图 6-9。

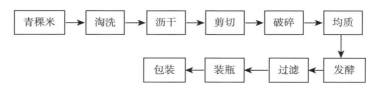

图 6-9　青稞米酒加工工艺流程

（二）操作要点
1. 原料处理　将青稞米用 40～45℃温水淘洗 5～8min，捞起，摊在簸箕里滤干水分。

2. 青稞米粉制备　滤干水分后采用动态高压微射流超微化技术，剪切、破碎和均质后得青稞米粉。

3. 酶解　向 45～55g 青稞米粉中加入青稞米粉总质量 2.5 倍的水，按照每克青稞米粉 150 个酶活力单位的比例加入糖化酶。

4. 添加酵母　按照每克青稞米粉中加入 2～2.5mg 白酒活性干酵母的比例加入白酒活性干酵母，混合均匀。

5. 发酵　在 30～32℃条件下厌氧发酵 8～10d。

6. 过滤 过滤发酵液得滤液和滤渣，将滤液静置即得青稞米酒。

（三）主要设备

超微粉碎机、酶解罐、发酵罐、过滤机。

二、苦荞青稞米酒

苦荞青稞米酒将苦荞芽与青稞芽结合，其发酵成品具有特殊功效和香甜口味，其抗氧化、抗衰老、促进肠道蠕动等作用尤为突出，是老少皆宜的营养佳品。

（一）工艺流程

苦荞青稞米酒加工工艺流程见图 6-10。

图 6-10 苦荞青稞米酒加工工艺流程

（二）操作要点

1. 原辅料处理 将苦荞芽及青稞芽分别粉碎，混匀。放至蒸锅中蒸煮5min，晾至室温，备用。

2. 菌种活化

（1）将甜酒曲溶于凉开水中，按照 1g 甜酒曲溶于 350mL 凉开水的比例将其溶解。

（2）将酿酒酵母溶于凉开水中，按照 1g 酿酒酵母溶于 150mL 凉开水的比例将其溶解。

3. 发酵

（1）将活化好的甜酒曲接种到煮好的混合原料中，搭成窝状，并将其密封，放入 28℃无菌培养箱中培养一周。

（2）将活化好的酿酒酵母接种到已经发酵好的醒糟中，将其密封，放入25℃无菌培养箱中培养 5d。

4. 过滤 用无菌纱布或过滤机将其过滤装罐。

（三）主要设备

蒸锅、发酵箱、过滤机。

第五节 青稞干酒

一、青稞干酒

青稞干酒是近年来开发的新型青稞酒，以青稞为原料，经浸泡、蒸煮、糖化、发酵、压榨、澄清、调配及过滤等先进的酿酒生产工艺加工而成，将青稞加入耐高温 α-淀粉酶搅拌后压扁，发酵温度不超过 30℃，静置 3～4d 后澄清过滤得青稞原酒，制备过程中采用单宁澄清、皂土澄清、冷冻处理以及硅藻土过滤、深层过滤、微孔滤膜过滤处理，酿制出总糖含量少于 15g/L 的青稞干红、青稞干白酒。制成的青稞干酒质量完全符合国家对黄酒干型酒的要求，同时其感官品质具有青稞干酒本身独特的典型性，并且在装瓶后能够在长时间内保持感官品质的稳定性。

(一) 工艺流程

青稞干酒加工工艺流程见图 6-11。

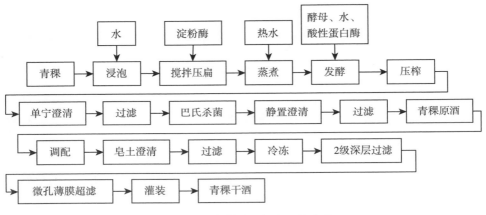

图 6-11 青稞干酒加工工艺流程

(二) 操作要点

1. 青稞原料选择 酿造青稞干白的优良品种为"青海黄""绿青 1 号"两个品种。酿造青稞干红的青稞优良品种为黑青稞和紫青稞。应使用收获时间不超过一年的青稞，不收购陈年青稞，青稞无霉变、虫蛀、水浸等现象。

2. 浸泡 青稞浸泡时间随季节变化而定，一般夏季 4d，冬季 5d。衡量浸泡效果的指标为浸麦度，其计算公式如下：

$$浸麦度 = \frac{(青稞浸后重量 - 原青稞重量) + 原青稞水分}{青稞浸后重量} \times 100\%$$

当浸麦度达到 47% 左右即可停止浸泡。浸泡期间每天换水 2 次，以免酸败。

3. 压扁与拌料 将淀粉酶与浸泡好的青稞搅拌均匀，通过双辊压面机将青稞压扁，使耐高温的 α-淀粉酶得以进入青稞组织内部，以便有利于淀粉糊化的顺利进行。

4. 蒸煮糊化 压扁、拌料好的青稞，经螺旋输送机输送至蒸饭机中进行蒸煮，待青稞熟料降温至 16～26℃ 后将其输送到前发酵槽。

5. 发酵　青稞熟料投入发酵槽后应及时摊平，添加糖化酶、活性干酵母进行半固体发酵。当有浓郁的酒香和二氧化碳释出，且熟料也变成稀稠状时，开动搅拌器开耙，同时控制发酵温度不超过 30℃，并添加酸性蛋白酶促进发酵。发酵后期往发酵罐中通入无菌、无油的压缩空气，促进发酵，使之发酵彻底。当发酵醪酒度达到（12±1）% vol、残糖量<13g/L（总糖）时即可出罐压榨。

6. 压榨、单宁澄清　用螺杆泵将发酵醪输入已装好洁净滤布的气膜压滤机进行压榨取酒。添加单宁使之与酒中的蛋白质形成絮状沉淀，使酒中的淀粉、碎皮等悬浮微粒下沉，达到澄清的目的。添加单宁后静置 3～4d，将上清酒通过硅藻土过滤机过滤至澄清。

7. 巴氏杀菌　通过全自动控温的薄板热交换器将酒加热至 80～90℃，保持 5min，随即冷却至 25℃左右。静置澄清 3～5d，分离上清酒，通过硅藻土过滤机过滤至澄清。

8. 调配　根据酒的色泽情况，提高或降低酒的色强度至标准范围，根据化验结果添加所需食用柠檬酸，以乳酸计，使总酸含量达到 6～7g/L 的产品要求，同时调整游离二氧化硫含量达到（30±10）mg/L。

9. 澄清、冷冻　往配成的酒中加入 0.1%～0.3% 的经充分膨润的皂土，进行澄清处理。静置澄清 4～5d，分离清酒，经硅藻土过滤机过滤至澄清，泵入冷冻罐中冷冻。

10. 除菌、过滤、灌装　青稞酒的灌装采用无菌冷装瓶的灌装工艺。冷冻合格的酒贮于贮酒罐中，通过自然回温或者通过薄板热交换器使酒的温度接近于室温，经过 2 级深层过滤（第一级滤膜要求滤孔直径<1μm，第二级滤膜要求滤孔直径<0.5μm）后，再经过微孔薄膜超滤，要求其滤孔直径<0.45μm，方可进行灌装。

（三）主要设备

双辊压面机、糊化锅、螺杆泵、气膜压滤机、硅藻土过滤机、全自动控温的薄板热交换器、冷冻罐、微孔薄膜、冷装瓶。

二、酿酒工艺中保留有色青稞表皮颜色的技术

青稞籽粒颜色多样，具有黑色、紫色、蓝色、白色等颜色，其中紫色青稞、黑色青稞、蓝色青稞因含有丰富的花青素类物质而比普通青稞具有更好的抗氧化活性。但是有色青稞的花青素具有一定的不稳定性，因此花青素在酿酒过程中损失大。在此介绍一种酿酒工艺中保留紫青稞表皮颜色的技术方法。

（一）工艺流程

酿酒工艺中保留紫青稞表皮颜色的工艺流程见图 6-12。

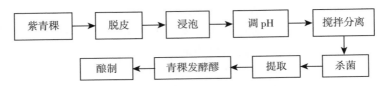

图 6-12 酿酒工艺中保留紫青稞表皮颜色的工艺流程

（二）操作要点

1. 浸泡 将脱皮后的紫青稞倒入浸麦罐，用纯水浸泡青稞（脱皮后的紫青稞和纯水比例为 3：3.5），并采用柠檬酸调节 pH 为 3.5～4.5，浸泡时间为 24h。

2. 搅拌分离 将浸渍液体和青稞充分搅拌后，分离，得到浸麦水。

3. 杀菌 将浸麦水加热至 90℃，维持 10min 以杀菌，进行提取，得到紫红色的青稞花青素提取液。

4. 制备带有紫红色的青稞发酵酒 将紫红色的青稞花青素提取液加入青稞发酵缸内，或在后续调配中添加，酿制得到带有紫红色的青稞发酵酒。

（三）主要设备

脱皮机、高压灭菌锅、发酵缸。

第七章

青稞发酵食品加工

发酵食品是食品工业中的重要分支，广义而言，凡是利用微生物的作用制取的食品统称为发酵食品。发酵和腐败之间有着明显的区别。发酵是指对糖类物料的分解作用和对蛋白质肽键的破坏，发酵过程一般释放出二氧化碳和氨基酸或多肽；而腐败与微生物对蛋白质的一般性作用有关，腐败过程释放出的物质可能含有二氧化碳，但其代表性的气体是硫化氢和含硫的蛋白质分解产物。

近年来，发酵食品日益受到人们的重视，利用发酵技术可提高原始农产品的经济价值，解决食品供应不足的难题，同时，借助于微生物作用，不但使原料的质地得到改善，风味有所增进，营养价值大为提高，而且使产品的稳定性提高，便于贮藏。

本章将以青稞为主线，主要介绍青稞酸奶、青稞甜醅、青稞酵素、青稞发酵粉、青稞醋、青稞纳豆的生产工艺及操作要点。

第一节　青稞酸奶

酸奶是以生牛羊奶或奶粉为原料，经杀菌、接入乳酸菌种或其他益生菌经乳酸发酵而成的产品。酸奶具有独特的风味及保健功效，因而受到消费者的青睐。乳品经发酵制成酸奶，不仅保存了其原有的营养成分（如丰富的钙源、各种氨基酸及多种维生素），同时乳中的部分物质（如乳糖、蛋白质和脂肪等）发生了一定的降解，可溶性钙和磷的含量相应提高。乳酸菌发酵后使牛奶中的乳糖水解为均是单糖的葡萄糖和半乳糖，有乳糖不耐症的人群喝了酸奶也不会感到不适，因此酸奶深受消费者的喜爱。

一、搅拌型青稞酸奶

青稞酸奶是在传统酸奶的加工工艺的基础上，添加青稞制备出的口感独特、风味优良、功能性好的产品，对人体健康有着较大的益处。酸奶与青稞的结合，使酸奶有了青稞的清香味，消费者在食用酸奶的同时还能品尝到整粒的青稞。

（一）原料配方

青稞酶解液 4％～6％，整粒青稞 9％～11％，白砂糖 7％～9％，稳定剂 0.12％～0.19％，菌种（保加利亚乳杆菌和嗜热链球菌，质量比为 1：2）4％～6％，牛奶 82.81％～87.88％。

（二）工艺流程

搅拌型青稞酸奶加工工艺流程见图 7-1。

图 7-1　搅拌型青稞酸奶加工工艺流程

（三）操作要点

1. 原料处理

（1）青稞酶解液。将除杂的整粒青稞清洗后炒至有 50％裂开，粉碎后过 200 目筛，加水调成糊状，在沸水浴中糊化 10min，冷却后加入 14.5U/g α-淀粉酶，78.8℃水浴保温 63.2min，然后加热灭酶，制得青稞酶解液，备用。

（2）牛奶。新鲜牛奶经检测，使其标准化。

（3）整粒青稞。取除杂后的整粒青稞，用烧开的水浸泡 4h，然后煮 1h，再蒸 40min，得到整粒熟青稞，备用。

2. 混合、杀菌　将牛奶与青稞酶解液混合，加入 9％白砂糖，进行巴氏灭菌，冷却至 40℃。

3. 接种、发酵　加入总量 6％的菌种和总量 0.15％的稳定剂，在 38～40℃培养发酵 3～5h，发酵成熟后放入 4～6℃保存，制成搅拌型青稞酸奶基料备用。

4. 均质　取整粒青稞与青稞酸奶基料混匀，60MPa 条件下均质，酸度控制在 75°T。

（四）主要设备

酶解罐、发酵机、均质机、灭菌机。

（五）类似产品

目前市场上以黑米青稞酸奶为主，将发酵后的酸奶添加熟青稞、熟黑米等辅料，搅拌均匀后罐装后熟，其成品口感柔和，质地嫩滑，且有米香味，老少皆宜，具有高蛋白、低脂肪，既可以当营养早餐，也可以当休闲食品。

二、青稞红曲酸奶

青稞红曲，是以青稞为主要原料，以红曲霉菌为功能微生物进行深层固态发酵制得的。目前，国内将青稞红曲应用到食品领域的研究相对较少，已知的有青稞红曲茶、青稞红曲酒等，将其应用到奶制品开发领域上的研究相对较少，下面介绍一种青稞红曲酸奶的生产工艺。

（一）工艺流程

青稞红曲酸奶加工工艺流程见图 7 - 2。

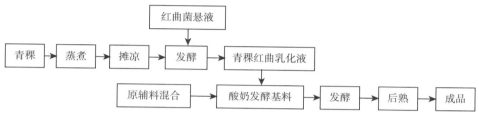

图 7 - 2　青稞红曲酸奶加工工艺流程

（二）操作要点

1. 制备青稞红曲乳化液

（1）制备红曲菌悬液。将红曲斜面菌种转接到培养基上活化，在种子瓶内装液体培养基，接入红曲菌种，放入摇床培养 3～5d，制成红曲菌悬液。

（2）蒸煮。青稞清洗后沥干，加 4～5 倍量的水蒸煮。

（3）摊凉。将蒸煮过的青稞沥干水分，摊开，冷却至 25～35℃。

（4）发酵。以 80～100mL/kg 的用量将步骤（1）制备的红曲菌悬液接种到步骤（3）得到的青稞上，发酵 5～6d，得青稞红曲。将青稞红曲烘干，粉碎，过筛，得青稞红曲粉，向青稞红曲粉中加 5～10 倍量的 85℃热水，浸泡 3h，加入乳化剂，粗磨后过胶体磨，磨至乳化完全，即为青稞红曲乳化液。

2. 制备青稞红曲酸奶

（1）原辅料混合。在洗净、灭菌的容器中依次加入脱脂奶 25～30 重量份、蔗糖 8～10 重量份，搅匀后充分溶解，得酸奶发酵基料。

（2）发酵、后熟。将青稞红曲乳化液 5～10 重量份与酸奶发酵基料混合，按照步骤（1）得到的酸奶发酵基料，加入 1g/kg 的直投式酸奶发酵剂，接种后搅拌 5min，使菌种均匀分布于容器中，并将容器置于 40～43℃保温发酵 6～8h，然后再将其送入 0～5℃的冷藏室内进行冷藏 8～10h，得青稞红曲酸奶。

（三）主要设备

胶体磨、过滤机、发酵罐。

第二节　青稞甜醅

　　甜醅是我国西北地区，特别是青海、甘肃、宁夏、陕西等地的民间小吃，受到当地汉族、回族、藏族等多民族消费者的青睐。它是以燕麦或者青稞为原料，借助甜酒曲经固态发酵工艺制作而成，醅粒饱满如果肉，醅汁甘甜似糖水，气味香甜如醇酒。甜醅作为一种地方传统小吃，经过多年的发展已经实现了工业化生产。本节将主要介绍青稞甜醅的工业化生产工艺。

一、青稞甜醅

（一）原料
　　青稞、甜酒曲。

（二）工艺流程
　　青稞甜醅加工工艺流程见图 7-3。

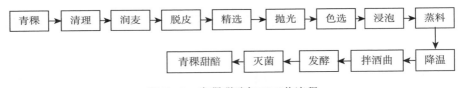

图 7-3　青稞甜醅加工工艺流程

（三）操作要点
　　1. 清理　取青稞放入市售的粮食机械中进行清理，得到净青稞。

　　2. 润麦　将水加入净青稞中润麦，得到含水青稞，含水量为 14%～18%。

　　3. 浸泡、蒸料　青稞米浸泡 24～26h，滤水后，在 100～110℃蒸煮 1～1.5h。

　　4. 拌酒曲　蒸后的青稞米降温至 34～35℃，每千克青稞米中加入 4～4.5g 甜酒曲，并搅拌均匀。

　　5. 发酵　拌入甜酒曲的青稞米在 32～34℃的恒温条件下，保温 24～36h。

　　6. 灭菌　青稞甜醅在温度为 120～145℃、压力为 0.2～0.3MPa 的条件下，灭菌 6～10min，在相同的温度和压力条件下，进行相同时间的二次灭菌，制得成品青稞甜醅。

（四）主要设备
　　抛光机、蒸煮罐、发酵罐、灭菌机。

（五）类似产品
　　益生菌型青稞甜醅，是以青海省优势资源青稞为原料，采用益生菌发酵技术、无菌灌装技术生产益生菌发酵青稞甜醅产品，其风味独特，营养成分丰富，且不加任保人工添加剂，是纯天然的青稞甜醅产品，能满足消费者对健康的需求，符合当前消费市场的需求。

二、青稞甜醅干

（一）工艺流程

青稞甜醅干加工工艺流程见图 7-4。

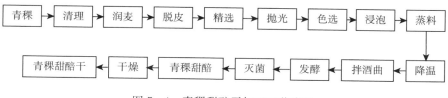

图 7-4　青稞甜醅干加工工艺流程

（二）操作要点

1. 清理　将青稞放入市售的粮食机械中进行清理，得到净青稞。

2. 润麦　将水加入净青稞中润麦，得到含水青稞，控制该含水青稞中水的质量占含水青稞总质量的 14%～18%。

3. 蒸料　将色选后的纯色青稞米浸泡 24～26h，滤水后，在 100～110℃的温度下，蒸 1～1.5h。

4. 拌酒曲　将蒸后的青稞米降温至 34～35℃，每千克青稞米中加入4～4.5g 甜酒曲，搅拌均匀。

5. 发酵　将拌入甜酒曲的青稞米在 32～34℃的恒温条件下，保温发酵24～36h，制得青稞甜醅。

6. 灭菌　将制备得到的青稞甜醅在温度为 120～145℃、压力为 0.2～0.3MPa 的条件下，灭菌 6～10min，之后，在相同的温度和压力条件下，进行相同时间的二次灭菌，制得成品青稞甜醅。

7. 干燥　成品青稞甜醅采用红外线干燥或冷冻干燥，干燥后水分控制在23%～25%。

（三）加工所需设备

清理机、抛光机、色选机、发酵罐、干燥机等。

第三节　青稞酵素加工技术

酵素一词来源于日本，是由日语对"Enzyme"的翻译而来的，酵素又被称为植物综合活性酶，是日本对酶的别称。狭义上，酵素是指一类催化生物化学反应的活性大分子，即现在所说的"酶"；广义上，酵素是指谷类、豆类、果蔬、菌菇或药食同源类等原料经微生物发酵得到的含有丰富的活性物质和功效酶的发酵食品，即我们常说的微生物酵素。酵素食品发酵技术是以水果、蔬菜、谷物以及药食同源食品为原料，以酵母菌、乳酸菌、醋酸菌等多菌种复合发酵，形成富含活性酶、有机酸和抗氧化活性物质等代谢产物的食品的技术。微生物发酵是通过微生物自身的中间代谢，使发酵基质产生一系列复杂的生物化学变化，使碳源及氮源如糖类、脂类、蛋白质发生转化，或为产生新的生理物质提供前体物质。发酵基质通过酵母菌、乳酸菌等微生物发酵，不仅可以改善发酵基质原有的一些不良风味，更重要的是可以产生一些新的功效成分，增加酵素食品的保健功能。

微生物酵素中的优势菌种有乳酸菌、酵母菌、曲霉等。这些微生物在发酵过程中自身会产生各种功能代谢需要酶，利用这些酶去分解底物大分子物质转换成小分子以供自身吸收，在这些物质代谢的过程中还会额外合成其他代谢产物（如各种维生素）或者只有微生物才能合成的特定物质（如各种抗生素）。从当前报道与市场调查来看，市场反馈良好的酵素产品大部分是用乳酸菌和酵母菌发酵成的酵素产品。

酵素发酵工艺尚未有统一的流程，大体上可分为两种：一种是多菌种混合接种并在发酵罐内进行无氧发酵的工艺流程，另一种是利用天然微生物群自然发酵，先有氧发酵后无氧发酵的工艺流程。目前学术界对酵素发酵工艺的研究仍在探索中。

一、青稞酵素

2014 年全球酵素产品销售额已达到 50 亿美元，且以后每年都有约 7% 的增幅。2015 年，我国政府制定了"健康中国"的目标，体现政府对人们健康的极大关注和人们对健康生活的迫切需求，随着消费者对于酵素认知的加深，大量的消费者开始关注酵素产品，酵素产品的市场十分巨大。

目前，商品化酵素种类多样，市场前景十分可观，市场非常繁荣，但在食用酵素上，相关研究大部分集中在糙米、果蔬、红茶等方面，对以青稞为原料的酵素产品研究相对较少。为了充分利用青稞的营养价值和保健功能，提高青稞附加值，人们将传统发酵工艺与现代设备相结合，发酵制备青稞酵素，满足区域性生产需求，延长产品生产链，充分发挥资源优势。

（一）工艺流程

青稞酵素加工工艺流程见图 7-5。

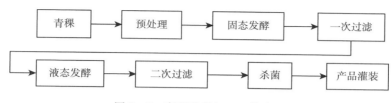

图 7-5 青稞酵素加工工艺流程

（二）操作要点

1. 预处理 将青稞原料去杂、去渣、去霉、筛选后，进行破碎，加入葡萄糖，再加入一定量的水，搅拌混匀，得到预处理混合物。

2. 固态发酵 将预处理混合物接种酵母菌种，搅拌均匀，固态发酵后得到固态发酵产物。

3. 一次过滤 将固态发酵产物稀释后打浆，离心后过滤，得到一次过滤上清液。

4. 液态发酵 一次过滤上清液中接种益生菌菌种，搅拌均匀，液态发酵后得到液态发酵产物。

5. 二次过滤 将液态发酵产物压滤后澄清，得到青稞酵素液。

6. 产品灌装 在杀菌后通过产品灌装，将产品制成饮品。也可经过浓缩、干燥，得到青稞酵素粉末，此粉末可以冲泡饮用。

（三）主要设备

超微粉碎机、搅拌机、离心机、发酵罐、杀菌机。

二、青稞红曲酵素

青稞红曲，是以青稞为主要原料，以红曲霉菌为功能微生物进行深层固态发酵制得。其中青稞是西藏的特色生物资源，含有丰富的膳食纤维、β-葡聚糖、蛋白质、维生素及微量元素等，具有很高的营养价值和功效，如预防肠道疾病、降脂、降胆固醇以及控制血糖等。藏医典籍《晶珠本草》更把青稞作为一种重要药物，用于治疗多种疾病。红曲霉是重要的药食用真菌，经发酵可合成γ-氨基丁酸等药用成分，具有降血脂、降血压、抗癌等作用，并且有广泛的生理活性。青稞红曲作为二者结合的发酵产物，不仅积聚了二者所有的营养价值，而且其降压、降脂、镇静、催眠、抗惊厥等功效更为显著，主要应用于医药保健、功能性食饮品、化妆品等行业和领域。

在青稞酵素产品的研发中，采用多菌群混合发酵技术从纯天然植物中萃取植物酵素，产品不仅含有人体必需的蛋白质、氨基酸、维生素、酶类物质等，并有效积累了青稞红曲中的功能性成分等，提高了酵素的各种保健功效。将原料进行打浆处理，缩短了发酵周期，下面介绍一种操作工艺简单、适用于大型生产青稞红曲酵素产品的工艺方法。

（一）工艺流程

青稞红曲酵素加工工艺流程见图 7-6。

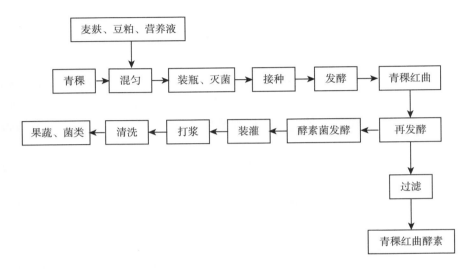

图 7-6　青稞红曲酵素加工工艺流程

（二）操作要点

1. 制备青稞红曲

（1）原料处理。青稞原料去杂、去渣、去霉变，进行筛选处理，将筛选好的青稞粗粉碎，粒度在（2±0.5）mm，豆粕粉碎并过 40～60 目筛。

（2）青稞发酵基质处理。

①物料混合。将挑选好的青稞转入配料池，加入麸皮、豆粕，混合均匀。

②配制营养液。营养液配方（重量份数）如下：葡萄糖 4.2 份，蛋白胨 10.5 份，硝酸钠 0.38 份，硫酸镁 0.19 份，磷酸二氢钾 0.19 份，溶于 1 000 份水中。

③配料。加入配制好的营养液并进行配料，先在桶里将物料吸水 0.5h，再将其倒入搅拌机中拌料。

④灭菌。将配料好的青稞原料分装到 1 000mL 的瓶中，放入高压锅中灭菌，灭菌结束后压力降为 0Pa 时取出，立即打散，冷却，得青稞发酵基质。

（3）接种、发酵。将制备好的红曲菌种种子液接种到青稞发酵基质上，摇匀，瓶口向上，并在（32±0.5）℃条件下发酵 15～20d，取出烘干，得青稞红曲。

2. 制备酵素初液 选取新鲜无腐烂的果蔬、菌类放入清洗机中清洗干净，然后用臭氧消毒处理，放入打浆机中打浆，装入已消毒的发酵缸中，加入红糖、益生菌，室温密封发酵 6～12 个月，得酵素初液。

3. 制备青稞红曲酵素 将上述步骤 1 中青稞红曲加入上述步骤 2 酵素初液原汁中，继续发酵 6 个月，得青稞红曲酵素。

（三）主要设备

超微粉碎机、清洗机、搅拌机、离心机、发酵罐、高压灭菌机。

三、高花青素青稞酵素

黑青稞，具有低糖、低脂、高蛋白、高维生素和高可溶性纤维的特点，并且含有人体所必需的钙、铁、锌等微量元素，除了含有基本营养成分外，还含有多种具有特殊功效作用的成分（如花青素、母育酚、γ-氨基丁酸、多酚类物质等），在抗氧化、抗癌、抗衰老、降血糖、降血脂、预防心血管疾病等方面具有独特的生理功效。因此，开发具有特殊功能特性的高花青素青稞酵素，该产品不但保留了青稞原有的维生素、糖类、氨基酸，还富含花青素、多酚等特殊功效成分，具有较好的市场前景。

（一）工艺流程

高花青素青稞酵素加工工艺流程见图 7－7。

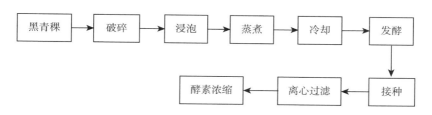

图 7-7 高花青素青稞酵素加工工艺流程

（二）操作要点

1. 原料预处理 将黑青稞破碎，破碎后的黑青稞进行浸泡处理，然后蒸煮，得到蒸煮好的黑青稞原料。

2. 前发酵 将蒸煮好的黑青稞原料冷却至温度为 25～35℃，然后按黑青稞原料 1%～3% 的添加量拌入甜酒曲，进行前发酵 50～60h，前发酵为有氧发酵，发酵温度为 25～35℃，得到糖化的前发酵产物。

3. 发酵 前发酵产物中加入打碎的水果原料，前发酵产物与水果原料的质量比为 1∶2，搅拌均匀，添加水，接入总质量 0.1%～0.4% 的活性乳酸菌和 0.01%～0.05% 的活性干酵母，充分搅拌混匀，在 20～25℃ 条件下进行发酵，发酵周期为 70～90d。

4. 过滤 发酵结束后，进行过滤，在 5 000～7 000r/min 条件下离心 10～15min，得酵素上清液。

5. 浓缩 采用低温真空旋转蒸发设备进行酵素浓缩，浓缩倍数为 4～6 倍，得到青稞酵素产物。

6. 发酵青稞浆液

（1）向青稞破碎粒中加入混合酶、乳酸菌和水，混合均匀后在密闭发酵罐中进行发酵。

（2）发酵产物用水冲洗并沥去水分后，进行破壁打浆，得到浆液。

（3）对浆液进行均质和过滤，得到滤液。

（4）将滤液进行离心处理，得到上层清液和下层分离浆液，下层分离浆液即为发酵青稞浆液。

（三）主要设备

超微粉碎机、打浆机、发酵罐、离心机、杀菌机。

第四节　其他青稞发酵食品

一、发酵青稞粉

青稞粉本为藏区人民常食用的一种粮食，因其含有丰富的营养成分而受到人们越来越多关注和使用。目前，青稞粉的制备方法主要有 3 种：第一种方法是传统的机械研磨制粉，这种方法是单纯的机械研磨，制成的青稞生粉属于粗加工产品，附加值低，口感不好。第二种方法是酶解发酵烘干制粉，就是将酶解或发酵后的青稞米烘干磨粉，这种制备方法浪费了存在于酶解液或发酵液中的大量营养物质，严重降低了青稞粉应有的营养价值。第三种方法是外加壁材喷雾制粉，就是采用多种壁材和各类食品添加剂进行喷雾制粉，在这类产品中，青稞只是其中的一部分，成品中青稞的营养成分含量有限。以上制备方法制得的青稞粉口感过于粗糙。

当前，市售的青稞粉大多是将脱壳后的青稞麦粒经炒制或未经炒制直接磨粉，青稞中的有效成分并未得到最大化利用，而且青稞麦粒表面的有害菌仍然存在，保存不当会引起青稞麦粒、青稞粉的霉变，误食变质的青稞粉会影响人体健康。为此，本节将重点介绍一种发酵青稞粉的制备工艺，此加工工艺将青稞麦粒表面灭活，在杀死青稞麦粒表面有害菌的同时，保证了青稞麦粒中的有益菌活性，配合水分的降低，在保证营养物质不丢失的前提下延长了青稞粉的储存期。同时，采用发酵工艺，有效提高了青稞粉中有益物质的提升。

（一）工艺流程

发酵青稞粉加工工艺流程见图 7-8。

图 7-8　发酵青稞粉加工工艺流程

（二）操作要点

1. 投料　将脱壳后的青稞麦粒投入表面灭活设备。

2. 表面灭活　通过翻炒加热将青稞麦粒表面霉菌灭活，翻炒温度 70～80℃，翻炒时间 15～20min。

3. 蒸煮　将冷却后的青稞麦粒进行蒸煮，蒸煮 65～90min，蒸煮后青稞麦粒增重 8%～13%。

4. 发酵　将蒸煮结束后的青稞麦粒进行两次发酵，第一次发酵，在 33～42℃缺氧环境条件下发酵 120～160h，其中每发酵 60～80h 翻搅青稞麦粒一次，第一次发酵结束后补水，补水量为青稞麦粒总重量的 23%～30%；第二次发酵，在 35～45℃缺氧环境条件下发酵 7～10h。

5. 磨粉　将发酵好的青稞麦粒粉碎成发酵青稞粉，包装即可。

（三）主要设备

焙炒机、蒸煮罐、粉碎机、减压浓缩机。

2. 青稞纳豆

纳豆是一种有着几千年食用历史的传统发酵食品，具有很多的保健功能，如抗肿瘤、溶血栓、抗氧化、抗菌、防治骨质疏松、降血压、美容等。纳豆枯草芽孢杆菌是纳豆的生产菌种，具有分解蛋白质、糖类、脂肪等大分子物质的能力，其代谢产物纳豆激酶（Nattokinase，NK）为发酵食品纳豆中提取出的一种单链多肽酶，由 275 个氨基酸残基组成，分子质量约为 28kDa，在 pH 6～12 条件下稳定存在，在 pH＜6 的条件下无活性。纳豆的功能特性已被大量文献证实，其溶栓及抑制血栓形成效果较为突出，因此受到消费者的青睐。

青稞纳豆是将液体菌种接入大豆中进行发酵，将发酵物再接入青稞发酵体系，发酵得到青稞纳豆产品。此工艺有效保留了纳豆激酶活性，其成品风味比较重，拉丝现象明显，更加符合喜欢风味重的人群。

（一）工艺流程

青稞纳豆制备工艺流程见图 7-9。

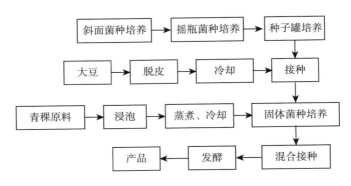

图 7-9 青稞纳豆制备工艺流程

(二) 操作要点

1. 斜面菌种培养 发酵菌种采用江阴新申奥生物科技有限公司生产的尚川牌纳豆菌粉，培养基为 1% 牛肉膏和 0.5% 蛋白胨，温度 27～30℃，100r/min，摇床培养 24h，然后划斜面，斜面固体培养基为牛肉膏（1%）、蛋白胨（0.5%）、琼脂（1.5%），培养温度 27℃，培养 24h 后斜面 4℃ 下保存。斜面菌种标准：菌苔粗壮、厚实，镜检无杂菌污染。

2. 摇瓶菌种培养 摇瓶培养基为无琼脂的 1% 牛肉膏和 0.5% 蛋白胨，装液量为 20%～40%，8 层纱布封口后 121℃ 30min 灭菌，冷却后接种斜面菌种，每支斜面接种 2 瓶，将接种后的三角摇瓶放置在 30～35℃ 的旋转摇床上，150r/min 培养 12～18h，摇瓶菌种标准：镜检无杂菌，菌体在 600nm 波长下吸光度值为 1.0 以上，pH 7.1 以上。

3. 种子罐液体菌种培养 种子罐培养基配方：葡萄糖 1%～1.5%、酵母提取物 1.5%～2%、大豆蛋白胨 0.5%、氯化钠 0.5%、磷酸氢二钾 0.16%、聚醚类消泡剂 0.05%，调节 pH 为 7.0～7.1，装料系数 0.7，蒸汽灭菌条件下，110℃ 灭菌 15～20min，灭菌后 10min 降温到 35～37℃，按 2% 的接种量，将摇瓶种子液接入种子罐，搅拌转速为 200r/min，通风量为 50L/min，温度为 37℃，发酵培养 10h 得到菌液，待用。种子罐菌种质量标准：镜检无杂菌，菌体 600nm 波长下吸光度值大于 2.0。

4. 大豆浸泡 选用小粒大豆，经过振动除杂、气流分选后破碎成 1/4 粒到半粒大小（和浸泡后的青稞大小类似），在浸泡罐里加水浸泡 12～15h。

5. 大豆蒸煮 浸泡后的大豆，用筛网沥水后放入蒸箱，每层厚度小于 5cm，用蒸汽蒸制 15～20min（进汽压力 0.1MPa，箱体内压力为常压）。

6. 大豆冷却 将蒸煮后的大豆移出蒸箱，然后用净化水喷淋冷却，至中心温度≤40℃。

7. 接种　将冷却后的大豆混入 10％的菌液接种，可以用低搅拌转速（转速＜100r/min）的螺杆混合机混合，数量少的可以手动混合，注意不要把大豆搅烂，否则会影响菌体呼吸。

8. 大豆菌种的固体发酵　将接种后的大豆分装于发酵盘中，移入发酵箱进行培养，24h 后即可完成固体菌种培养。固体菌种的质量标准：具有纳豆特有的风味，有明显的拉丝现象（有足量的聚谷氨酸产生），无菌水洗后镜检无明显的杂菌污染现象。

9. 青稞原料浸泡　选取颗粒均匀的青稞原料，经脱皮后即可制得青稞米。将青稞米用水浸泡 12h，溶胀待用。

10. 蒸制　浸泡后的青稞，用筛网沥水后放入蒸箱，每层厚度小于 5cm，用蒸汽蒸 30min（进汽压力 0.1MPa，箱体内压力为常压）。

11. 冷却　蒸煮后的青稞移出蒸箱后，用净化水喷淋冷却，至中心温度≤40℃。

12. 固体菌种接种　由于青稞米蒸煮后的强度比大豆要高，固体接种可以采用锥形双螺杆混合机进行，接种量为 10％，混合均匀后可以进入发酵环节。

13. 发酵　青稞的固体发酵因素包括温度、通风量、湿度及时间。发酵温度为 38～42℃。发酵时间为 22～24h；相对湿度为 70％～80％；通风量每吨底物每小时 10～20m³。发酵可以在发酵室进行，也可以用连续式固体发酵机（国内有相应的定型设备），如果生产量比较小，还可以用发酵箱，可使投入大幅度降低。注意：为了保障发酵成功，发酵室的风机进风口需要进行无菌化过滤。

14. 产品包装及入库　发酵结束的产品，需要马上包装放入冷库冷藏，通过冷链销售环节实现销售。

（三）主要设备
发酵罐、蒸煮锅、混合机。

三、青稞醋

食醋是以淀粉为原料经过淀粉糊化、酒精发酵、醋酸发酵，或者以糖质原料经过酒精发酵和醋酸发酵，或者以酒精质原料经过醋酸发酵，再经后熟陈酿而成的一种液体调味品，主要起除腥味、解腻味、增鲜味、加香味、添酸味等作用。此外，食醋还具有抑制或杀灭细菌、降低辣味、保持蔬菜脆嫩、防止酶促褐变、保持原料中的维生素 C 少受损失等功用。食醋起源于我国，已有2 000 多年的食用历史。中国传统的酿醋原料，长江以南以糯米和大米为主，长江以北以高粱和小米为主，现多以碎米、玉米、甘薯、甘薯干、马铃薯、马铃薯干等代用。

青稞醋是以含有高蛋白质、高纤维、高维生素、多种氨基酸、多种矿物元素、低脂肪、低糖的青稞为原料，经发酵制得的产品，具有营养价值高、附加值高的特点，并具有保健功效。

（一）工艺流程

青稞醋加工工艺流程见图7-10。

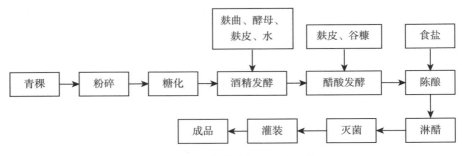

图7-10　青稞醋加工工艺流程

（二）操作要点

1. 原辅料预处理　将雪灵芝、绿萝花、葛根、黄芩、地龙加水进行浸泡和熬煮，得到药液；将青稞面、小麦粉、小米粉、高粱粉分别进行过筛、混合，得到青稞面料。将青稞面料进行喷射液化，冷却后加入制得的药液，混合均匀后得到混合料。

2. 糖化　在混合料中加入糖化酶进行糖化，将干酵母进行酵母扩培后得到酵母液。

3. 发酵　在糖化后得到的料液中加入麦曲与所述的酵母液进行酒精发酵，然后加入醋酸菌进行醋酸发酵，得到醋液。

4. 醋液处理　将得到的醋液进行稀释、硅藻土过滤、调配后即得青稞醋。

（三）主要设备

粉碎机、蒸煮锅、糖化锅、发酵罐、杀菌机。

（四）类似产品

随着人们生活质量的不断提升，保健型、健康型产品越来越受到消费者的青睐。以青稞为原料，添加不同辅料可制备出具有不同保健功效的青稞醋，其营养价值丰富，口感可满足不同消费者的需求，市场发展潜力较大。

1. 青稞保健醋　青稞保健醋由青稞与红景天、荞麦、薏米、糯米、麸皮、党参、枸杞、甘草、酒曲、醋曲、食用酵母、食盐、花椒、八角、茴香、蒸馏水等混合制作而成，该产品含有丰富的营养价值和突出的医药保健功效，具有补脾养胃、益气止泻、壮筋益力等功效；以红景天作为辅料，能提高大脑对氧的吸收能力，有效抗衰老、抗疲劳，增强人体活力。

2. 青稞枸杞醋　　以青稞酿造食醋、保宁醋为主要原料，分别添加枸杞子、巢果、胡椒、花椒和黄蘑菇进行混合处理，再将两种处理好的食醋，按配方比例调配，然后加入食盐、蔗糖进行调味，最后包装灭菌，即得成品。

3. 青稞红曲醋　　将青稞破碎后蒸煮，然后冷却，再与红曲菌混合，进行前发酵 8～12d，得到前发酵产物。对前发酵产物进行后发酵 55～65d，得到后发酵产物。对后发酵产物进行陈酿醋化，得到陈酿醋化产物，再进行醋酸发酵，得到青稞红曲醋。

第八章

具有保健功效的青稞食品及其加工

青稞具有很高的营养价值，表现出"三高"和"两低"的营养学特征（即高蛋白、高纤维、高维生素、低脂肪和低糖）。在我国缺乏瓜果蔬菜的藏区，人们的糖尿病、心脑血管疾病发病率很低，而青藏高原上藏族百岁老人为全国之最，这与他们常食用青稞密切相关。青稞蛋白质含量最高达 15.16%，高于水稻、小麦、玉米等，青稞富含赖氨酸等 8 种人体必需氨基酸。青稞脂肪含量较低，平均含量为 2.13%，低于玉米、燕麦而高于小麦和水稻，并且富含有降胆固醇功效的油酸、亚油酸、亚麻酸及卵磷脂等，其胚芽油中亚油酸含量达 55%，麸皮油中亚油酸含量更是高达 75.1%。青稞淀粉含量平均可达 59.25%，组成较为独特，表现为高支链淀粉含量（74%～78%）。青稞胚芽和胚轴中含有丰富的维生素和矿物质，维生素主要以 B 族维生素、生育酚和维生素 E 为主；青稞含有 Cu、Zn、Mn、Fe、Mo、K、Na、Ca、Mg、Se、Cr、P 等元素，其 Fe 和 Mn 的含量远高于大多数农作物，而其 Cu、Zn、Mg、K 的含量与玉米、水稻和大麦相当。

青稞除含有丰富而独特的营养成分外，还含有膳食纤维、多酚、花青素、甾醇、GABA、活性多肽等多种重要的功能成分，它们对发挥青稞保健功效以及开发健康新食品尤为重要。膳食纤维具有清肠通便、清除体内毒素的优良功效，有"人体消化系统的清道夫"之称；青稞可溶性纤维和总纤维含量均高于其他谷物，是普通小麦的 15 倍左右。青稞可溶性膳食纤维的主要成分为大量存在于糊粉层和胚乳细胞壁中的 β-葡聚糖，西藏青稞 β-葡聚糖含量为 3.66%～8.62%，青海省农林科学院育成的青稞品种昆仑 12 号中 β-葡聚糖平均含量高达 8.96%，β-葡聚糖含量在青稞酿酒、饲用或食用中是一个重要品质性状。研究表明，β-葡聚糖可通过吸附油脂、胆酸盐、胆固醇以及抑制胰脂肪酶活性达到降血脂功效，与此同时，β-葡聚糖被证实在降血糖、降胆固醇、预防心血管疾病、提高免疫力、抗肿瘤、改善肠道环境等方面也具有显著的功效，这是青稞功能化研究与开发的重要基础。在青稞麸皮中平均含有 18% 的天然阿拉伯木聚糖（Arabinoxylan，AX），阿拉伯木聚糖不仅是一种无热量的功能性甜味剂，被人体摄入后可以很好地增进人体免疫力、改善机体代谢、抗癌、降血脂等，而且在与自由基试剂［如 H_2O_2、$(NH_4)_2S_2O_8$、$FeCl_3$、脂肪氧合酶］共存时，能发生分子间共价交联以提高溶液黏度，并最终发生氧化凝胶现象形成凝胶，使之成为一种重要的食品功能因子。研究表明，青稞籽粒中存在大量以游离态或结合态存在的酚类化合物，游离态酚类化合物主要为原花青素类和类黄酮，结合态酚类化合物则多为酚酸，总含量可达 $456.92\sim512.38mg/100g$，包括阿魏酸、香草酸、香豆酸、丁香酸、羟基苯甲酸、芥子酸、绿原酸、原儿茶酸等，其中阿魏酸可占总酚的 68% 左右。酚类物质是良好的氢或电子供体，能够不断引发游离基或链反应而被迅速氧化，从而发挥关键的抗氧化功能，常被用作天然抗氧化剂。随着基础研究的不断深入，研究人员在青稞中还发现了小分子四碳非氨基酸神经活性成分 GABA 及 Lunasin 等低分子质量的活性肽，它们可以通过调节相关蛋白酶表达、活性及激活抑制因子等来发挥解毒、抗癌、抗应激等生理功能。综上可知，青稞作为营养丰富、分布广泛的作物之一，不仅在保障粮食安全、促进地方经济发展方面有巨大作用，同时其所含有的各类活性物质对人体大有裨益，将其开发成高价值食品、保健品、药品等具有非常广阔的前景。

随着现代社会对健康认识和要求的不断提高，人们对健康食物的种类和功能多样性需求持续增加。十九届三中全会报告中指出我国将实施健康中国战略，发展健康产业，提倡健康文明的生活方式，预防控制重大疾病。饮食健康是人们日常生活中保持身体健康的最直接保养方式。青稞是理想的营养健康原粮之一，据《本草拾遗》和藏医典籍《晶珠本草》记载，青稞是一种药物作物，具有"下气宽中、壮精益力、除湿发汗、止泻"的功效，其食疗和医药保健开发价值逐渐进入了大众视野，对改善人们的饮食结构和预防各种"富贵病"有着重要意义。青稞的加工利用整体处于初级阶段，其产品形式以藏区人民的主粮和酿制白酒为主，还被应用于发酵工业、饮料工业、功能产品开发及饲料工业。功能化具有保健功效的食品开发是发挥青稞营养功能优势、促进青稞加工和产业高质量发展的重要途径之一，备受研究人员及地方企业的关注。目前，以青稞为原料已开发的具有保健功效的食品有饮品类的红景天青稞茶酒、青稞 SOD 酒、青稞杂粮复合营养酒等，β-葡聚糖类的片剂、胶囊、口服液等，超氧化物歧化酶类的调理胶囊、抗缺氧胶囊等，以及全植株类的青稞麦绿素等，为青稞产品市场的升级与新型保健食品研发提供了很好的参考。本章主要围绕保健食品概念及其加工高新技术、具有保健功效的青稞食品的类型、产品特点及关键加工技术展开介绍。

第一节　保健食品的概念及其高新加工技术 与配方设计

一、保健食品的基本概念与管理

根据《食品安全国家标准——保健食品》（GB 16740—2014）及《保健食品注册管理办法（实行）》的严格定义，保健食品是指"声称并具有特定保健功能或者以补充维生素、矿物质为目的的食品。即适用于特定人群食用，具有调节机体功能，不以治疗疾病为目的，并且对人体不产生任何急性、亚急性或慢性危害的食品"。保健食品与一般食品具有一定的共性和区别，共性在于两者都具备食品第一功能（即能够提供人体必需的基本营养物质），也都具有食品的第二功能（即特色的色、香、味、形）；两者的不同之处在于保健食品含有一定量的功效成分（生理活性物质），能调节人体机能，具有食品的第三功能（即特定的功能性）。药品以治疗疾病为目的，而保健食品的本质仍然是食品，虽然有调节人体某种机能的作用，但它不是人类赖以治疗疾病的物质。保健食品与特殊营养食品具有很大程度的类似性，它们都是添加或含有一定量活性成分而适于特定人群食用的食品，它们的区别在于前者必须经过动物或人群实验证实有明显、稳定的功效作用，而后者不需要通过动物或人群实验证实。

国家标准规定，保健食品应有与功能作用相对应的功效成分及其最低含量，而功效成分是指能通过激活酶活性或其他途径调节人体机能的物质，主要包括：①多糖类，如膳食纤维、香菇多糖等；②功能性甜味剂类，如单糖、低聚糖、糖醇等；③功能性油脂类，如多不饱和脂肪酸、卵磷脂、胆碱等；④自由基清除剂类，如超氧化物歧化酶（SOD）、谷胱甘肽过氧化物酶等；⑤维生素类，如维生素 A、维生素 E、维生素 C 等；⑥肽与蛋白质类，如谷胱甘肽、免疫球蛋白等；⑦活性菌类，如乳酸菌、双歧杆菌等；⑧微量元素类，如硒、锌等；⑨其他类，如二十八烷醇、植物甾醇、皂苷等。

2003 年 5 月 1 日起实施的《保健食品检验与评审技术规范》规定，保健食品的申报功能包括增强免疫力、改善睡眠、缓解体内疲劳、提高缺氧耐受力、对辐射危害有辅助保护功能、增加骨密度、对化学性肝损伤有辅助保护功能、缓解视疲劳、祛痤疮、祛黄褐斑、改善皮肤水分、改善皮肤油分、减肥、辅助降血糖、辅助降血压、辅助降血脂、改善生长发育、抗氧化、改善营养性贫血、辅助改善记忆、调节肠道菌群、促进排铅、促进消化、清咽、对胃黏膜有辅助保护功能、促进泌乳、通便等 27 类。此外，营养素类也属于保健食品管理范畴，以补充人体营养素为目的。保健食品的标签和说明必须复合国家有关标准和要求，并注明以下内容：①保健功能和适宜人群；②食用方法和服用量；③贮藏方法；④功效成分的名称及含量（因现有技术条件下，不能明确功效成分的，则必须标明与保健功能有关的原料名称）；⑤保健食品批准文号；⑥保健食品标志；⑦有关标准或要求所规定的其他标签内容。

保健食品的原辅料必须符合相应的食品标准和有关规定，在感官上具有该产品应有的色泽、滋味、气味和状态，无异味及可见外来物，在理化指标、污染物限量、真菌毒素限量、维生素限量及食品添加剂使用上需按 GB 16740、GB 2760、GB 2761、GB 2762、GB 29921、GB 14880 等标准及有关规定执行。在生产经营上，保健食品生产过程中涉及的从业人员、设施、原料、生产过程、成品贮存与运输、品质和卫生管理方面须按照《保健食品良好生产规范》（GB 17405—1998）执行。根据《中华人民共和国食品卫生法》规章要求，各级卫生行政部门应加强对保健食品的监督、监测及管理，对已批准生产的保健食品可以组织监督抽查，并向社会公布抽查结果。卫生健康委员会可根据以下情况确定对已批准的保健食品进行重新审查：①科学发展后，对原来审批的保健食品的功能有认知上的改变；②产品的配方、生产工艺以及保健功能受到可能有改变的质疑；③保健食品监督、监测工作的需要。

二、保健食品加工高新技术

目前，应用于保健食品加工的高新技术包括膜分离技术、微胶囊技术、超临界流体萃取技术、生物技术、超微粉碎技术、分子蒸馏技术、喷雾干燥技术等，下面将做一简单介绍。

膜分离技术是一种采用半透膜对食品物料进行分离的技术。膜体材料一般为天然薄膜或人工高分子薄膜，分离动力为外加能量或化学位差，适用于双组分或多组分的溶质和溶剂分离、分级、提纯和浓缩等。根据膜的形状可以分为平板膜、管状膜、卷状膜和中空纤维膜，按功能可分为超滤膜、反渗透膜、渗析膜、气体渗透膜和离子交换膜。常用的膜分离过程有微滤、电渗析、反渗透、超滤、渗析等。膜分离实际应用包括功能饮用水的除菌、脱盐、除杂等、发酵生物酶或次级代谢物的浓缩、反渗透除去大分子有机物（如果胶、蛋白、多糖等）、食品物料及产品的脱色、果汁和牛奶的浓缩、色素中有害成分及风味的脱除、生产大豆分离蛋白或从食品加工副产物中回收蛋白等。

微胶囊技术是一种将微量物质包裹在聚合物薄膜中的技术，是一种储存固体、液体、气体的微型包装技术。包在微胶囊内的物质称为芯材，而外面的"壳"称为壁材。一般来说，油溶性的芯材应采用水溶性的壁材，水溶性的芯材必须采用油溶性壁材，常用壁材包括植物胶、阿拉伯胶、海藻酸钠、卡拉胶、琼脂、淀粉及其衍生物、糊精、低聚糖、明胶、酪蛋白、大豆蛋白、纤维素衍生物等。在食品领域，通常通过微胶囊封装技术来实现粉末化固体或液体，减少风味损失，降低食品添加剂毒副作用，提高食品活性成分对环境因素的稳定性，使不溶相均匀混合以增进食品风味和营养，掩饰不愉快气味或滋味，隔离及缓释活性成分，控制芯材释放和作用时间与数量等。微胶囊制备方法包括喷雾干燥、喷雾冻凝法、空气悬浮法、真空蒸发沉积法、多孔离心法、静电结合法、单凝聚法、复合凝聚法、油相分离法、挤压法、锐孔法、粉末床法、熔融分散法、复相乳液法、界面聚合法、原位聚合法、分子包埋法、辐射包埋法等，其中已应用于工业化生产的方法主要有喷雾干燥法、喷雾冻凝法、空气悬浮法、分子包埋法、水相分离法、油相分离法、挤压法、锐孔法等。应用实例如微胶囊复合果蔬饮料，维生素 E、维生素 C、二十二碳六烯酸（DHA）、二十碳五烯酸（EPA）等的微胶囊制剂，天然色素、香精、营养强化剂等的微胶囊产品。

超临界流体萃取技术是一种以超临界状态下的流体作为溶剂，利用该状态下流体的高渗透能力和高溶解能力萃取分离混合物的技术。超临界萃取的显著特征在于：①可以在短时间内达到萃取平衡，提高萃取效率，无须进行溶剂回收；②可在常温或不高的温度下溶解或选择性萃取出难挥发物质，特别适用于提取或精制热敏性和易氧化物质；③超临界流体的溶剂效能与流体密度、温度、压力密切相关，而流体密度可由过程温度和压力控制。超临界萃取最常用溶剂为二氧化碳，因为二氧化碳价格低廉、能满足非极性提取要求、无毒无害，是食品、医药、香料等领域较为理想的一种提取技术。超临界流体萃取技术应用实例：①植物（如生姜、大蒜、洋葱、辣根、砂仁、八角、茴香、墨红花、桂花等）挥发性风味物质的提取；②功能油脂（如石榴籽油、枸杞籽油、苹果籽油、沙棘油、橄榄油、芝麻油、大豆磷脂等）的萃取；生物体活性成分（如鱼油中的 EPA 和 DHA、月见草中的 γ-亚麻酸、虾壳中的虾黄素、紫苏籽中的 α-亚麻酸、荔枝种仁中的荔枝酸、甘蔗滤饼中的二十八烷醇等）的提取、有害物质的分离去除（如茶叶脱除咖啡因、橙汁脱苦、蛋黄脱除胆固醇、银杏叶去除银杏酚等）。

生物技术是以生命科学为基础，以基因工程为核心，利用生物体系和工程原理，对加工对象进行加工处理的一种综合技术。生物技术涵盖基因工程、细胞工程、酶工程、发酵工程等研究内容。生物技术起源于传统食品发酵，并首先在食品加工中得到广泛应用，通过该技术可以生产甜味剂（如木糖醇、甘露醇、阿拉伯糖醇、甜味多肽）、维生素（如维生素 C、核黄素、钴胺素）、食品香味和风味添加剂（如香草素、可可香素、菠萝风味剂等）、色素（如咖喱黄、类胡萝卜素、紫色素、花色苷素、辣椒素、靛蓝等），并改良食品风味。利用生物技术可以开发出一些具有特定功能的酶制剂（如新型胆固醇氧化酶、胆固醇还原酶和胆固醇合成酶抑制剂）。利用基因工程可以克隆和表达许多酶和蛋白质基因，从而生产一些酶制剂（如 α-淀粉酶、乳糖酶、脂酶、β-葡聚糖酶、纤维素酶、木聚糖酶等）。通过筛选适宜的酵母菌和乳酸菌可以发酵富集一些食品功能因子〔如多酚、黄酮、β-葡聚糖、γ-氨基丁酸（GABA）等〕。固定化细胞及利用酶修饰食品中的蛋白和脂肪组分以改变食品质构和营养技术，为食品的功能化非热加工提供了更多选择。

　　超微粉碎技术是利用机械设备对物料进行研磨和撞击，克服物料内部凝聚力，将其粉碎至微米级。随着物料的微细化，其表面积、孔隙率及晶体结构发生改变，从而赋予产品更好的理化特性，如流动性、分散性、吸附性及溶解性等，这些变化有助于营养成分的溶出、物料和营养的均匀混合、机体的消化吸收及资源的充分利用。超微粉碎可分为干法加工和湿法加工两种，常见的干法加工有气流式超微粉碎、高频振动式超微粉碎、旋转球（棒）磨式超微粉碎、转辊式超微粉碎等，湿法加工包括采用搅拌磨、行星磨、双锥磨、胶体磨和均质机等进行的超微粉碎。超微粉碎技术已应用于软饮料加工中，例如茶粉、植物蛋白饮料及奶制品等的生产（促进多酚、蛋白质、维生素、矿物质等的溶出），以及功能性食品加工（膳食纤维制备等）、果蔬加工（果蔬残渣超微粉碎再利用等）、粮油加工（茶粉、豆粉、南瓜粉等与面粉的混合粉加工，麸皮、豆渣、米糠等副产物的微粉化利用等）。人的口腔对食物颗粒形状和大小存在一定的感知度，通过超微粉碎（粉碎至 0.5～5mm）减小粒度在提升食品的营养和功能特性的同时，还可以改善食品的食用口感，改良食品原料和辅料的加工特性，并拓宽其应用范围。

　　其他高新技术还有分子蒸馏技术、喷雾干燥技术、升华干燥技术等。其中，分子蒸馏技术是以加热的手段进行液体混合物的分离，基本操作为蒸馏和精馏，发生的物理过程如下：一是被蒸液体的汽化，形成由液相流向气相的蒸气分子流；二是由蒸气回流至液相的分子流。如果通过一定措施增大离开液相的分子流而减少返回的分子流，就能提高蒸馏的效率，同时降低物料组分的热分解。该技术在食品上的应用有单甘酯的分离、油脂中维生素 A 或维生素 E 的分离、乳脂中杀菌剂的分离、香料脱臭、热敏性物料的浓缩和提纯等。喷雾干燥是通过机械作用，将需干燥的物料分散成雾滴状态，与热空气接触后瞬间失去大部分水分，从而使物料干燥为粉末。其优点为干燥速率快、时间短、物料温度较低、产品分散性和溶解性好、产品纯度高、过程简单、连续化生产程度高等。目前，喷雾干燥在粉末固体食品生产上应用广泛，可生产奶粉、豆粉、果蔬粉、谷物粉、微胶囊粉等。升华干燥是将物料先冻结，进而使物料中水分在高真空下不经液相直接由固态升华为水汽排除，升华干燥又被称为冷冻升华干燥。该技术特别适宜于热敏性物料的干燥加工，在功能食品领域具有重要用途，在低温状态下可以最大程度地保存食品的色、香、味，将天然色素、挥发性风味物质、维生素 C 等损失降到最低，同时因为升华干燥在真空下进行，一些易氧化的物质（如功能油脂类）可以得到保护，产品脱水率高达 95%～99%，保质期也大大延长。

三、保健食品配方设计

保健食品主要原料包括中药材、普通食品、菌藻类、营养物质、新原料及其他功能原料六大类。根据《卫生部关于进一步规范保健食品原料管理的通知》（卫法监发〔2002〕51 号）规定，中药材原料为列入该文件附件 1、附件 2 中的物品及其提取物和这些物品中某些成分的精提物，如枸杞子、茯苓、山药、山楂、葛根、决明子、酸枣仁、黄精、蜂蜜、大枣、荷叶、菊花、黄芪、西洋参、人参、当归、蜂胶、银杏叶、淫羊藿、五味子、珍珠、红景天、芦荟、三七、马鹿茸、刺五加、丹参等。普通食品类包括常见普通食品和参照普通食品管理的原料两类，其中普通食品是指在我国有长期食用历史，在当前人民生活中普遍食用的动植物及其制品，如苦瓜、绿茶、乌龙茶、普洱茶、大豆蛋白、大蒜油、胡萝卜、魔芋、芝麻、花生、绿豆、核桃、小麦胚芽、燕麦、橄榄油、南瓜、牛初乳粉、蛋清粉、刺梨、枇杷肉、燕窝、乌鸡、海参、林蛙、海胆、蚕蛹、鲍鱼等。菌藻类是指对人体有益的真菌、益生菌、可食用藻类及其制品，主要参考国家食药监局公布的《可用于保健食品的真菌菌种名单》《可用于保健食品的益生菌菌种名单》《中国食物成分表》，如灵芝、灵芝孢子粉、紫芝、松杉灵芝、蝙蝠蛾拟青霉菌丝体粉、红曲、富硒酵母、两歧双歧杆菌、长双歧杆菌、婴儿双歧杆菌、干酪乳杆菌干酪亚种、保加利亚乳杆菌、乳酸菌、嗜热链球菌、嗜热乳杆菌、螺旋藻、香菇、银耳、木耳、姬松茸、灰树花、猴头菇、金针菇、海带、小球藻、绿藻粉、紫菜等。营养物质是指人体机体生长发育、新陈代谢和工作需要的各种营养素，如维生素 A、β-胡萝卜素、维生素 D、维生素 E、维生素 K、维生素 C、维生素 B_1、维生素 B_6、维生素 B_7、维生素 B_{12}、烟酸、泛酸、叶酸、L-肉碱、肌醇、钙、镁、铁、锌、硒、铬、铜、锰、钼、胶原蛋白、免疫球蛋白、血红蛋白、酪蛋白、谷胱甘肽、氨基酸、牛磺酸、核苷酸、核糖核酸、亚油酸、亚麻酸、二十碳五烯酸（EPA）、二十二碳六烯酸（DHA）、花生四烯酸、膳食纤维等。新原料是指在我国无食用习惯或仅在个别地区或其他国家有食用习惯的物品，需按照《新资源食品卫生管理办法》评审，如草珊瑚、乌药、肉苁蓉、人参花蕾、山楂叶、柴胡、缬草、紫锥菊、万寿菊提取物、松果菊提取物、玛卡根粉末、海马、海龙、雄蚕蛾等。其他功能类是指不能归入上述类别的原料，如 D-氨基葡萄糖、超氧化物歧化酶（SOD）、叶黄素、硫辛酸、褪黑素、辅酶 Q10 等。

功能性（保健）食品配方设计原则主要有以下几个：一是安全性原则，即功能性食品在配方设计时首要关注的是安全，不能使用对人体构成安全危害的任何原料，使用原料须符合《卫生部关于进一步规范保健食品原料管理的通知》（卫法监发〔2002〕51号）、《中国药典》、《食品添加剂使用卫生标准》（GB 2760）、《营养强化剂卫生标准》（GB 14880）、《维生素、矿物质化合物名单》、《可用于保健食品的真菌菌种名单》、《可用于保健食品的益生菌菌种名单》等对应法律法规，产品必须按照国家标准《食品安全性毒理学评价程序》（GB 15193.1—2014）进行严格评价，确保产品的安全性。二是功效性原则，即对功能性食品的功效性必须进行客观评价，必须明确产品的主要功效，而不能含糊其词或过分夸大，在配方设计时首先应该围绕食品的功效进行考虑。三是对象性原则，即功能性食品应该有明确的对象性，根据食用对象的不同，可分为日常功能性食品和特种功能性食品，如对老年人来讲，日常功能性食品应符合足够的蛋白质、膳食纤维、维生素、矿物质且低能量、低盐、低脂肪、低胆固醇的要求。四是依据性原则，即配方必须有明确的依据，符合国家规定的配伍依据要求，包括政策、法规及理论、技术层面的依据。根据我国政府出台的系列政策法规，功能性（保健）食品开发必须符合《中华人民共和国食品卫生法》《保健食品管理办法》《保健食品评审技术规程》《保健食品功能学评价程序和检验方法》《保健食品通用卫生要求》《保健食品的标识规定》等系列文件，要从理论和技术方面对产品配方给予支持。

第二节　青稞β-葡聚糖保健食品及加工

β-葡聚糖是一种线性无分支黏性多糖，以β-D-吡喃葡萄糖为结构单元，存在（1→3）(1→4)-β-D和（1→3）(1→6)-β-D两大类，可溶于稀酸、稀碱，并有凝胶性、乳化性、发泡性等，广泛分布于动植物及微生物界。据报道显示，β-葡聚糖是一种高生物活性食品功能因子，具有降低血清胆固醇、预防心血管疾病、调节血糖、预防糖尿病、促进肠道益生菌增殖、预防肠癌、调节机体免疫力等多种功效，被广泛用于新型功能食品的设计，开发前景广阔。青稞作为青藏高原上最具特色的农作物，是除皮大麦和燕麦以外最主要的谷物β-葡聚糖来源，青稞的β-葡聚糖含量可达3.66%～8.62%，其在青稞食品加工及高含量β-葡聚糖新产品开发中具有重要地位。

近年来，国内外学者对β-葡聚糖的提取、分离及其功效、功能（保健）开发做了大量研究工作，提出了用青稞籽粒及麸皮等原料通过溶剂法（如水提法、碱提法、酸法、酶试剂法等）、膜分离法、微生物发酵法（用酵母、米曲、红曲等发酵）提取或富集β-葡聚糖，对强化青稞β-葡聚糖活性研究及拓宽其应用范围奠定了基础。目前，已开发的青稞β-葡聚糖制剂包括片剂、胶囊、饮品、粉剂等，根据产品配方设计的不同，发挥其降血脂、降血糖、降血压、调节免疫力、调节肠道功能、抗衰老、清除毒素等不同功效。

一、青稞 β-葡聚糖的提取与富集

目前，关于 β-葡聚糖的提取有较多方法可以借鉴，原料可采用青稞麸皮、青稞全粉或去皮青稞粉，提取溶剂有热水、冷水、酸、碱、二甲基亚砜等，温度从室温到 100℃ 之间不等，料水比（m/V）为 1:（10～50），提取时间为 0.5～22h。除第二章中我们已经介绍的大麦青稞 β-葡聚糖提取纯化方法外，现将其他已报道的提取方法概括如下：

（一）酶法提取

酶法提取是在青稞预处理的基础上，利用蛋白酶、淀粉酶等对原料进行酶解，破坏细胞壁结构及大分子结合物，促进 β-葡聚糖的溶出，从而提高目标组分的提取率。青稞 β-葡聚糖酶法提取工艺见图 8-1。

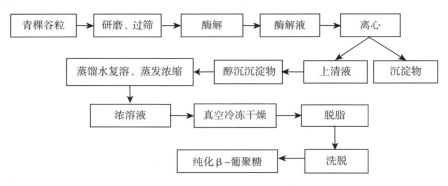

图 8-1　青稞 β-葡聚糖酶法提取工艺

青稞 β-葡聚糖酶法提取操作要点如下：

1. 原料预处理　主要是将青稞原料依次进行清洗、筛选、研磨并过筛等，得粉末样品。

2. 酶解　样品与水按一定料液比混合均匀后依次加入耐高温 α-淀粉酶、木瓜蛋白酶、糖化酶等进行酶解，酶解液离心分离淀粉、蛋白等，收集上清液。

3. 醇沉　上清液中加过量无水乙醇，然后静置过夜，可得醇沉沉淀物。

4. 干燥　含有 β-葡聚糖的沉淀物加水复溶，60～90℃ 蒸发浓缩后于 -20℃ 条件下预冻，真空冻干 24～48h。

5. 脱脂　60～90℃ 水浴条件下用正己烷反复抽提 6～8h，30～50℃ 条件下烘干得粗制样。

6. 纯化　以蒸馏水为流动相，分别采用 DE-32 和 S-400 树脂进行洗脱，得高纯度样品。

7. 纯度分析 采用高效液相色谱法测定 β-葡聚糖纯度，色谱柱型号 SUGAR KS-805Shodex Ⓡ，柱温 30～60℃，检测器温度 30℃，流速 0.5～1.0mL/min。

（二）碱法提取

碱法提取同样是围绕淀粉的酶解、蛋白质的酸沉来实施，通过除去原料中的主要杂质来得到富集 β-葡聚糖的提取液，再以沉淀、复溶、浓缩、干燥、纯化等步骤中的一步或多步获得 β-葡聚糖产物。青稞 β-葡聚糖碱法提取工艺见图 8-2。

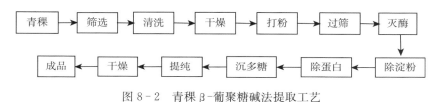

图 8-2 青稞 β-葡聚糖碱法提取工艺

青稞 β-葡聚糖碱法提取操作要点如下：

1. 原料预处理 将筛选、清洗并晾干后的青稞磨成粉，过 40～80 目筛制得青稞粉，-20℃保存备用。

2. 灭酶 取青稞粉加入高浓度乙醇加热回流灭酶。

3. 酶解 青稞粉加水糊化至碘-碘化钾溶液不显蓝色后加入 α-淀粉酶，或调节 pH 至 7～11，然后加入耐高温 α-淀粉酶 85～90℃条件下进行酶解，也可采用木聚糖酶在 pH 5～6 条件下水浴加热破坏细胞壁。

4. 碱溶 加入 1% 左右浓度的氢氧化钠或控制酶解液 pH 为碱性，搅拌提取一定时间后收集上清液。

5. 酸沉 上清液加盐酸调节 pH 为 2～4.5，静置后蛋白沉淀析出，离心去除沉淀。

6. 盐沉或醇沉 向浓缩或未浓缩的上清液中加入 2～5 倍硫酸铵或无水乙醇，静置析出粗多糖，离心收集沉淀即得粗多糖。

7. 除杂 粗多糖加水复溶后去除沉淀，经过多次水溶—醇沉—透析循环以除去小分子杂质。

8. 干燥 将除杂后的葡聚糖提取液采用旋转蒸发法进行浓缩，浓缩液在 -20℃条件下预冻后真空冷冻干燥 24～48h 或在 30～50℃烘干，最后制得精制青稞 β-葡聚糖。

（三）发酵法

发酵法是通过微生物菌体活跃酶系来分解破坏淀粉、蛋白质、胞壁质等，以除去大分子有机物杂质，释放β-葡聚糖分子，提高β-葡聚糖提取效率。有的菌种在自身β-葡聚糖酶调控下可直接合成β-葡聚糖。利用发酵处理不仅可以降低成本、提高产品纯度、简化流程，也可以实现原料中的β-葡聚糖显著富集。扩繁及发酵提取青稞β-葡聚糖工艺见图8-3。

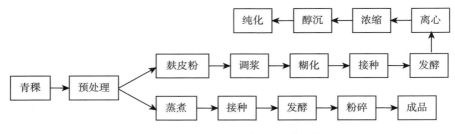

图8-3 扩繁及发酵提取青稞β-葡聚糖工艺

（1）发酵法富集青稞β-葡聚糖工艺的操作要点如下：

①原料预处理。取青稞原料进行清洗，然后浸泡8～30h。

②蒸煮。高温蒸制20～30min以熟化青稞籽粒。

③接种。30～35℃条件下，按菌种：青稞＝（0.5～1）：100的比例接种米曲菌。

④发酵。用温度37℃、湿度80%培养箱培养3d，β-葡聚糖含量≥7.28%（未扩繁4.33%）。

（2）发酵法提取青稞β-葡聚糖工艺的操作要点如下：

①原料预处理。取青稞麸皮，粉碎至75～100μm。

②糊化。加水调成浓度为10%～20%的麸皮粉浆，55～65℃糊化15～30min，糊化后冷却至25～35℃，备用。

③接种。25～35℃条件下，按麸皮质量0.05%～0.2%的比例接种商品化酿酒活性干酵母。

④发酵。温度25～35℃、100～180r/min搅拌条件下发酵24～72h。

⑤离心。发酵液6 000～8 000r/min离心10～20min后收集上清液。

⑥浓缩。将上清液在45～65℃条件下旋转蒸发浓缩5～11倍。

⑦醇沉。加入2～5倍无水乙醇，4～10℃过夜，然后去上清液，得β-葡聚糖粗品。

⑧纯化。按β-葡聚糖粗品：水＝1：（50～100）的比例加水复溶，按200mL β-葡聚糖溶液中加入1g活性炭的比例加入活性炭，45～60℃水浴10～30min，真空过滤后滤液旋转蒸发浓缩，真空冷冻干燥24～48h，得到青稞β-葡聚糖，得率为11.6%～31.1%，纯度97.63%～98.68%。

目前，很多报道制备β-葡聚糖的方法均是酶解、除蛋白、醇沉纯化的过程，产品分子质量可能较大，使得功能性不是很明确，限制了β-葡聚糖在食品工业中的应用。胡辉等在碱溶、酸沉处理后，1 000～3 000r/min 离心收集了上清液，并在此基础上，依次采用 0.1％～0.4％ α-淀粉酶和 0.13％～0.4％糖化酶进行酶解，浓缩后进行醇沉、抽滤、干燥等操作，最后可得小分子质量（相对分子质量为682.7～79 680）的青稞β-葡聚糖产品（总糖含量≥50％，β-葡聚糖含量≥15％，溶解度≥150mg/L）。

二、青稞β-葡聚糖保健产品

青稞β-葡聚糖在理化功能和生物功能上有诸多优势，可以用于肉制品加工、乳品工业、饮料工业、食品添加剂、健康主食与休闲食品加工等方面，具有很好的市场前景。例如，在提取、纯化得到青稞β-葡聚糖产品后，可以通过微胶囊化技术将其包埋在变性淀粉、明胶、海藻酸钠等壁材中制备成微胶囊，或者采用胶囊壳直接包装成药剂；有报道显示这类胶囊产品有显著的降血脂、促排便和减肥效果，志愿者连续服用 3 个月这类产品后，血清胆固醇总量下降达 25％，甘油三酯含量下降可达 138％。

青稞β-葡聚糖还可被加工成咀嚼片（其加工工艺见图 8-4），其服用方便，适用于儿童、老人以及吞咽困难群体，口感和风味接受度高，可促进β-葡聚糖在人体内的溶解和吸收。该类产品主要由稀释剂（如淀粉、糊精、糖粉、乳糖等）、黏合剂（如聚乙烯吡咯烷酮、淀粉浆等）、润滑剂、矫味剂（如蔗糖、乳糖、葡萄糖、枸橼酸、酒石酸、橙皮糖浆、樱桃糖浆、甘草糖浆等）等组成，糖尿病患者所用的矫味剂可选择甜味菊苷、甘草苷、蛋白糖、麦芽糖醇、乳糖、山梨醇等。

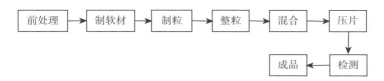

图 8-4　青稞β-葡聚糖咀嚼片加工工艺

发酵是一种加工保健食品的有效技术，利用曲霉、酵母、乳酸菌等丰富的酶系，消耗原料中的淀粉和蛋白质，可以有效释放原料中的膳食纤维等，并消耗还原糖、氨基酸及其他含碳、氮的杂质；刘新琦等基于该原理，以青稞麸皮为原料，采用酵母发酵法提取了青稞β-葡聚糖，在料液比为 1∶6、接种 0.05％高活性干酵母、32℃ 发酵 34h 的条件下生产出得率高达（5.21±0.02）％的β-葡聚糖产品，比传统水提法得率高60.8％，纯度为91.21％。在青稞精深加工利用方面，青海高键生物科技有限公司联合多个科研院所研发了三次发酵的青稞β-葡聚糖及其副产物的工艺；首次发酵可产生青稞β-葡聚糖口服液、饮料（饮料中β-葡聚糖含量≥180mg/mL）等，二次发酵可产出以青稞米酒为主的衍生产品，三次发酵可以产出富含有益菌群的生物肥料，在高效分离利用活性青稞β-葡聚糖的同时，还能实现青稞高附加值开发。

白婷等报道了青稞、银杏胶囊保健品（其制作流程见图8-5）的加工，该产品以具有降血脂、降胆固醇的青稞提取物及银杏提取物为原料，以淀粉和硬脂酸镁为辅料，所制得的制剂具有食用安全性，动物实验表现出显著的保健功效。以青稞β-葡聚糖为主要多糖基质，辅以山楂和甘草提取物及风味剂，可以制备降脂保健、安全防噎、风味怡人、入口即化的青稞β-葡聚糖果冻，其制作工艺如下：首先调制果冻液体（该液体包含5％青稞β-葡聚糖、0.5％明胶、5％甘油、1.5％山楂提取物、0.5％～2.5％甘草提取物、8％白砂糖），再将果冻液体装入模具中冷藏定型，经脱模、装饰后即为产品。此外，还可以香气浓郁、涩味较轻的茶叶为原料，配以牛奶和青稞β-葡聚糖制作出营养健康、色、香、味俱佳的新型青稞保健奶茶产品（其制作流程见图8-6），在调配环节分别加入预先溶解的白砂糖、青稞β-葡聚糖及纯牛奶，可参考的配方如红茶汁12％～18％、纯牛奶20％～30％、白砂糖4％～6％、β-葡聚糖1％～2％。

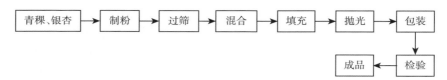

图8-5 青稞、银杏胶囊保健品制作流程

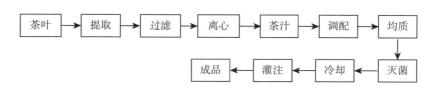

图8-6 青稞保健奶茶产品的制作流程

此外，可以利用含有α-淀粉酶、内切-1,3-β-葡聚糖酶、内切-1,4-β-葡聚糖酶、地衣葡萄糖淀粉酶等的混合物进行处理，适度降低大麦（青稞）β-葡聚糖溶液的黏度，改善相关饮料的口感；经过该处理的β-葡聚糖饮品中含有分子质量为80～200kDa的β-葡聚糖，可降低血液胆固醇，尤其是降低血液低密度脂蛋白（LDL）水平的功效更优。以青稞为主要原料，将其粉碎后与一定辅料混合拌匀（辅料1由羌活、独活、桑寄生、雪莲花、鹿鞭、淫羊藿、何首乌、人参热烫和打粉制得，辅料 2 由田七菜、山核桃、红薯、独脚金、枸杞湿法打粉制得，打粉后加入维生素 C 粉)，加入少量精氨酸、牛磺酸及富硒水后搅匀，装坛封存一周，然后过滤取汁即可得到青稞酒，酒中含有 β-葡聚糖及多种中草药活性成分，保健功效显著。β-葡聚糖具有良好的持水性和持油性，添加到肉中可以改善肉制品的外官和质构特性，如使制品多汁、富有弹性、减少淀粉用量、光泽度提高、口感更富韧性等。研究显示，每千克猪肉糜中加入 2.5g β-葡聚糖、2.0g 卡拉胶和 2.5g 淀粉制成的产品，其口感、弹性和风味均较好。Morin 将大麦 β-葡聚糖添加到低脂肪香肠中，结果显示 β-葡聚糖的添加改变了香肠和理化特性和感官特性，可以提高产品保水性和嫩度。青稞 β-葡聚糖还可以添加到低脂冰激凌、乳饮料、奶酪及其制品中以改善风味；β-葡聚糖本身具有良好的增稠作用，与 CMC-Na、瓜尔豆胶等复配作为稳定剂可显著提高冰激凌的贮藏性和稳定性；而另一项研究表明添加 0.2% 的 β-葡聚糖能显著提高冰激凌的膨胀率、黏度及抗融性。β-葡聚糖也具备良好的乳化性、增稠性、稳定性及多糖链基的持水性，可使产品具备类脂肪特性，工业上可作为代脂肪原料添加至低脂肉制品、奶制品及面制品中，起到辅助降脂的保健功效，相应产品在国外市场也广受欢迎。

在烘焙食品中，β-葡聚糖的添加可以起到一定的保健作用，可降低甘油三酯含量，有效预防肥胖症。Cavallero 等将大麦 β-葡聚糖与面粉以不同比例复配制作面包，结果显示人体中的甘油三酯与面包中加入的 β-葡聚糖含量呈线性关系，而与配方组比较得出可溶性 β-葡聚糖含量高的面包降脂效果更明显。β-葡聚糖的制品通常具有更好的耐热性，淀粉老化速度较慢，水分保持效果较好，可以延长货架期。青稞 β-葡聚糖作为一种功能性多糖，具有诸多独特的理化特性和生物活性，是近些年来研究较多的谷物膳食功能因子之一，其市场应用潜力巨大；除上述青稞 β-葡聚糖保健食品开发实例外，β-葡聚糖更为便捷的利用方式是将分离纯化物作为功能因子添加到各类固体和液体食品中以增强人体健康性，从而达到食品功能化的目的，为特定群体消费者提供更有益的选择。

第三节　青稞麦绿素及其食品加工

麦绿素（Barley Green）是一类以 100% 纯越冬麦类植物嫩苗为原料，通过完全细胞破壁技术及常温真空干燥技术，完全保留了嫩苗中 200 多种营养素活性的一种复合物，是纯天然的健康食品。麦绿素是麦类嫩苗开发最为成功的产品之一，最早由狄原义秀博士在治疗有机汞中毒时提出，他发现麦汁具有解毒功能，随后日本很快出现了相应产品，这类产品成功地走入国际市场，被誉为 21 世纪国际七大流行食品之一。制作麦绿素的麦类植物属于禾本科（*Poaceae*），包括大麦、小麦、燕麦、黑麦等，而有关麦绿素的加工研究以大麦（*Hordeum*）和小麦（*Triticum*）居多。大麦是人类栽培的古老作物之一，具有悠久的食用和饲用历史，随着现代科学技术对麦类植物嫩叶、嫩苗营养与功效作用的探究，大麦嫩苗汁和苗粉产品近 30 年来受到了消费者的青睐。麦类植物嫩苗具有极高的药用价值和食用价值，富含蛋白质、维生素、矿物质、活性酶、叶绿素、氨基酸等多种营养成分和活性成分，具有延缓衰老、降血糖、降血脂、抗溃疡、防止心血管疾病等多种生理功效，我国早期典籍《本草纲目》《伤寒杂论》对此早有记载，如："麦苗，辛、寒、无毒。主治消酒毒、暴热、酒疸、目黄。并捣烂绞汁滤服之，蛊毒。煮汁滤服之，除时疾狂热，退胸隔热，利小肠。作韭食，甚益颜色"。麦类嫩苗产品主要生产基地在美国、加拿大、澳大利亚等，而它的消费则遍及日本、欧美、东南亚等地区；目前，国内该类产品的生产规模也逐年上升，随着麦类深加工水平的提高，麦苗产品已成为市场上一类新兴功能食品及保健食品的加工原料。

麦绿素所含的蛋白质为植物性蛋白质，它们直接来源于麦苗的光合作用，作为处于食物链最低位置的小分子蛋白质，麦绿素虽然在麦苗中含量较低，其细胞被一些难以消化的粗纤维或淀粉所稀释，但其富含的酪氨酸、胱氨酸、精氨酸、组氨酸、蛋氨酸、赖氨酸、色氨酸等氨基酸安全、无毒、易吸收，是一种良好的氨基酸来源。麦绿素中含有丰富的天然叶绿素成分，可以通过细胞破壁提取技术保留下来，有研究认为，这种含有叶绿素的提取物进入人体后，叶绿素分子中的镁离子会被铁离子置换出来，直接成为人体血红蛋白，此外，叶绿素也具有抗炎和杀菌作用，有"天然消炎药"之称，对胃部不适有所裨益，叶绿素也可以中和毒素并将毒素从体内排出。麦绿素富含矿物质，如钾、钙、铁、镁、锌、磷等，被称为"碱性食品之王"，其含钾量是香蕉的 25 倍，含钙量是牛奶的 11 倍，含铁量是菠菜的 5 倍，这些麦苗内源矿物质可以被细胞有效吸收、消耗及排泄，人体每日摄入少量麦绿素就能满足体内所需的矿物质量。维生素是维持人体生命活动必需的一类有机物，也是保持人体健康的重要活性物质。麦绿素中富含的维生素包括维生素 B_2、维生素 C、维生素 B_1、β-胡萝卜素等，它们作为细胞内的抗氧化剂可清除自由基、细胞色素，对各种环境污染造成的人体组织损害起到屏蔽作用。麦绿素中的胡萝卜素的含量是胡萝卜的 5 倍，维生素 C 的含量是苹果的 60 倍，维生素 B_1 的含量分别是牛奶与菠菜的 30 倍和 10.7 倍，维生素 B_2 的含量是菠菜的 9.2 倍，叶酸含量是菠菜的 8 倍，5 粒麦绿素相当于 500g 番茄中维生素 B_2 的含量。麦绿素中还含有黄酮、超氧化物歧化酶（SOD）、过氧化氢酶（CAT）等一些活性成分，在抗氧化和防治癌症、心血管疾病方面具有良好的功效。Benedet 等在大麦苗中检测出邻二羟基黄酮类化合物皂草苷（Saponin）和大麦黄苷（Lutonarin）（它们的分子结构见图8-7），它们的抗氧化能力高于一般植物黄酮和黄酮碳苷。此外，夏岩石等检测出大麦嫩苗中的总黄酮含量高达7 308.60μg/g，也显著高于其他植物。SOD和CAT是麦绿素中的天然抗氧化剂，Ehrenhergerová等研究发现大麦苗中这两种酶的活性高于一般植物，SOD活性为189～684U/g，CAT活性为104～1 744U/g；SOD可以说是人体中最强和最有效的抗氧化剂，对活性氧降解作用比维生素C强500倍、比维生素A和维生素E均强1 000倍。因此，麦绿素不仅具有突出的营养功效，还具有较高的保健价值。

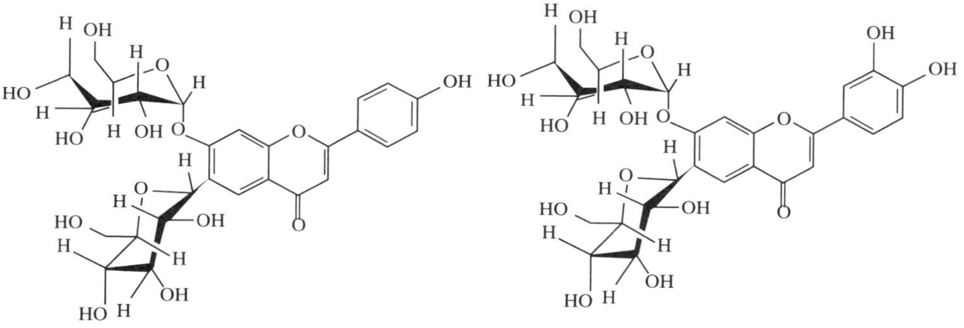

图8-7 皂草苷（左）和大麦黄苷（右）的分子结构

青稞属禾本科大麦属，俗称裸大麦，是青藏高原独有的物种和最具特色的农作物。深绿色的青稞苗耐寒且生命力强，不易受病虫害，是禾本科植物中的佼佼者，抽穗前的青稞嫩苗新陈代谢活跃，富含酶、黄酮、蛋白质、维生素、矿物质、叶绿素、氨基酸等有效活性成分，它们具有增强免疫力、抗氧化、抗衰老、降血糖、降血脂、促进肠胃吸收等功能。青稞苗生长在日照充足且绿色无污染的青藏高原上，栽培容易，产量高，活性物质含量高，可年产3～5季。报道中指出，麦类叶片、汁液中均含有麦绿素，但小麦叶片较小且颜色较淡，大麦叶片较好，而青稞（裸大麦）叶片最好，最适宜于加工成色泽好、营养和功能价值高的麦绿素。麦绿素制备的主要环节包括破壁工艺、浸提工艺和干燥工艺，即通过现代新型破壁技术破坏由纤维、半纤维素和木质素构成的细胞壁，充分释放细胞内容物并分离细胞的营养精华，进而以水、醇等在较低温度下浸提获得麦绿素提取物，最后采用喷雾干燥技术或冷冻干燥技术，在优选参数下干燥或浓缩得到麦绿素粉或液状产品。天然、绿色、营养保健食品的开发是国内外食品发展的重要趋势，在一些发达国家的市场上麦绿素类产品已广受欢迎，而目前国内市场上相关产品依然很少，对其的研究工作也较为少，对其生理活性、标准化加工与评价体系、专用设备等方面的研究和应用还需进一步加强。

一、青稞麦绿素的制备方法

麦绿素的一般制备操作要点如下：

1. 原料预处理　尽快剔除麦苗中的黄叶、杂物等，用清水清洗，再用 $2\%\sim4\%$ 的 H_2O_2 浸泡，纯水淋洗，沥干水滴，切割备用。

2. 打浆（或榨汁）　取一定量麦苗，按一定料液比加入纯水，利用胶体磨、打浆机、破壁机打浆或榨汁。

3. 护色　采用 $0.01\%\sim0.03\%$ 维生素 C、$0.40\%\sim0.60\%$ 亚硫酸氢钠、$0.04\%\sim0.06\%$ 柠檬酸、$100\sim200mg/L$ 茶多酚等作为护色剂。

4. 浸提　采用微波技术、超声波技术、常规水提等方法对麦绿素进行浸提，一般以水为溶剂，也有采用第 1、2 次以水为溶剂，第 3 次以乙醇为溶剂的 3 道提取法。浸提后产生的麦苗渣可以用于提取膳食纤维，或干燥、粉碎、过筛后与麦苗汁粉混合。

5. 配料　可选择性地在过滤浸提液中加入乳糖、环糊精、螺旋藻粉、食品添加剂、麦苗渣粉等进行调配，用以制作不同品质要求的产品（如粉剂、片剂、胶囊、饮料等）。

6. 灭菌　采用高温灭菌。

7. 干燥　烘干、浓缩后真空冷冻干燥或喷雾干燥，冷冻干燥活性物质保留效果最好，喷雾干燥使用较普遍，室温烘干则需要进行超微粉碎以满足粒度要求。

8. 包装　采用适当材料包装即可。

青稞麦绿素的制备方法根据原料在打浆破壁（使用打浆机、胶体磨、冷冻破壁技术等）、提取（使用水、乙醇溶液、磷酸缓冲液等）、酶处理（使用纤维素酶、蛋白酶、淀粉酶、果胶酶等）、榨汁、淀粉老化、干燥（如冷冻干燥或喷雾干燥）等环节的差异而略有不同。高度为 $25\sim35cm$ 的青稞鲜苗经挑选、除杂、清洗、消毒后可加水打浆并直接真空冷冻干燥浆液（物料厚度 5mm、干燥室压力 60 Pa、升华温度 40℃、解析温度 50℃）得到麦绿素，或者在打浆后加入单一质量分数为 $0.33\%\sim0.38\%$ 的纤维素酶或质量比为 1∶2 的风味蛋白酶/纤维素酶复合酶（单一酶 pH 5.0、时间 5h，复合酶 pH 6.5～7.5、时间 $1.5\sim2.5h$）以提高浸提效率；酶解液可通过冷冻—解冻使淀粉老化沉淀来提高麦绿素纯度，干燥至水分含量为 $5\%\sim10\%$ 即为麦绿素产品。青稞麦苗也可先采用纤维素酶酶解后再进行多次榨汁处理，合并汁液并过滤、干燥后用微波或[60]Co 杀菌后真空包装即得青稞麦绿素成品。徐新月等提出超声波辅助酶法提取工艺，其中酶为果胶酶/纤维素酶复合酶（质量比为 1∶1.5～1∶2.5），酶加量为 0.1～0.15g/kg，超声功率 400～500W，协同提取温度 40～45℃，时间 60～90min，通过离心分离（转速 10 000～12 000r/min、时间 5～10min、滤网 80 目）或榨汁过滤（压力 6～8 MPa、料温＜20℃）分离固体渣部分，30～35℃真空浓缩至固形物含量为 25～30°Brix，然后进行真空冷冻干燥或瞬时喷雾干燥（进风温度 195～205℃，出风温度 75～85℃）制粉。青稞麦绿素加工工艺如图 8-8 所示。

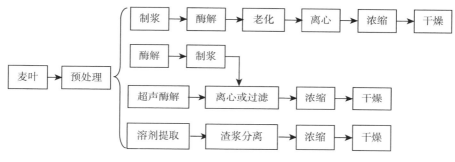

图 8-8　青稞麦绿素加工工艺

　　青稞麦绿素在加工中可能涉及烘干、喷雾干燥、热浓缩等单元操作，这些操作会对麦绿素中的叶绿素、多酚、蛋白酶等活性物质造成不同程度的损失，影响产品品质特性。因此，有必要在麦绿素加工时对浆液进行护色操作，常用的护色剂有维生素 C、柠檬酸、亚硫酸氢钠等，也有学者提出采用富含硒的金针菇提取物作为护色剂，该提取物是金针菇按料液比 1∶3（W/V）添加纯净水压榨制取，这种生物护绿剂在添加 0.1%～1.0%（V/V）的水平上可有效保护叶绿素成分，降低人工铜离子护绿对食品的污染及碱性条件对麦绿素中维生素的破坏。杀菌是杀灭微生物、保障食品安全的关键步骤，工业生产中多采用巴氏杀菌、UHT 灭菌等方法，这些方法也可能对麦苗粉营养组分带来不利影响。江南大学的张憨等提出了一种调理型麦苗粉柔性杀菌方法，主要是对麦苗粉进行通入臭氧并变速搅拌、两波段射频杀菌处理、自然冷却、充惰性气体封装等操作，组方时加入抗氧化物质杨梅多酚及营养物质，通入臭氧时 10～30r/min 通气 20～60s、30～50r/min 通气 20～60s（臭氧浓度为 10～20mg/kg，充气速率为 1～3mL/s），两波段射频杀菌参数为 27.12MHz 3～10min，40.68MHz 2～15min，板间距为 12～14cm，辅助气流温度为 45～55℃；经过该工艺加工的麦苗粉产品与杀菌前相比，活性成分保存率高于 90%。这些研究可为高功能性青稞麦绿素的加工及保藏提供一些理论和技术参考。

二、具有保健功效的青稞麦绿素食品

青稞麦绿素具有极高的营养价值和保健功能，而且色泽优良，是新一代的综合型食品功能因子，是食品加工中重要的天然原辅料之一，在绿色、清爽、健康型食品的研发中应用前景广阔。目前，青稞麦绿素可被用于具有不同功能特征的麦绿素粉、麦绿素制剂（如片剂、颗粒、胶囊）、焙烤食品、米面制品、饮料、茶、粥等产品加工。现将青稞麦绿素功能食品介绍如下：

（一）青稞麦绿素粉

1. 富含 SOD 青稞麦绿素粉　以葡萄糖酸铜和磷酸盐缓冲液作为提取剂浸提青稞麦苗粉，经过多次提取后合并上清液，浓缩、干燥后可得富集 SOD 的青稞麦绿素粉，这类粉在清除人体自由基、美容养颜方面具有良好的功效。唐显武为提高细胞破壁提取后苗汁浓缩效率和产品品质，提出超滤-反渗透联合法浓缩青稞麦绿素提取物技术，该技术可在常温下操作，同时在浓缩前加入天然抗氧化剂茶多酚能有效避免产品氧化褪色，提高纤维素稳定性，保护麦绿素、活性酶等各类营养成分，经添加螺旋藻粉、麦芽糊精后真空微波干燥，产品外观、营养性和功能性得以改善。富含 SOD 的青稞麦绿素粉加工工艺见图 8 - 9。

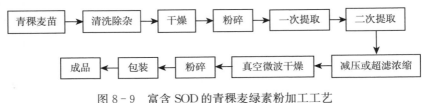

图 8 - 9　富含 SOD 的青稞麦绿素粉加工工艺

青稞麦绿素粉加工操作要点如下：

（1）原料预处理。采收高度为 20～40cm 的麦苗，剔除黄叶、杂物、变色幼苗等，20 倍清水超声清洗 2 次（30min/次）。

（2）打粉。用饱和蒸汽灭菌后 75℃减压干燥、粉碎得青稞幼苗粉。

（3）提取。加入 0.16％葡萄糖酸铜、10 倍体积 pH 6.5 磷酸盐缓冲液，70℃、100r/min 浸提 15min，同样条件下进行二次提取（时间 1h），合并滤液。

（4）干燥。加入原料质量 1.5％的乳酸钙，70℃减压浓缩后真空微波干燥至水分含量为 3％～5％。

（5）粉碎。粉碎干膏，过 350～400 目筛网后，即得富含 SOD 的青稞麦绿素粉。

2. 活性青稞麦绿素粉　选择未拔节的青稞幼苗，进行冷冻取汁，汁液干燥后得富含活性成分的青稞麦绿素粉，取汁后的麦苗真空冷冻干燥后进行膨化和超微粉碎处理（320～600目），得到苗渣粉，再将青稞麦绿素粉、苗渣粉、麦芽糊精、CMC-Na等调配混合后即为活性青稞麦绿素全粉。徐新月采用青稞苗（大麦苗、小麦苗、荞麦苗、黑麦苗、野燕麦苗等亦可）麦绿素为基料，选用副干酪乳杆菌 BRAP－01（*L. paracasei*）、长双歧杆菌 BR-BLCT（*B. longum*）、嗜酸乳杆菌（*L. acidophilus*）、罗伊氏乳杆菌 BR-LRECT（*L. reuteri*）等益生菌复配制备营养组合物，该活性麦绿素粉具有麦绿素和益生菌的双重保健功效，在调节肠道菌群、促进人体营养吸收、抗自由基氧化和抗心血管疾病等方面有突出优势。活性青稞麦绿素粉加工工艺见图8-10。

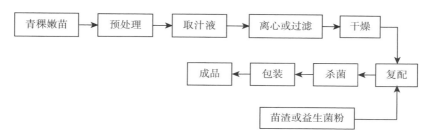

图8-10　活性青稞麦绿素粉加工工艺

活性青稞麦绿素粉加工操作要点如下：

（1）原料预处理。收集高度为10～30cm青稞麦苗，剔除黄叶，挑选品质优良的青苗，清洗、除杂备用。

（2）取汁液。细胞破壁提汁或冷冻取汁，其中冷冻取汁参数为－4～－15℃冻结、10～25℃解冻。

（3）分离。离心分离上清液与苗渣，苗渣可冻干、超细粉碎后做配料。

（4）干燥。对麦绿素汁、液、渣等进行减压干燥或冷冻干燥。

（5）复配。将麦绿素粉（5%～8%）、苗渣粉（92%～95%）、麦芽糊精（0～0.2%）、CMC-Na（0～0.1%），或麦绿素∶益生菌＝1∶18进行复配（麦绿素水分含量＜10%，益生菌粉水分含量＜8%）。

（6）包装。按一定规格对混合粉充氮包装，即得成品。

3. 调理型青稞麦绿素粉　具有调理功能的青稞麦绿素粉加工，主要是在麦绿素粉基础上，利用有不同功效的天然果蔬及药食同源植物制品进行调配，再加入一般辅料（如麦芽糊精、β-环糊精、木糖醇、膳食纤维等），制粉后可得到均匀一致的调理产品。例如，青稞麦绿素提取浓缩液中加入苹果粉、香蕉粉、芒果粉、草莓粉等制的冲调粉适宜于儿童食用，加入牛芬粉、葛根粉、芹菜粉、苦瓜粉等制备的产品适合老人食用，而加入山药粉、红枣粉、西兰花粉、黄瓜粉等制备的产品更适合女性食用，不同类产品中功效因子黄酮含量为

400～1 000mg/100g、叶绿素含量为 200～1 000mg/100g、SOD 含量为
1 000～6 500μg/100g。江南大学的张憨等还提出了一种以冻干大麦苗为原料
制备速溶调理纳米麦苗粉的技术，干燥青稞苗制粉后采用氧化锆冲击磨对粉进
行二次冲击粉碎，粉碎至产品具有不同的纳米粒径，复配调味剂（如
0.05%～0.07%的 20～30μm 蓝莓粉、香蕉粉、橘子粉、草莓粉、牛蒡粉、红
枣粉、南瓜粉、银杏粉中的一种或几种）、甜味剂（如 1%的海藻糖）及功能
剂（如 0.02%～0.08%的杜仲粉、0.6%的膳食纤维）后，可得高分散型
（200～250nm 麦绿素粉）和中等分散型（250～300nm 麦绿素粉）的速溶粉，
产品速溶时间为 8～20s，叶绿素含量为 200～520mg/100g，黄酮含量为 400～
780mg/100g。此外，新鲜大麦苗和胡萝卜清洗干净后可直接利用植物活体常
温干燥超微粉碎技术分别制成超微干粉（细度≥800 目、温度≤40℃），将两
者按干质量比为 9∶1 的比例混合均匀，便得到一种营养、健康的即食天然营
养食品。以小麦粉为主料，在其中加入玉米粉、苜蓿粉、山芋粉、青蒿粉、青
稞麦绿素粉，混合搅拌均匀后可得青稞保健蒿粉，长期食用可改善高血脂、高
血压、高血糖、睡眠质量欠佳、浑身无力、精神焕散等，同时该类产品还有抗
癌、预防动脉硬化、增强免疫力、清肺保肝等多种功效。调理型青稞麦绿素速
溶粉加工工艺见图 8-11。

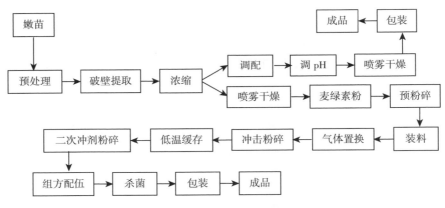

图 8-11 调理型青稞麦绿素速溶粉加工工艺

调理型青稞麦绿素速溶粉加工操作要点如下：

（1）原料预处理。收集青稞嫩苗，筛选品质好的青苗，清洗、热风干燥处
理，粉碎至 60～70 目备用。

（2）麦绿素制备。以 70%～80%乙醇为溶剂，40kHz、180～240W 两次
超声破壁提取［料液比为 1∶（15～20）］，提取液在 38～42℃条件下旋转蒸发
为浓缩物；冻干大麦苗粉碎至 70～300 目，两次冲击磨细化为纳米粉（锆碎

球：粗麦苗＝4：1，N_2 压力为 1 个大气压，150～200Hz，2～10h）；新鲜苗通过植物活体常温干燥超微粉碎技术制成超微干粉。

（3）调配。采用果粉、胡萝卜超微粉、牛蒡粉、银杏粉、苜蓿粉、山芋粉、青蒿粉、杜仲粉等具有保健功效的原料，以及麦芽糊精、海藻糖、β-环糊精、木糖醇、羧甲基纤维素钠等辅料，对麦绿素浓缩液、纳米粉、超微粉等不同麦绿素处理物料进行组方调配。

（4）成品。对复配后均匀一致的不同干粉进行杀菌包装，或将浓缩液喷雾干燥制粉后包装即为成品。

（二）青稞麦绿素制剂（胶囊、片、颗粒）

1. 青稞麦绿素胶囊 麦绿素胶囊类产品加工技术较为成熟，超微化处理后所得的麦绿素微粉可直接作为填充胶囊的原料，也可以将麦绿素粉与其他超微辅料混合复配后再制成颗粒和胶囊。青稞麦绿素胶囊加工工艺见图 8-12。

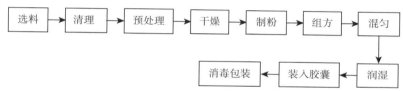

图 8-12 青稞麦绿素胶囊加工工艺

青稞麦绿素胶囊加工操作要点如下：

（1）原料预处理。取新鲜大麦苗，用 2.5％双氧水溶液消毒后切段。

（2）干燥。采用热风烘干或真空冻干制。

（3）制粉。青稞干苗打粉后利用胶体磨或气流粉碎设备粉碎至细度 10～20μm。

（4）组方。将麦绿素粉与其他不同功效的功能食材、药材、辅料等各类微粉按配方混合，充分拌匀；例如：某麦绿素保健胶囊配方为 45g 麦绿素微粉，15g 山药微粉，15g 珍珠微粉，20g 苦荞微粉，4.999 9g 异麦芽糖醇粉，0.000 1g 甲基吡啶酸铬微粉。

（5）制粒。采用摇摆式制粒机、干式制粒机、沸腾床制粒机、螺旋挤出型制粒机等制粒，以 85％乙醇为湿润剂，40～60℃干燥后备用。

（6）填充。采用胶囊填充机将麦绿素颗粒按一定剂量规格填充入胶囊壳，进一步包装后即得产品。

2. 青稞麦绿素片 新鲜青稞苗收割预处理后经打浆或提取、过滤、减压浓缩、喷雾干燥等步骤制备成麦绿素粉，再将麦绿素粉与植物活性提取物、糖、淀粉、硬脂酸镁等材料充分混匀，用压片机冲压后可加工为具有保健功效的青稞麦绿素片产品。青稞麦绿素片加工工艺见图 8-13。

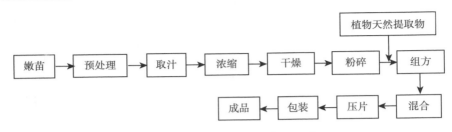

图 8-13　青稞麦绿素片加工工艺

青稞麦绿素片加工操作要求如下：

（1）原料预处理。收割新鲜大麦苗后加 2～10 倍水打浆，过滤、减压浓缩至相对密度为 1.10～1.50 后喷雾干燥至恒重。

（2）配料。将原辅料混合后于三维混合机中处理 15min，充分混匀，过 40～80 目筛；报道配方举例：青稞麦绿素粉 400g，微晶纤维素 10g，山梨糖醇 80g，淀粉 80g，硬脂酸镁 10g，青稞麦绿素粉、越橘提取物、常规提取物适量，麦绿素粉 37%～42%，人参 7%～12%，蛹虫草粉 18%～22%，酵母 β-葡聚糖 0.8%～1.3%。

（3）压片。组方后的物料倒入压片机中进行压片，采用 8mm 冲头压片，单片（500±2）mg，制为 1 000 片。

（4）包装。按片剂方式包装后即可得具有调节免疫、抗氧化、降血脂等功效的产品。

3. 青稞麦绿素颗粒　青稞麦绿素颗粒制备工艺与前述青稞麦绿素胶囊制备工艺类似，将麦绿素、山药、珍珠、苦荞、异麦芽糖醇、甲基吡啶酸铬等原料微粉分别按 25%、15%、15%、25%、19.999 9%、0.000 1% 混合后拌匀过滤，加入乙醇润湿后于 60℃烘干，用铝塑袋包装后即得复方微米麦绿素降糖养颜颗粒产品。

（三）青稞麦绿素营养饼干

饼干是一类以低筋面粉、油脂和砂糖为主要原料，经辊轧、烘烤制成的口感酥脆的一类点心。麦绿素的保健功效已被市场所认可，但在食品中的应用研究相对较少，因此有报道将其应用于饼干的制作中。青稞麦绿素营养饼干加工工艺见图 8-14。

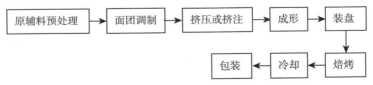

图 8-14　青稞麦绿素营养饼干加工工艺

青稞麦绿素营养饼干加工操作要点如下：

（1）面团调制。将水、蛋、糖、油混匀乳化后加入面粉及其他辅料；例如，配方1：100g面粉，4g麦绿素，80g黄油，30g糖，1.5g小苏打，0.5g单甘酯，0.5g盐，0.2g香精，20～40g鸡蛋；配方2：100g小麦粉，20g水，3g麦绿素，20g色拉油，25g白砂糖，1g泡打粉，1g小苏打，4g鸡蛋，0.5g盐。

（2）辊轧。用压面机压片成厚度为2.5～3mm的面片。

（3）成型。采用印模手工压制成型或用饼干成型机压制成型，也可将调好的面糊挤注成型。

（4）烘烤。设置烤制设备（如烤箱、隧道烤炉等）上火温度为170～190℃、下火温度为170～200℃，将烤盘置于烤制设备中烤制，待饼干表面呈棕黄色时即可。

（四）青稞麦绿素保健饮料

医疗实践表明，直接食用青稞麦苗青汁或食用在常温以下加工的麦苗干粉，才能发挥麦绿素的最大功效。苏立宏等人首先通过割取、清洗、榨汁和滤过步骤制备了液体麦绿素，为尽量保持麦绿素的活性成分，采用了冷榨榨汁方式，并采用真空减压过滤，制得的液体麦绿素经过调节糖酸比、稳定化、果汁调味、维生素C强化后可得果味型青稞麦绿素饮料。青稞苗经过榨汁或打浆、均质、杀菌后充入CO_2，即为青稞麦绿素含气活性碳酸饮料。麦绿素与富含茶多酚的绿茶分别经浸提、过滤，然后进行调配，可制备功能品质强化的麦绿素茶饮料。固体饮料也是饮料中携带方便、口感良好、广受欢迎的饮料产品之一。顾振新等人在金针菇提取液作护绿剂的条件下对大麦苗进行冷冻取汁、冷冻干燥、粉碎、过100～200目筛，然后将麦绿素粉与山梨糖醇、麦芽糊精、海藻酸钠、螺旋藻粉等复配可得大麦麦绿素固体饮料。余内逊以麦绿素微粉、芍药微粉、珍珠微粉、苦荞微粉、异麦芽糖醇粉、甲基吡啶酸铬微粉、蒸馏水为原料，制备了麦绿素口服液。采用类似的工艺将蜂蜜、白糖、果粒、叶绿素等熬煮加工，冷却装瓶即为叶绿素营养饮料。不同类型青稞麦绿素保健饮料加工工艺见图8-15。

青稞麦绿素保健饮料加工操作要点：

（1）原料预处理。新鲜大麦（青稞）苗经挑选、清洗、榨汁、过滤后得到液体麦绿素，或经过冷冻干燥、喷雾干燥等制成麦绿素粉备用。

（2）调配。根据产品类型不同，可采用液体麦绿素充入CO_2处理或直接调配［0.01％～0.5％蛋白糖，0.01％～0.5％柠檬酸或苹果酸，0.03％～0.08％β-环糊精或0.015％～0.04％异维生素钠C、100～200mg/kg维生素C和（或）1％～25％的果汁］，或于麦苗均质浆液中按1:1的比例加入绿茶提

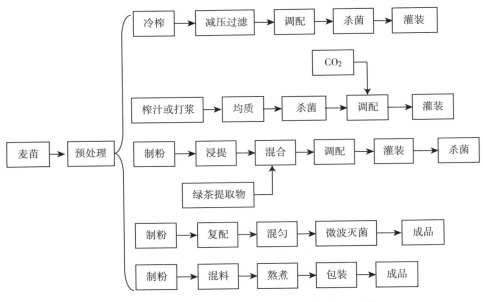

图 8-15　不同类型青稞麦绿素保健饮料加工工艺

取物（提取条件：茶∶水＝1∶80，水温 80℃），然后调配（6％白砂糖、0.06％柠檬酸、0.1g/L 蜂蜜、0.02％黄原胶、0.04％CMC），或取低温制备麦绿素粉进行复配（50％～65％麦绿素粉，30％～50％麦苗渣粉，1％～5％螺旋藻粉，0.02％～0.06％黄原胶，0.01％～0.03％山梨糖醇，0.01％～0.04％海藻酸钠，0.01％～0.03％麦芽糊精，0.01％～0.03％羧甲基纤维素钠），或采用其他原料和方案进行调配。

（3）杀菌。液体饮料采用巴氏杀菌、UHT 杀菌，固体饮料采用微波灭菌（2～3min）。

（4）灌装或包装。液体饮料先杀菌后灌装或反之，固体饮料按既定规格采用不同容器进行包装，最后得麦绿素饮料成品。

（五）青稞麦绿素保健茶

取预处理的新鲜麦叶，经热水烫漂后分段冷却，离心甩干多余的水分后采用真空冻干或热风干燥进行脱水处理，最后消毒包装即制成保持大麦苗原有色泽和清香气味的大麦清茶。同理，将大麦青苗漂洗、消毒后切段，经过真空冷冻干燥后可得大麦青苗嫩叶茶。将青稞蘖苗（50％～70％）、菊花（2％～10％）、黄芩（5％～10％）、冰糖（3％～10％）、枸杞嫩叶分别干制和挑选，按比例混合搅拌均匀后用紫外线杀菌并封装，可得具有清火、活血祛湿、降低血糖等功效的茶产品。青稞麦绿素保健茶加工工艺见图 8-16。

青稞麦绿素保健茶加工操作要点如下：

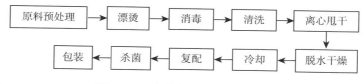

图 8-16　青稞麦绿素茶加工工艺

（1）原料预处理。收集新鲜麦叶，去除黄叶、杂质等，清洗干净。

（2）杀青。采用 1∶1 000 的氯化钠热水烫漂，真空冻干或热风干燥。

（3）切段。切分为 1.5～2.0cm（可在杀青前进行）。

（4）复配。采用植物嫩叶、茶用干制花叶、糖、其他具有保健功效的食材按比例复配。

（5）杀菌和包装。经紫外线杀菌、包装后即为成品。

（六）青稞麦绿素保健米面制品

青稞对降低胆固醇和降低血糖非常有效，可用青稞生产富含蛋白质、活性肽、氨基酸、维生素、矿物质、叶绿素等营养功效成分的青稞麦绿素，麦绿素是制作保健型米面制品的理想原料。分别将处理好的强筋小麦粉、麦绿素粉、葛根粉、杂粮粉、杂豆粉、坚果粉、菌粉、辣木叶粉、菊粉等及其他辅料复配，可加工成麦绿素营养挂面、代餐粥、功能化青稞米、健康包衣大米等产品，这些产品丰富了特殊人群的饮食。不同类型青稞麦绿素保健米面制品加工工艺见图 8-17。

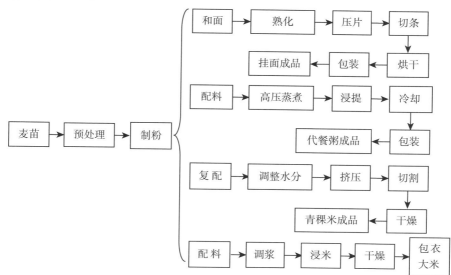

图 8-17　不同类型青稞麦绿素保健米面制品加工工艺

青稞麦绿素保健米面制品加工操作要点如下：

（1）原料预处理。长度为 20～40cm 的新鲜青稞麦苗经筛选、清洗，然后打浆并提取，汁液浓缩后干燥制备得青稞麦绿素粉，其他原料经磨粉、过 50～200 目筛或超微粉碎后备用。

（2）复配加工。保健型挂面配方为 70%～75% 强筋小麦粉、20%～25% 青稞粉、1%～5% 麦绿素粉、1%～5% 葛根粉等，保健型挂面的加工工艺与常规挂面一致；营养代餐粥配方为 0.5%～4% 浸发的黑米、糯米、燕麦、小扁豆、薏苡仁、银耳、松子、核桃、榛子、辣木叶、桦褐孔菌超微粉（粉：水＝1：20，浸发 1～3h）、0.2%～0.6% 菊粉、0.5%～1.5% 大豆分离蛋白、0.1%～0.3% 富铬酵母、0.005%～0.015% L-阿拉伯糖、0.4%～0.6% 麦绿素，灭菌锅 115℃ 高压蒸煮 15～25min，冷却包装后可得营养代餐粥；功能化青稞米配方为 94%～98% 青稞微粉、1%～4% 青稞胚芽微粉、1%～2% 青稞麦绿素微粉（青稞微粉与胚芽粉制备条件：青稞脱皮脱胚后挤压至粒径为 2～3.5mm，2 200～2 400MHz 微波烘烤 240～260s，粉碎 10～20min，过 300～400 目筛），混合均匀后调整水分含量为 16%～32%，50～140℃、1～5MPa 挤压并切割成米，干燥至水分含量为 8%～10%，即得青稞米产品；保健型包衣大米配方为 10～15 份麦绿素、2～5 份苦瓜粉、2～5 份魔芋粉、6～10 份马齿苋冻干粉、65～80 份优质大米，将前 4 种辅料加水搅拌为浓溶液，加入优质大米拌匀，25～30℃ 烘干约 5h，即得包衣大米产品。

（3）杀菌与包装。采用紫外线杀菌后按一定规格包装为成品。

（七）青稞麦绿素保健奶制品

青稞麦绿素具有极高的营养价值和保健价值，可作为功能元素添加于各类奶中以增强功能性，同时麦绿素中含有大量叶绿素，可赋予产品一定的天然色泽和风味。例如，余内逊、谈丽娜以麦绿素、山药粉、奶粉、珍珠粉、苦荞粉、异麦芽糖醇粉、甲基吡啶酸铬粉等制成的微粉为原料，开发了奶片、酸奶、豆奶、豆奶粉等系列麦绿素降糖美颜奶制品。青稞麦绿素保健奶制品加工要点如下：

（1）原料预处理。长度为 20～40cm 的新鲜青稞麦苗经筛选、清洗，然后打浆并提取，汁液浓缩后干燥制备得青稞麦绿素粉，其他原料经磨粉、过 50～200 目筛或超微粉碎后备用。

（2）配料。奶片配比为山药微粉 10%，牛奶粉 55%，珍珠微粉 5% 或 10%，异麦芽糖醇粉 9.999 5%，甲基吡啶酸铬微粉 0.000 5%；酸奶或豆奶配比为麦绿素微粉 1.5%，山药微粉 1%，珍珠微粉 1.5%，苦荞微粉 1%，异麦芽糖醇粉 9.999 95%，甲基吡啶酸铬 0.000 05%（以 85% 的标准化牛乳或豆乳为基料）；豆奶粉则以 35%～60% 豆浆粉、15%～40% 牛奶粉为基料，添加

5%～10%的麦绿素、山药粉、珍珠粉、苦荞粉微粉，5%～20%异麦芽糖醇粉，0.000 01%～0.1%的甲基吡啶酸铬微粉。

（3）加工。奶片的主要加工工艺为混合原料灭菌、乙醇湿润、制粒、60℃干燥、压片（2g/片）；酸奶或豆奶的主要加工工艺为原辅料混匀、过滤、预热（≤115℃）、均质、冷却、接种肠道益生菌（凝固型先罐装后发酵）、破碎凝乳、冷却、灌装；豆奶粉的主要加工工艺为原辅料充分搅拌、灭菌、包装（30g/袋）。

第四节 具有保健功效的青稞全谷物食品及其加工

青稞是我国藏区对多棱裸粒大麦的统称，是我国特有的一种藏区高寒作物，同时也是一种高蛋白、高纤维、高维生素、低糖、低脂肪的药食两用谷物资源。青稞种植区域海拔高度为1 400～4 700m，种植规模随着海拔高度的增高而增加。在海拔4 200m以上，青稞是唯一可种植的农作物，青稞是我国西部特殊的地理标志性谷物。在生存环境较差的高原地区，青稞是当地人最主要的口粮作物，是人们赖以生存的营养来源，高原上的农牧民身体健康，而且高原地区不乏百岁老人，一个重要原因就是当地人长常食用青稞。青稞在某种程度上也弥补了高原水果、蔬菜缺乏的不足。青稞全谷物膳食摄入可以为人体提供丰富的蛋白质、氨基酸、脂肪、膳食纤维、维生素、矿物质、多酚等营养成分与功能成分，藏区传统主食糌粑是典型代表，其由青稞全籽粒炒制后研磨而成，常伴着酥油作为当地人的一日三餐，在耐饥、补充体能和各类营养元素上的功效突出。

近年来，全谷物（whole grain）的健康价值被广泛研究，并获得一些新的认知，比如增加全谷物食品的摄入可以降低心血管疾病、糖尿病及癌症等慢性疾病的发生风险。值得注意的是，中年健康人群在每日食用若干全谷物的同时限制精制谷物的摄入，体内容易诱发心血管疾病和Ⅱ型糖尿病的脂肪组织明显减少。全谷物食品在国外发达地区广受欢迎，普及度较高，而国内对其的研究较为初步，对各类全谷物大宗谷物食品开发及杂粮资源的综合利用需要继续加大力度和投入。青稞由于生长在寒冷、缺氧、强光照的高海拔地区，植物本能的应激反应使得其含有十分丰富的次生代谢产物，而且大部分次生代谢产物位于麸皮和胚芽中，相比于在温和环境中生长的作物，其保健功能更为特殊和突出。

青稞全谷物的保健功能主要包括降血脂、调节胰岛素水平和抗癌三大类，尤其是青稞中所含的β-葡聚糖本身具有清肠、调节血糖、降低胆固醇、提高免疫力四大功效。陈东方等研究青稞提取物对高脂血症人群总胆固醇（TC）、甘油三酯（TG）的影响，人连续服用受试物 45d 后，检测出人体的 TC、TG 水平分别下降了 10.64％、16.65％，证实了青稞提取物对高脂血症人群具有辅助降血脂的作用。Pereira 等研究表明，增加全谷物食品的摄入可以降低餐后血糖、改善胰岛素抵抗、降低空腹胰岛素水平，全谷物纤维改善胰岛素抵抗的效果比其他膳食纤维效果更好。青稞除含有大量生理活性膳食纤维外，还含有丰富的阿拉伯木聚糖，其具有极好的生物学活性，可作为免疫调节剂显著激活自然杀伤细胞、T 细胞和 B 细胞功能，增强人体免疫力，从而有效抑制肿瘤。此外，青稞中的多酚类物质、甾醇也具有良好的抗自由基氧化损伤的作用，可以进一步增强青稞的抗肿瘤功效。随着中医学理论和食疗理念的发展，青稞全谷物的开发和利用逐渐受到人们的重视，这对于慢性疾病调理及"治未病"等具有重要意义。利用青稞全籽粒可加工特膳营养粉、高纤速溶粉、保健面粉、食疗片剂、青稞红曲、青稞酵素、代餐方便食品、青稞饼等具有保健功能的食品，可以进一步丰富全谷物食品市场，为现代不同年龄阶段的特定人群提供更多、更好的健康饮食选择。本节主要针对不同类型青稞全谷物保健食品及其加工技术进行举例介绍。

一、青稞特膳营养粉

营养特膳（foods for special dietary uses）即特殊适应性食品，是针对特殊人群需要而开发的食品，具有定向性，特殊人群可日常食用。青稞特膳粉是以青稞为主要原料，用动植物提取物、微生物提取物、食品强化剂和添加剂等调制后得到的一类产品。例如，青稞粉经过膨化改性后与一些天然的功能性原辅料进行混配，可以制备易消化、降血糖、改善肠道功能的青稞营养粉。膳食纤维被认为是蛋白质、糖类、脂肪、维生素、矿物质和水之后的第七大营养素，而青稞中的膳食纤维含量可高达 13.4％，仅次于黄豆中的膳食纤维含量。王传彭等利用青稞制备了青稞膳食纤维速溶粉，该速溶粉可预防肿瘤、降血脂、预防动脉粥样硬化、降血糖等。黑芝麻冷榨后得到的冷榨饼蛋白质含量高，未发生变性，且含有丰富的含硫氨基酸，芝麻香味浓郁，而黑青稞除具有"三高两低"的特点外，还富含酚类化合物和 β-葡聚糖，将黑芝麻和黑青稞复配整合可加工成具有降脂功能的黑青稞黑芝麻粉。此外，将青稞与其他不同食材配比能发挥不同的保健功效，如将青稞、红景天、黑豌豆、天花粉、五味子配比，所得产品可显著降血糖；将青稞、红景天、绿萝花、茯苓、啤酒酵母配比，所得产品可显著降血糖、改善睡眠；将青稞、红景天、灵芝、松茸、人参果、阿拉伯糖配比，所得产品可显著宁肺定喘、抗疲劳等。三种青稞保健营养粉加工工艺见图 8-18。

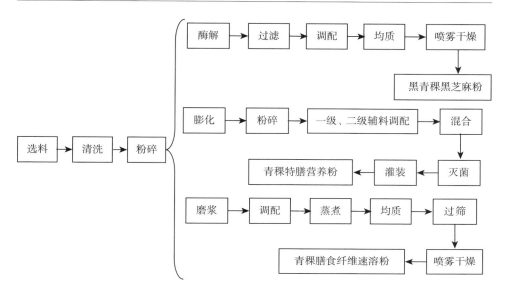

图 8-18 三种青稞保健营养粉加工工艺

三种青稞保健营养粉加工操作要点如下：

（1）原料处理。选取优质高原青稞，筛除杂质，清理干净，分别制备收集青稞原粉、膨化改性粉及麸皮粉作为原料。

（2）复配。黑青稞黑芝麻粉以滤液（芝麻皮、黑青稞、玫瑰花茶、薄荷、花生红衣、紫苏子、甜叶菊混合粉的纤维素酶-木聚糖酶复合酶解物）、黑芝麻蛋白粉、甘草多糖、椰浆粉复配；青稞特膳营养粉以 β-葡聚糖、优质蛋白、微藻油粉、植物提取物、维生素、矿物质等复配；青稞膳食纤维速溶粉以 16.7％山药、50％魔芋、50％芋头、10％薰衣草、16.7％牛蒡、13.3％秋葵、16.7％菊粉、16.7％麦芽糊精、0.033％阿斯巴甜、6.7％山梨糖醇、0.1％柠檬酸等复配。

（3）混匀或干制。芝麻、黑青稞等的提取物酶解后［料液比为 1：（5～8），温度 50～52℃，酶量 3.0％～3.5％］煮沸灭酶 20～25min，经调配、喷雾干燥即得黑青稞黑芝麻粉；青稞特膳营养粉的各原辅料通过三维混合机混匀，经紫外灭菌、装罐、封箱后即为青稞特膳营养粉成品；青稞麸皮碎物复配后煮沸 30min，静置 2h 后经胶体磨处理，过 100 目筛，80 MPa 二段均质，在进口和出口温度分别为 190℃、95℃条件下喷雾干燥，包装后即为青稞膳食纤维速溶粉成品。

二、青稞保健粉

以青稞籽粒为原料，加入药用或功能性植物活性提取物，经膨化或发酵方法处理，可得具有保健功效的青稞粉。例如，通过中草药渗透处理的青稞经干燥打粉可加工成保健型青稞粉。一般制粉加工中常去除谷物麸皮，然而青稞麸皮中含有大量的β-葡聚糖，若将其去除会造成β-葡聚糖的严重流失，因此可以炒制后磨粉将青稞全粉制备成易于食用、口感良好的营养素类产品，充分发挥青稞的保健食疗功效。青稞中含有10%左右的抗性淀粉，这类淀粉抗酶解、难消化，具有降血脂、降血糖、调节肠道和提高免疫力等生理功能。青稞抗性淀粉与其高含量的β-葡聚糖一并发挥着降"三高"、保护心血管、抗癌等保健功能，这引起了国内外的广泛关注，而如何通过现有加工技术提高或富集青稞抗性淀粉、葡聚糖等是一个重要课题。不同类型青稞保健粉加工工艺见图8-19。

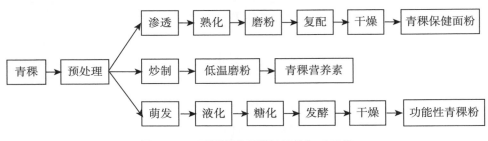

图8-19　不同类型青稞保健粉加工工艺

不同类型青稞保健粉加工操作要点如下：

（1）原料预处理。选择籽粒饱满的优质青稞籽粒，除去杂质后清洗干净备用。

（2）功能化与熟化。青稞保健面粉制备：以金银花、丹参、枸杞、鱼腥草、牛蒡子、绞股蓝、野菊花等的提取物（3～5倍水煎煮70～80min）喷洒青稞籽粒（厚度≤5cm），润湿10～12h后微波熟化（0.4～0.8kW，6～10min）。青稞营养素制备：175℃炒制青稞50s爆花，两步研磨至270目（温度≤30℃）。功能性青稞粉制备：萌发青稞于25～32℃干燥，去除根芽，磨粉过筛，依次加入2.5%～3.5%α-淀粉酶和2%～3%糖化酶酶解，接种马克思克鲁维酵母、热带假丝酵母BR、枯草芽孢杆菌E20菌液［按（1～3）∶（1～2）∶1重量比混合］，在pH 5～7和接种量10^9～10^{10}CFU/g条件下发酵，发酵液用胶体磨均质。

（3）干燥。青稞保健面粉用蒸熟、捣烂的新鲜莲花芯、香芋、香蕉汁、蒜头汁、山楂粉混合并加水调糊后干燥，即得成品；青稞营养素和功能性青稞粉在可直接干燥，干燥温度控制在25～40℃，即得成品。

三、青稞保健片剂

酵素是指以一种或多种新鲜蔬菜、水果、菌菇、谷物、中草药等为原料，经多种有益菌发酵制得的含有丰富的纤维素、酶、矿物质和次生代谢产物等营养成分的功能性微生物发酵产品，其营养保健价值极高。邓林等采用乳酸菌和红曲霉发酵制备的青稞酵素，经喷雾干燥和压片后即为辅助降血脂青稞酵素含片。张海等以青稞米和青稞麸皮为基质接种红曲霉菌液发酵，干燥后制得了洛伐他汀含量较高（≥4mg/g）、β-葡聚糖含量稳定（≥1.5％）的青稞红曲，按3～6g/袋包装后即得青稞红曲中药饮片。以富含蛋白质、氨基酸、不饱和脂肪酸、矿物质、维生素的玛咖及黄秋葵、绣球菌为原料加工成超细粉，按一定比例混合、压片后即得抗疲劳、抗肿瘤的咀嚼片，在此基础上，可将熟化或发酵并干制后的青稞超微粉、青稞麦绿素超微粉等作为配料的加入此配方中，从而获得营养功能更丰富、保健效果更突出的青稞片剂新品。食疗理念来源于中医药食同源的基本理论，通过不同种类食品与可食用药材之间的配伍，能够改善人体亚健康并预防某些疾病。将黑青稞与不同中草药、有保健功效的食品原料混合、压片，所得产品可补气、治疗肺虚及助消化。保健型青稞酵素含片和青稞咀嚼片加工工艺见图8-20。

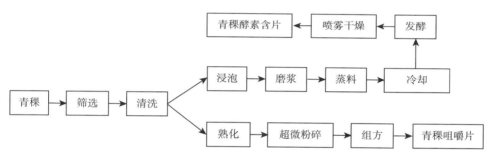

图8-20　保健型青稞酵素含片和青稞咀嚼片加工工艺

保健型青稞酵素含片和青稞咀嚼片加工操作要点如下：

（1）原料处理。选择籽粒饱满、硬度适中的青稞原料，筛选除杂并清理干净。

（2）粉碎或磨浆。青稞籽粒浸泡4～6h至吸水膨胀率为60％，用胶体磨磨浆，过80～100目筛，或超微粉碎后备用。

（3）发酵或配粉。青稞酵素制备：取上述浆料在110～120℃蒸煮40min，冷却至15～25℃后接入乳酸菌静置厌氧发酵5～7d，至pH为3.5～5，加入红曲霉液继续发酵，前3～5天每天搅动一次，再静置发酵5～7d，至黏度为4.5～5.0Pa·s，喷雾干燥至水分为8％～12％，得青稞酵素粉。青稞咀嚼片制备：将玛咖、黄秋葵、绣球菌按照48％～63％、2％～4％、35％～48％比例混合均匀，添加或不添加熟化/发酵的青稞超微粉、青稞麦绿素超微粉等（混合前后用3.3～4.8J/cm² 脉冲强光处理）。青稞食疗片补气配方为30～150

份山药、20~60 份银耳、20~60 份金银花、20~60 份芦根、10~40 份紫菜、10~40 份枇杷核、10~40 份蜂蜜、1~15 份蕨麻、1~15 份黑青稞、0.5~5 份辛烯基琥珀酸淀粉酯；改善肺虚配方为 30~150 份山药、20~60 份银耳、20~60 份金银花、20~60 份芦根、10~40 份紫菜、10~40 份枇杷核、10~40 份蜂蜜、1~15 份蕨麻、1~15 份全粒黑青稞、0.5~5 份辛烯基琥珀酸淀粉酯；助消化配方为 30~120 份山药、20~60 份银耳、20~60 份去核山楂、20~60 份猴头菇、10~40 份蜂蜜、10~40 份全粒青稞、10~40 份黄蘑菇、0.5~5 份辛烯基琥珀酸淀粉酯。

（4）压片。取调配好的粉末，利用压片机按 0.5g/片等规格冲压成片剂。

四、保健型青稞米及休闲食品

黑青稞是青稞功能品质较突出的品种，是天然的具有保健功效的食品，以黑青稞为主要原料可以制作具有润肠通便作用的黑青稞饼、营养丰富的青稞米饭等。将红景天加入青稞粉中可以制作红景天青稞蛋糕。根据中医养生保健对食物的性味归经原理，以籼米、小麦、糜子为"君"料，青稞、黄豆、黑芝麻为"臣"料，玉米、胡萝卜为"佐"料，人参、甜椒为"使"料，可制作青稞养生保健方便餐。将青稞与不同中草药结合可制作系列保健年糕休闲食品。减肥药物的长期摄入可能对人体产生副作用，而以青稞为原料加工成的减肥代餐食品可以发挥青稞良好的减肥功效，同时减少药物使用，并有助于机体健康。赵树卫等以青稞粉、燕麦粉、乳清蛋白粉、山楂粉、陈皮粉等为原料制作了体积小、食用方便、低糖的青稞代餐谷物棒减肥食品。脂肪摄入量增加所引起的疾病也是现代人的主要困扰之一，高脂血症威胁人类心血管健康。降低血清脂质水平能很好地预防冠心病、缺血性心脏病等的发病率。王阳光制备了一种降血脂、有保健功效的玄参青稞食品，该食品的制作主要包括干燥、粉碎、调配、面团成型、烘焙等步骤，其操作要点如下：

1. 原料预处理 筛选籽粒饱满、无杂质的不同粒色青稞，清洗干净并晾干后备用。

2. 配方 保健型五色青稞米饭的配方为：5％~40％绿青稞、5％~40％黑青稞、5％~40％黄青稞、5％~100％水、10％~30％红米、30％~60％白米；青稞饼干的配方为：黑青稞面粉 80％~150％、蜂蜜 2％~10％、芝麻 1％~8％、酥油 20％~60％、玉米油 2％~9％、淀粉糖浆 2％~10％、山梨糖醇液 0.2％~1％、小苏打 0.5％~2％、纯碱 1％~5％、水 5％~30％；青稞养生保健方便餐配方为：籼米、小麦、糜子各 0.8％~2.4％，青稞、大豆、玉米、黑芝麻、胡萝卜、甜椒各 0.8％~1.2％，人参 0.01％~0.03％；青稞减肥代餐棒配方为：10％~40％青稞、5％~20％山楂、5％~20％燕麦、

2%～10%陈皮的膨化粉，以及 20%～50%麦芽糖醇、1%～3%甘油、0.1%～0.3%盐、10%～40%乳清蛋白粉。

3. 加工成型　煮饭时加入 0～20%能释放负离子和氢气的功能瓷片，蒸煮熟化后即可得香气浓郁的青稞米饭；将青稞粉、山楂粉、燕麦粉、陈皮粉挤压膨化（Ⅰ区 75～85℃、Ⅱ区 90～100℃、Ⅲ区 105～115℃、Ⅳ区 130～150℃，转速 100～150r/min），麦芽糖醇、甘油、盐混合，于 75～80℃熬制糖液，将糖液、膨化谷物颗粒混合，搅拌均匀，期间撒入乳清蛋白粉，挤压成型即得青稞代餐棒。

三种保健型青稞休闲食品加工工艺见图 8-21。

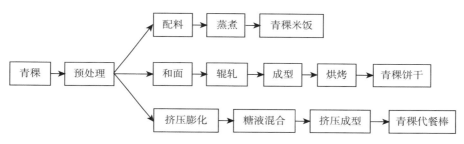

图 8-21　三种保健型青稞休闲食品加工工艺

五、青稞红曲及纳豆制品

青稞红曲是以青稞为原料，通过青稞红曲发酵技术把红曲抗氧化、降血脂等作用与青稞具有的 β-葡聚糖、低脂肪、高纤维、高蛋白、高维生素等丰富营养物质的性质结合起来，从而使红曲、青稞的有效成分得到充分利用，产品品质得到提升。青稞红曲是真菌紫色红曲霉的酿造副产物，可用于食物着色，并可入药。青稞红曲含有淀粉酶、GABA、他丁类等活性成分，其中 GABA 可由红曲酶利用熟青稞籽粒、玉米粉、黑豆粉、米粉、葡萄糖、$MgSO_4 \cdot 7H_2O$、$CaCO_3$ 组成的基质固态发酵进一步富集强化。纳豆是使用枯草芽孢杆菌发酵剂制作的，是日本传统调味发酵豆制品，一般两天可完成发酵。大豆中拌入盐、辣椒、生姜等香料后密封，进行发酵，晾晒后制成豆豉，现代工业化豆豉大多采用纯菌种发酵替代了自然发酵，稳定性大幅提高，相应的产品因为存在丰富的纳豆激酶而具有良好的溶栓作用，是保健价值极高的发酵食品。青稞红曲和青稞纳豆加工工艺见图 8-22。

以青稞和大豆为原料可复合发酵制备青稞纳豆，该过程主要包括了青稞和大豆的固体菌种培养、混合接种及发酵环节，产品发酵结束后马上包装并放入冷库冷藏，通过冷链实现销售。红曲及其制品的加工过程中，将红曲霉菌进行

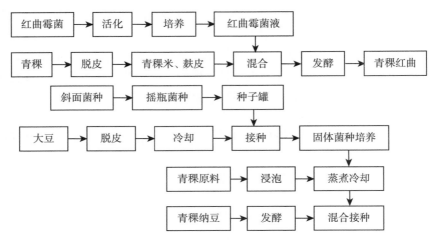

图 8-22 青稞红曲和青稞纳豆加工工艺

活化、培养，得到霉菌液，将其加到基质中发酵即可，以干燥后的青稞红曲为功能性辅料可加工成各类红曲型食品。以青稞红曲为例，报道的具有保健功效食品的配方如下：

（1）青稞红曲 15～45 份、牦牛骨 10～30 份、骨碎补提取物 10～20 份、淫羊藿提取物 5～15 份、钙剂 1～10 份、D-氨基葡萄糖硫酸钾盐 1～10 份、硫酸软骨素 1～10 份、酪蛋白磷酸肽 1～10 份、维生素 D 1～10 份，混合加工，制成的产品用于预防骨质疏松。

（2）青稞红曲 1～30 份、藏红花 0.1～10 份、红景天 1～20 份、苞叶雪莲 0.5～15 份、黑枸杞 0.5～15 份、喜马拉雅紫茉莉 0.1～10 份、胶原蛋白 0.1～10 份，制成的产品用于淡化皱纹。

（3）青稞红曲提取物 20～85 份、稀少糖 2.1～21 份、青稞 β-葡聚糖 1～5 份、菊糖 0.5～5 份、罗汉果甜苷 0.5～5 份、益生菌 1～10 份，制成的产品用于低糖饮食。

（4）青稞红曲 20～40 份、蓼科大黄属波叶组植物 10～30 份、千里光 10～30 份、甘青青兰提取物 10～30 份、沙生槐 5～15 份，制成的产品为抑菌药物。

六、低血糖生成指数食品

升糖指数（GI）即"血糖生成指数"，是指含 50g 糖类的食物引起血糖上升所产生的血糖-时间曲线下面积和标准物质（一般为葡萄糖）所产生的血糖-时间曲线下面积的比值再乘以 100，它反映了某种食物与葡萄糖相比升高血糖的速度和能力。一般来说杂粮、全麦、蔬菜、水果、豆制品、牛奶、糖醇类等多属于低升糖食物（*GI*＜55）。青稞中的β-葡聚糖含量非常高，其含有的可溶性膳食纤维具有显著的调节血糖功效，对加工低*GI*功能食品及满足高血糖人群消费需求具有重要价值。在实际加工中，可以将青稞与其他杂粮、小麦等复配加工成面条、馒头、粥、休闲食品、杂粮米、配餐棒等不同类型的产品。

1. 一种低*GI*青稞八宝粥 其加工要点如下：

（1）蒸煮。取黄豆、红小豆、杏仁，用沸水煮 20min，经冷水冷却后沥干。

（2）配料。将青稞、枸杞与处理好的上述原料充分混合，将水加热至85～90℃，加入膳食纤维、木糖醇、魔芋粉、甘蔗提取物及苹果提取物充分搅拌。

（3）分装。维持料温在 85～90℃，利用自动填米机将混色之后的物料分装于碗内。

（4）熟化。采用二次封口方式使用高阻隔碗 180～190℃封口，升温至（123±1）℃，0.22～0.23MPa 灭菌 35min 并达到熟化。

2. 一种调节血糖的休闲饼干食品 青海蚕豆蛋白质含量达 24%～28%，糖类含量为 35% 左右（较其他谷物显著低），青海青稞β-葡聚糖含量高、脂肪含量低，而且富含蛋白质和维生素，两者都是糖尿病患者理想的功能性食品，将青稞和蚕豆结合可制作调节血糖的休闲饼干食品。

青稞低*GI*八宝粥和保健饼干加工工艺见图 8-23。

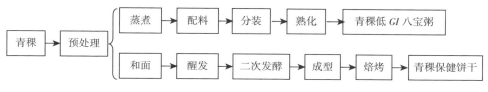

图 8-23 青稞低*GI*八宝粥和保健饼干加工工艺

该产品的加工要点如下：

（1）面团调制。取蚕豆面粉 30kg、青稞面粉 20kg，混合均匀，加入0.5kg 温水活化干酵母，再加入 30℃温水 40kg 进行搅拌调制 4～6min。

（2）醒发。调制好的面团于 25～29℃（夏季）或 28～32℃（冬季）静置发酵 6h，使 pH 降低至 4.5～5；在发酵面团中加入蚕豆粉 30kg、青稞面粉20kg、食盐 1.6kg、花生油 16kg、磷脂 1kg、小苏打 0.5kg、香兰素 0.03kg、柠檬酸 0.004kg，进行搅拌预制 5～7min。

（3）二次发酵。在同样条件下静置，再次发酵 4h；取 28kg 面粉、8kg 油脂、2.8kg 食盐，拌匀调制成酥油。

（4）成型。将调制好的酥油放入发酵面团中辊轧 10 次，制成厚度为2.5～3mm 的面片并冲压成型。

（5）焙烤。上下火 300℃烘烤 4min，冷却至 40℃以下包装，即得具有保健功效的蚕豆青稞饼干。

七、青稞保健酒

我国酿酒历史文化悠久，酒的品类众多，有白酒、黄酒、果酒等，加工工艺、使用原料和菌种各不相同，随着时代的发展，现在的人们更注重养生保健及改善自身健康，为符合市场的消费导向，越来越多的酒类趋向于功能保健化，为广大消费者尤其是特殊群体提供了更优的选择。青稞干酒具有独特的香气，酒体醇厚，别具风格，而酿制干酒所用的有色青稞中富含天然花色苷（如矢车菊花青素等），花色苷不仅是天然色素，更具有抗菌、抗衰老、抗癌、调节心血管疾病等生理功能，如何在青稞酿酒中保留或富集这类物质以提高其保健性是一个重要课题。

有报道提出了一种保留紫青稞表皮颜色的青稞酒加工工艺，其加工要点如下：①浸麦。脱皮紫青稞加水浸泡。②调 pH。调 pH 为 3.5～4.5，保持 24h。③分离。分离浸麦水，杀菌得花青素提取液。④发酵。花青素提取液加入青稞发酵缸中，或在调配时添加，得紫红色青稞酒。

黑枸杞富含蛋白质、脂肪、糖类、游离氨基酸等营养成分，被誉为"软黄金"，而硒元素是人体内发挥抗癌功效的重要微量元素之一，将青稞、黑枸杞相结合并经过富硒化处理，可酿制成富硒黑枸杞青稞保健酒，其主要加工要点如下：①粉碎。取 40～50 份的青稞，用 40～50℃流动水冲洗 2min，入锅，加纯净水蒸煮 10min，滤干水分后打粉并过 100 目筛。②接种发酵。冷却至 30～40℃后转移至密封罐，向罐中加 80～100 份富硒水，按 1∶5 加入酒曲，混合均匀，密封条件下于 20～30℃发酵 5～7d，发酵后过滤发酵液，将滤液静置得到青稞酒待用。③辅料粉碎。取黑枸杞 35～40 份、当归 28～35 份、人参 8～10 份、藏红花 0.3～0.6 份和葡萄籽 8～12 份，用 40～50℃水洗 3min，滤干水分，晾干，打粉至 100 目。④制糖浆。取冰糖 40～60 份放入锅中，按 1∶1加入富硒水，加热至 80～90℃熬制糖浆。⑤混合。将粉碎混合物和糖浆混合均匀，放入密封罐，再加入 800～1 200 份白酒和剩余的富硒水，混合。⑥二次发酵。密封后于 20～30℃发酵 3～5d，发酵后取上清液，过滤，装瓶，得到富硒黑枸杞青稞保健酒。

采用传统青稞酿造方法所制备的酒多不具备健康有益性，影响青稞酒的保健功效，因此研究者提出了一种青稞保健酒生产新工艺，主要要点如下：首先将青稞筛选、除杂并清洗 30min，晾干，粉碎至粒状后放入容器中，再分别将羌活、独活、桑寄生、雪莲花、田七菜、山核桃、红薯、独脚金等各类药食兼用原料分批次加富硒水研磨成泥状，然后将植物活性物与青稞粒混合均匀，置于真空冷冻盘，一周后过滤，取清液装瓶即得青稞保健酒。乐细选等将青稞提取物与青稞原酒按质量比 1：（4～6）进行调配，静置过滤后可得青稞酒，该产品通过酶切手段解决了青稞 β-葡聚糖醇溶问题，为酒类消费者提供了一种色、香、味俱佳且可以调节血糖的保健酒产品。

三种青稞保健酒加工工艺见图 8-24。

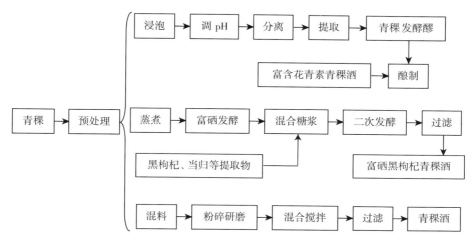

图 8-24　三种青稞保健酒加工工艺

第九章

青稞饮料及其加工

饮料是经过加工制作、供人们饮用的食品，可以补充人体所需的水分和营养成分，达到生津止渴和身体健康的目的。饮料种类繁多，概括起来可分为两大类，即含酒精饮料（包括各种酒类）和不含酒精饮料（并非完全不含酒精，如香精溶剂一般是酒，发酵也能产生微量酒精）。饮料类产品在美国、日本等国消费量巨大，市场品种丰富，代表性产品有葡萄酒、果汁、汽水、可乐、维生素饮料、软饮料及酒类调配的新口味饮料等。我国饮料行业高速发展，年产量平均增长 20% 以上，是我国发展速度快、潜力巨大的产业之一。随着人们消费水平的提高及消费观念的变化，人们的健康意识和营养观念不断增强，对饮料的需求也不断改变，总的来说，果蔬汁饮料、茶饮料、包装饮用水、功能保健型饮料、运动型软饮料、低醇保健饮料是未来几个重要发展方向。通过功能性饮品的摄入，可为人体补充维生素 C、β-胡萝卜素、蛋白质、氨基酸、钾、钙、镁等常量和微量营养物质及多酚、黄酮、花青素、多肽、多糖等活性物质，并达到对肥胖、贫血、高血压、免疫力低、衰老等的改善和预防目的。

青稞是大麦的一个变种，是青藏高原地区的特色粮食和经济作物，在高寒农牧交错地区人们的饮食中占据主要地位，同时青稞幼苗和秸秆也是重要的饲料来源。近年来，越来越多的营养学研究和现代医学研究证实了青稞具有丰富的营养价值和保健作用，这些研究结果成为新一代"青稞健康食品"开发的理论依据。饮料的种类繁多，原料来源广泛，营养保健功能齐全，风味品质好，可满足不同人群的多元化需求。以青稞为原料加工而成的各类饮料，可发挥绿色青稞"三高两低"、富含 β-葡聚糖和酚类物质的优势，进一步结合其他植物功效成分，在赋予产品独特口感的同时也显著提高产品的功能特性，为人们现代"富贵病"的改善及膳食结构的调整提供新的选择。目前，青稞饮料的研发主要集中在青稞白酒、啤酒、青稞汁复合饮料、乳酸菌发酵饮料等，且以白酒加工为主，啤酒次之，其他产品较少。本章主要围绕青稞谷物饮料、青稞固体饮料、青稞植物饮料、青稞茶饮料、青稞功能饮料等的加工进行介绍。

第一节　青稞谷物饮料

谷物饮料是通过现代食品加工方法制成的可直接饮用的产品，不仅能够充分保留谷物中的营养成分，而且口感好，饮用方便，易于营养吸收，有助于膳食均衡。目前，谷物饮料的制作方法有磨浆提汁法和酶解提汁法两种，磨浆提汁法操作简单、省时、易于连续生产，酶解提汁法则出汁率高、能耗较低、产品稳定性和原料利用率较高，目前这两种方法在米乳、燕麦乳、青稞饮料等各类谷物饮料加工中均有应用。例如，吕九州开发了低糖青稞谷物饮料、青稞健康饮料、香橙风味青稞谷物饮料、养生藜麦青稞谷物饮料、营养鳄梨青稞饮料、鱼腥草青稞清热谷物饮料、滋补养生青稞谷物饮料等系列青稞谷物饮料产品。青稞谷物饮料产品的加工要点如下：

1. 原料预处理　青稞及其他原料清洗干净或取肉后加水浸泡，打磨成浆，混合并过滤。

2. 糊化　采用三段式烘烤。对处理上述原料，第一段烘烤温度 85～90℃，时间 20～25min；第二段温度 150～160℃，时间 12～15min；第三段烘烤温度 200～210℃，时间 3～4min。烘烤后物料具有浓郁谷香，也有人采用加水或浆液混合后煮沸糊化的方法。

3. 酶解　调节 pH 6.7～7.0、温度 45～50℃，采用 α-淀粉酶和果胶酶处理 60～80min。此外，还可选择性添加 0.02～0.04g/mL 糖化酶于 pH 5.0～5.2 条件下糖化 35～40min。

4. 发酵　酶解完成后调节 pH 4.5～4.8、温度 60～65℃，添加 0.06～0.08g/mL 植物乳酸菌发酵 5～6h，该步骤根据需要进行。

5. 调配　发酵后原料加 700～1 000 倍水混匀，加入 0.3% 果葡糖浆和黄原胶（25∶1）复合稳定剂（香橙味饮料稳定剂采用黄原胶、改性大豆磷脂和抗坏血酸的复配物，三者比例为 10∶3∶1），25～40 MPa、40～45℃一段或二段均质处理。

6. 杀菌　巴氏杀菌后分瓶包装，冷藏保存。

除此之外，已报道的类似产品有清热利湿青稞保健饮品、营养滋补的松茸青稞饮品、健脾滋补的青稞糯米饮料、健脾养胃的青稞葛根饮品等，采用原料主要为青稞，配料可选择杂豆（如鹰嘴豆、黄豆、豌豆、红豆、赤小豆等）、杂粮米（如皂角米、葛仙米、苦荞、黑小麦等）、水果（如雪莲果、葡萄柚、枇杷、青梅、猕猴桃等）、薯类（如紫薯、红薯等）、茶叶（如红茶、绿茶、普洱茶等）、菌类及其他植物的茎、叶、果实（如葛根、山药、迷迭香、菱角、莲子、茯苓、松茸、海藻等），可根据口感、风味、营养设计的不同采用相应配方进行加工。青稞谷物饮料一般加工技术路线如图9-1所示。李庆龙等采用发芽率80％的青稞为原料，通过α-淀粉酶、纤维素酶酶解取汁后制作谷物饮料，得出最佳烘烤条件为150℃、90min，调配条件为卡拉胶0.01％、黄原胶0.02％、结冷胶为0.03％、复合乳化剂0.05％，产品稳定性高、麦香浓郁。梁锋等以青稞液化糖化上清液、黄豆豆浆及枸杞提取液为原料，研发了青稞黄豆谷物饮料，该产品风味品质良好，在以蔗糖酯1.3g/L、结冷胶0.127g/L、六偏磷酸钠0.12g/L和三聚磷酸钠0.05g/L的稳定剂处理下产品的品质稳定性达10个月以上。陈丹硕等采用同样的工艺，以青稞、紫米、芝麻、大豆提取液为原料，经调配获得了一种新型复合谷物饮料。

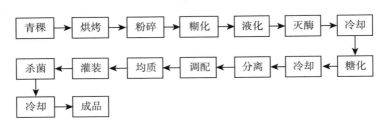

图9-1 青稞谷物饮料一般加工技术路线

第二节 青稞植物饮料

植物饮料是以植物或植物提取物（水果、蔬菜、茶叶、咖啡除外）为原料，经加工或发酵制成的饮料。植物饮料大多集营养、保健功效于一体，是饮料中的一个重要种类，深受国内外消费者的喜爱。目前，杂粮饮料的种类也较多，但由杂粮粗糙口感带来的饮品风味不佳问题较普遍，而以青稞和植物提取物为原料经过调配、杀菌制成的饮料可以改善口感，提升产品的营养健康品质，丰富人们的物质生活。

一、代表性青稞植物饮料产品

已报道的有代表性的产品有青稞桂圆红枣莲子饮料、青稞苗枸杞饮料、青稞苗红景天饮料等，其加工要点如下：

1. 选料 选用色泽饱满、无霉烂变质、无病虫害的枸杞、红枣等原料。

2. 清洗 用流动水多次清洗青稞、枸杞、红枣等原料。

3. 取汁 取桂圆、红枣、莲子，三者的质量比为1∶（1～2）∶（1～2），加入100～150倍水熬煮15～20min，过滤得浸提液；青稞籽粒中加8～12倍水浸泡8～10h，打浆熟制后过200目筛得青稞汁；枸杞加5～8倍水，于

60～90℃预煮 20～30min（加入维生素 C 护色），打浆后于 50～60℃保温浸提 2～4h，用 60～500 目筛过滤后再次加水浸提，合并两次清液得枸杞汁；选取 5～30cm 长的青稞苗筛选、清洗后沥干水分，于鼓风干燥箱内 50～60℃ 干燥8～10h，超微粉碎后过筛得青稞苗粉，青稞苗粉加溶剂提取后得青稞苗汁。

4. 调配　青稞桂圆红枣莲子饮料的稳定剂为：0.1％～0.5％质量比为 1∶(1～2)∶(1～2)的 CMC、黄原胶、琼脂和海藻酸钠；青稞苗枸杞饮料的配方为：0.1％～10％青稞苗粉、70％～95％枸杞汁、2％～10％蔗糖、0.01％～2％甜菊糖、1％～5％填充剂和1％～5％增稠剂；青稞苗红景天枸杞饮料配方为：100～300mL 青稞苗汁、150～300mL 枸杞汁、1～20g 红景天粉、2～10g 蔗糖、0.01～0.02g 甜菊糖、0.1～0.5g 填充剂、0.1～0.5g 增稠剂。

5. 均质　混合均匀后的配料通过高压均质机在 20～100 MPa 下均质。

6. 脱气　均质后的饮料经真空脱气机脱气，工作温度 40～50℃，真空度 90.7 kPa。

7. 灌装　脱气后的饮料应及时通过灌装机和封口机进行灌装和封口。

8. 杀菌、冷却　常压 100℃沸水杀菌 6～9min，然后迅速冷却至 38℃左右，即得成品。

青稞植物饮料制备工艺流程见图 9-2。

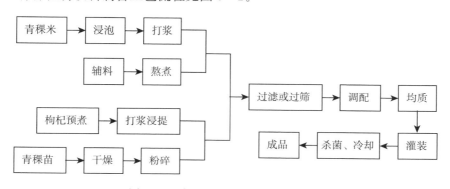

图 9-2　青稞植物饮料制备工艺流程

二、青稞矿泉水保健饮料

以青稞和矿泉水为主要原料，选择性添加药用植物配制，可加工成青稞矿泉水保健饮料，该种饮料较完整地保留了青稞及各种药用植物的成分及功用价值，适宜于各个不同阶段人群饮用。产品加工要点如下：

（1）青稞清洗。将青稞进行多次冲洗，除去附着的沙土、杂物等。

（2）干燥。将清洗后的青稞在 60～70℃的条件下热风干燥至含水量为

$10\%\sim14\%$。

（3）烘焙。一般优选温度为 230℃，烘烤 5～10min，使得青稞表面出现焦黄色。

（4）粉碎。将烘焙后的青稞破碎至 15～50 目。

（5）水提。采用 70～80℃水，青稞与水的重量比为 1∶11，浸提 50min。

（6）过滤。将浸提液粗滤后，进行二次或三次萃取，得到青稞水提取物，待用。

（7）将药用植物原料冬虫夏草、藏红花、雪莲花、红景天、大黄、枸杞去杂、清洗及干燥后，粉碎至 15～25 目，按步骤（5）进行水提，得到药用植物水提取物，待用。

（8）调配、混合。将矿泉水或纯净水与青稞水提取物按 100∶（1～2）的重量比混合。再按所述重量份加上任意一种或多种药用植物水提取物进行调配。

（9）灭菌。调配混合后的汁液加热至 70～90℃，趁热灌装于瓶中，再于85～90℃热水中保温 20～30min，即得成品。

青稞矿泉水保健饮料制备工艺流程见图 9-3。

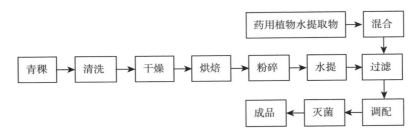

图 9-3　青稞矿泉水保健饮料制备工艺流程

第三节　青稞固体饮料

固体饮料是指用食品原料、食品添加剂等加工制成的粉末状、颗粒状或块状等固态料的供冲调饮用的制品，如豆粉、果粉、茶粉、咖啡粉、泡腾片、姜汁粉等。与液体饮料相比，固体饮料具有体积小、运输储存及携带方便、营养丰富、加工简单等优点，同时固体饮料生产设备简单，建厂投资少，工艺不复杂，周期短，收益高，引起了人们的广泛重视，表现出广阔的发展前景。青稞固体饮料包括青稞冰激凌固体饮料、青稞碱蓬弱碱性固体饮料、青稞奶茶速溶粉等。

一、青稞冰激凌固体饮料

青稞不仅被作为藏族人民的主食，还被广泛用于酿酒及加工饮料中。目前，固态青稞饮料较少，市场上青稞饮料产品主要还是青稞酒，青稞酒营养丰富且具有御寒、保健等功效，深受消费者喜爱。青稞饮料加工借鉴青稞酒的加工工艺，保留了青稞原有的营养，并且口感好，固体饮料可根据不同口感风格设计，携带方便，营养健康，是青稞饮料发展的一个良好方向。一种青稞冰激凌固体饮料的加工要点如下：

1. 原料 青稞 20～80 份、核桃仁 20～45 份、杏仁 20～30 份、奶油 15～20 份、奶粉 20～35 份、燕麦粉 25～35 份、蜂蜜 10～15 份、蔗糖 10～18 份、稳定剂 CMC 2～3 份、乳化剂 1～2 份，其余为水。

2. 青稞、核桃仁及杏仁预处理 将青稞、杏仁和核桃仁清洗干净后，先经压力 0.5～0.8MPa 10～15min 高压加热蒸煮，然后用粉碎机粉碎。

3. 磨浆 取经预处理的青稞粉、核桃仁粉和杏仁粉，加入相当于其总重量 7%～12% 的 90～100℃ 热水，再加入 0.3%～0.5% 的小苏打，倒入磨浆机中磨浆 2～3 次。

4. 均质 按照配方称取原料，称好后放入均质器中均质，时间 2～4min。

5. 杀菌 将均质后的物料放入杀菌锅中杀菌，在 78～80℃ 条件下保持 15～20min。

6. 陈化 将杀菌后的物料迅速冷却至 40～45℃，成型后放入 0～6℃ 环境下陈化，时间 12～14h。

7. 凝冻 将陈化后的物料放入冷冻室中凝冻，温度为 -3～7℃，时间 10～12min。

8. 速冻硬化 将凝冻完成后的青稞冰激凌放入速冻库中速冻，速冻库温度设定在 -28～-25℃，保持 20～25min，然后放入 -20℃ 冷冻库中贮藏，出厂时脱模包装。

青稞冰激凌固体饮料制备工艺流程见图 9-4。

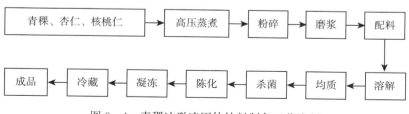

图 9-4 青稞冰激凌固体饮料制备工艺流程

二、青稞碱蓬弱碱性固体饮料

肠道健康与肥胖、结肠癌、心脑血管疾病等有关，调节肠道功能有助于提升人体健康。青稞含有丰富的 β-葡聚糖、支链淀粉，碱蓬富含多种矿物质、黄酮类化合物和膳食纤维，菊粉则具有膳食纤维和益生元的双重功效，它们对于控制人体血脂、降血糖和调节肠道菌群功效突出，将青稞、碱蓬、菊粉作主要原料，可调制成固体健康饮品，对补充人体营养物质和胃肠道养护有良好效果。一种青稞碱蓬固体饮料的加工要点如下：

1. 原料组成　青稞苗粉 120～150 份、碱蓬嫩叶青汁粉 3～15 份、酵素 110～160 份、菊粉 160～220 份、麦芽糊精 150～230 份、叶绿素铜钠盐 1～6 份、阿斯巴甜 1～4 份、安赛蜜 0.2～0.8 份、苹果香精 2～6 份。

2. 青稞苗粉制作　青稞嫩苗收获后切成 2～3cm 小段，温开水浸泡清洗 15min，晾干后放于干燥器中，抽真空并充入低温氮气干燥；在高速氮气保护下，气流粉碎 1～2h，过 240～260 目筛，去残渣，得青稞苗粉。

3. 碱蓬嫩叶青汁粉制备　新鲜碱蓬叶、茎冷榨 15～20min 取汁，压榨后汁液中加入纤维素酶，在 30～50℃ 酶解 2～3h；采用活性炭脱色 3～4h，通过藻类和微生物吸附 10～16h 脱重金属，真空浓缩，干燥结晶，得碱蓬嫩叶青汁粉。

4. 混合　将原材料过 220～260 目筛后混合搅拌均匀。

5. 干燥　干燥至水分含量≤7%。

6. 包装检验　饮料粉进行内包装和外包装，要求检验合格率≥99.8%。

青稞碱蓬固体饮料制备工艺流程见图 9-5。

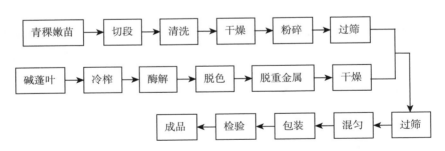

图 9-5　青稞碱蓬固体饮料制备工艺流程

三、青稞奶茶速溶粉

青稞奶茶速溶粉是以青稞为主要原料，通过全脂奶粉、红曲、蕨麻、功能油脂、茶粉、奶精、食盐、花生、核桃、炼乳、红景天等不同辅料组合调味、混配而成的能快速溶解的固体粉末，其营养丰富，口感好，食用方便，是户外补餐良品，满足了广大人群的需求，能为食用者提供日常所需的能量和营养，是一种具有青稞奶茶味、口感好的饮料。青稞奶茶速溶粉的加工要点如下：

1. 原料处理　青稞粉筛选、清洗、晾晒至水分含量为 12%～15%，采用微波熟化机在 2 400～2 500MHz、120～150℃条件下膨化 4～6min，或置于旋转炒锅中炒至青稞粒爆裂，超微粉碎或用分级取粉的磨粉机粉碎；蕨麻清洗后切丁，干燥至水分含量为 5%～6%，糖浸 10～15min 备用；红景天去皮、干燥至水分含量为 10%，超微粉碎备用。

2. 混料　按质量份数计，可按以下配方混合原辅料：配方 1 为 200～400 份青稞粉、80～250 份全脂奶粉或 80～150 份牦牛奶粉、20～40 份茶粉、150～500 份奶精、0～450 份甜味剂、0～50 份食盐、10～18 份食用香精；配方 2 为 100～500 份黑青稞提取物、2～7 份红曲提取物、1～10 份甘油二酯、1.5～5 份 γ-亚麻酸、0.1～2 份甘蔗脂肪醇、0.5～4 份橙皮素；配方 3 为青稞粉 100 份、鲜牛奶 60 份、白砂糖 35 份、酥油 20 份。混料后充分搅拌均匀。

3. 后处理　配方 1 和配方 2 中所得混料应进行紫外杀菌，然后包装并密封即得成品。

配方 3 青稞奶茶速溶粉制备时先将青稞粉和鲜牛奶混合搅拌 30min，35℃、65% 湿度条件下平衡 2～3h，然后在 85～110℃烘烤至干，冷却后粉碎至 90 目，将酥油于 100℃化开后向其中加入青稞粉团、白砂糖，充分搅拌、炒制、冷却、包装即得成品。

青稞速溶奶茶制备工艺流程见图 9-6。

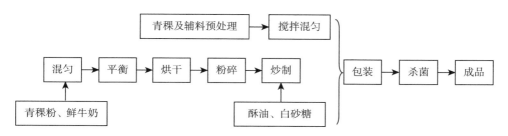

图 9-6　青稞速溶奶茶制备工艺流程

第四节　青稞茶饮料

青稞茶饮料是一类以青稞或青稞提取物为主要原料，与茶叶、菊花、枸杞、玫瑰、人参、柠檬、燕麦、胡麻、麻籽、甜菜、薄荷、苦菜、苜蓿、野杏等诸多天然植物及其加工产物调配而成的固态或液态茶饮料。青稞茶饮料的市场前景广阔，研究报道较多，这类饮料保留了青稞和药用或食用植物根、茎、叶、花的营养成分和功能成分，有特殊且丰富的香气，具有很好的保健功效，迎合现代消费者的需求。

一、青稞麦芽茶

以青稞（大麦）为原料的茶饮已有生产，多用青稞炒制、粉碎、制粒而成，或直接将青稞籽粒炒制泡水饮用，青稞的营养保健价值受到限制。营养价值高、风味好的青稞茶饮的开发将有利于青稞产业的发展。例如，一种青稞麦芽茶加工要点如下：

1. 浸泡　青稞种子经清洗、除杂，置于 20～50℃水中浸泡 5h。

2. 萌动　种子暴露在空气中放置 19～43h，籽粒水分含量保持在 40％～50％，得萌动青稞。

3. 发芽　将萌动青稞置于人工气候箱中发芽，24h/周期，其中 14h 光照（光照度 2 200lx，温度 20～28℃，湿度 95％），10h 暗室发芽（温度 15～20℃，湿度 95％），芽长为 2.5～3.0cm 时终止发芽，收集发芽青稞。

4. 变温或恒温干燥　将收集的发芽青稞于 85℃恒温烘干，也可于 50～85℃变温烘干，至发芽青稞的水分含量为 3％～4％。

5. 变温或恒温烘烤　普通干麦发芽青稞于 180℃烘烤 7min，得麦香味浓郁的熟麦芽，低糊化温度制备的发芽青稞采用变温烘烤方式，120℃烘烤 3min、150℃烘烤 3min、180℃烘烤 2min。

青稞麦芽茶制作工艺流程见图 9-7。

图 9-7　青稞麦芽茶制作工艺流程

二、青稞保健茶

青稞保健茶是一种以青稞和普通茶为主要原料，添加多种药用植物配制而成的。青稞保健茶较完整地保留了青稞以及各种药用植物的生物成分及功用价值，并且具有特殊的青稞香味，无咖啡因，无糖、不刺激神经、不影响睡眠、不污染牙齿，冷饮、热饮均可，冰冻冷饮味道更佳，是绿色健康饮品。青稞保健茶加工要点如下：

1. 焙炒　青稞精选、除杂、冲洗、干燥后，焙炒至表皮焦黄均匀，摊晾冷却过筛，得青稞原料待用。

2. 粉碎　红茶、砖茶、普洱茶、花茶或绿茶等普通茶去杂后粉碎至

60 目，选用冬虫夏草、藏红花、红景天等植物原料，分别去杂、清洗、干燥后，粉碎至 60 目待用。

3. 混合　将上述原料按重量配比混合均匀后装袋即为成品。

青稞保健茶制备工艺流程见图 9-8。

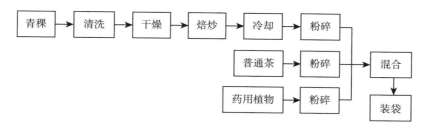

图 9-8　青稞保健茶制备工艺流程

三、青稞功能红曲保健茶

青稞红曲含有丰富的生物活性酶和洛伐他汀、麦角固醇、γ-氨基丁酸、莫纳克林 K、天然植物激素等红曲菌代谢产物，具有极高的营养价值、保健价值及药用价值，天然、安全。青稞颗粒主要由外表皮包被的糊粉层、淀粉化的胚乳和胚芽组成，外表皮主要是由纤维素和半纤维素组成，为提高红曲对青稞营养物质的吸收利用，有报道提出采用纤维素酶对青稞进行预处理，降低青稞硬度，提高青稞红曲的功能品质，在此基础上将青稞和青稞红曲作为原料开发保健茶，充分利用各类营养成分，使产品具有降血压、降胆固醇、调节血糖等显著功效。青稞功能红曲保健茶加工要点如下：

（1）制备红曲菌悬液。红曲菌种（CGMCC No.13773）转接到培养基中活化，在种子瓶内装入培养基制成楔形斜面，将活化后的红曲菌接种到楔形斜面上培养，加入无菌水，刮下红曲菌，制成红曲菌悬液。

（2）蒸煮。取青稞，加 4～5 倍量的水蒸煮 50～60min。

（3）摊晾。将蒸煮过的青稞沥干水分，摊开，冷却。

（4）发酵。按接种量 80～100mL/kg 将红曲菌悬液接种到蒸煮后的青稞上发酵，制得青稞红曲。

（5）烘干。40～50℃烘干制得干青稞红曲。

（6）粉碎。干青稞红曲粉碎，得青稞红曲粉。

（7）炒制青稞。将青稞炒熟至表面发焦未黑并有麦香味。

（8）将炒制好的青稞和青稞红曲粉按（1.5～2）：1 的比例混合，制成青稞红曲茶。

青稞功能红曲保健茶制备工艺流程见图 9-9。

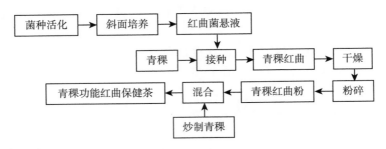

图 9-9　青稞功能红曲保健茶制备工艺流程

四、青稞麸皮茶

青稞麸皮含有大量的膳食纤维，大量研究表明，膳食纤维不仅可以维持正常血脂、血糖和蛋白质水平，还可以调节体重，预防高血压、糖尿病、结肠癌等疾病，被称为"第七营养素"。基于青稞麸皮中含有大量的葡聚糖和膳食纤维，可以将青稞麸皮转化为可易被直接食用，将其制成含有膳食纤维的食品或饮品，使青稞副产物变"废"为宝，实现青稞资源的综合利用。一种青稞麸皮茶加工要点如下：

1. 青稞麸皮制备　将青稞脱皮，第一层麸皮粉过 60 目筛，除去大颗粒、断粒及其他杂质，取筛下物备用。

2. 蒸汽爆破　将青稞麸皮加入汽爆缸中进行蒸汽爆破。

3. 烘烤　将上述麸皮物料烘烤、粉碎，过 80～100 目筛，得青稞麸皮粉。

4. 辅料处理　将小胎菊、法兰西玫瑰粉碎，过 80～100 目筛；枸杞粉碎，过 60 目筛。

5. 制粒　将 1～2 份小胎菊粉、0.5～1.5 份玫瑰粉、0.2～0.8 份枸杞粉、5～10 份青稞麸皮粉混合均匀，加入质量 0.4～0.6 倍的水，混合均匀后制粒。

6. 干燥　干燥至水分含量≤10.0%，即得青稞麸皮茶。

青稞麸皮茶制备工艺流程见图 9-10。

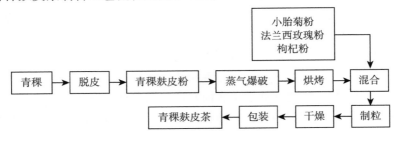

图 9-10　青稞麸皮茶制备工艺流程

五、青稞茶汁饮料

青稞茶除全籽粒、麸皮、人工制粒的固态饮品外，还可以采用与传统茶饮料加工类似的浸提、调配工艺进行制作，这类产品通常是以熟化青稞提取液或浓缩液为基料添加各类植物提取物、奶制品、咖啡、可可酯、蔗糖、柠檬酸等制成，含有原辅料中的功能成分，产品也多具有保健作用和功能性作用，是一类广受欢迎的液体饮料产品。例如，已报道的高原青稞茶饮料，其加工要点如下：

1. 青稞浸提　将青稞清洗干净，干燥并粉碎，然后加水调和，加压蒸煮，55℃过滤制成浸提液备用。

2. 添加液浸提　将新鲜菊花、绿茶切片，加水，文火浸提，制备为菊花、绿茶提取液；将参片切丝，用文火反复煎煮，过滤后得参片提取液；将新鲜柠檬榨成柠檬汁。

3. 混合　将上述制备的各种液体充分混合，即为高原青稞茶饮料。该茶饮料按质量计，各原料配比为青稞 25～45 份、柠檬 10～15 份、菊花 3～10 份、龙井茶 15～17 份、参片 4～7 份、水 6～43 份。

高原青稞茶饮料制备工艺流程见图 9-11。

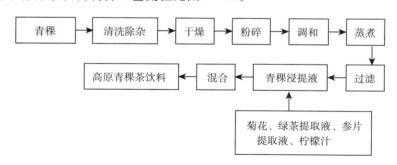

图 9-11　高原青稞茶饮料制备工艺流程

与上述类似的青稞茶饮料还有青稞燕麦茶、青稞若叶凉茶、青稞调味茶饮料、青稞功能饮品等。例如，青稞燕麦茶以高营养价值青稞、燕麦为主要原料，以天然药用植物胡麻、麻籽、甜菜、薄荷、苦菜、苜蓿、野杏等为配料，制成的茶饮料可做早餐茶，解渴，暖胃，还可冲为糊状充饥、搭配其他茶叶冲泡等。按照 15～18 份青稞若叶、8～10 份金银花、8～10 份白菊花、5～8 份甘草、4～6 份布渣叶、9～11 份陈皮、4～6 份夏枯草、5～8 份仙草、9～11 份枸杞、12～15 份冰糖配方，将各原料混合，加 15 倍左右的水熬煮 50～60min，过滤、包装后可得青稞若叶凉茶，该产品具有清热解毒、清肝明目、促进代谢、清肠减肥等功效。将青稞高温炒制 30～60s 爆花后加水提取制成

$OD_{720} \leqslant 0.05$、可溶性固形物含量$\geqslant 0.4$ 的青稞茶，再通过维生素 C、异维生素 C 钠、碳酸氢钠、山梨酸钾调配后即为口感滑爽、青稞味浓郁、营养健康的青稞调味茶饮料。采用类似方法将青稞炒制后磨粉过筛，进而与红景天粉、生牛奶、矿泉水按照 16:1:30:300 的比例混合调配，可制成青稞功能茶饮品，该饮品具有浓郁的青稞、红景天和牛奶香味，是抗疲劳、补充能量的佳品。以营养健康的青稞作为主要原料，通过添加各类天然功能性辅料及其提取物并结合现代软饮料加工技术方法，可以开发出不同的青稞茶饮料，可以为健康饮品市场提供一类新的产品类型。青稞酚类化合物是天然抗氧化剂，对人体有多种益处，如降低胆固醇、预防动脉粥样硬化等，这也是青稞食品加工的关注焦点。除此之外，将以茶叶提取物和酥油为原料制备的酥油茶粉、膨化青稞粉、山药粉混合均匀后，加入食用盐、柠檬酸及其钠盐、稳定剂、核桃粉、甘氨酸锌、GABA、花青素、珍珠粉、木糖醇进行复配，巴氏灭菌后可制得一种青稞酥油茶。青稞原料清洗并低温浸泡后（$5\sim25℃$、$10\sim15min$）粉碎，加入雪菊粉等调配，用制粒机制粒（水分含量$\leqslant30\%$），烘干后在 $180\sim240℃$ 条件下炒制 $1\sim30min$，此法制得的青稞茶汤色金黄明亮，香气醇厚自然，口感醇和，绿色健康。青稞经过浸泡萌发（温度 $25℃$，湿度 95%，时间 $12h$）处理后放入烘箱中烘干，粉碎，并过 80 目筛，得萌动青稞粉，再将玫瑰、绿茶烘干粉碎为 $2\sim3mm$ 小片，玫瑰、绿茶片与微波灭酶青稞粉按比例混合调配可得一种食用方便、安全期长、美容养颜、减肥瘦身的萌动青稞玫瑰绿茶。

第五节　青稞功能性饮料

　　青稞由于主要生长在青藏高原高寒、低氧、强紫外辐照环境中，籽粒形成了独特的营养成分和功能品质，其蛋白质、氨基酸、支链淀粉、维生素、多酚、膳食纤维、GABA、矿物质等含量显著高于常规谷物，保健功效突出，长期以来被藏区人民作为主食及药用谷物，具有很大的开发价值。青稞中的 β-葡聚糖平均含量为 5.25%，是小麦的 50 倍，具有降胆固醇、防治心血管疾病、预防肿瘤、提高机体免疫力、抗紫外线等作用，是青稞最受关注的功能因子之一。青稞麦苗最适宜于加工成麦绿素，其含有多达 200 种活性酶、维生素、叶绿素、黄酮等化合物，是一类防治心血管疾病、降"三高"、美容养颜、风味良好的新兴"营养素"，其国内外生产规模日益提升。γ-氨基丁酸（GABA）是中枢神经系统重要的抑制性递质，可以调控神经相关蛋白酶表达、保护脑损伤、解毒、抗癌、抗应激，青稞籽粒 GABA 含量可达 $18\sim19mg/100g$，可通过萌发、发酵、逆境胁迫等方式进一步富集，是加工富

GABA 功能食品的良好选择。超氧化物歧化酶（SOD）能消除生物体新陈代谢产生的有害物质，具有抗衰老、治疗心血管病、调节内分泌系统、提高免疫力等功能，青稞籽粒及青稞麦绿素中含有一定的 SOD 成分，可以开发成含有 SOD 的健康食品。青稞经发酵处理后，其副产物与产品含有丰富的功效成分，如多糖、多肽、氨基酸、麦角固醇、黄酮等，可以赋予产品诸多保健功效，同时其副产物酒糟可进一步被综合利用。

随着青稞功能因子组成和生物活性被不断探明，青稞引起了功能性饮料市场的极大关注。青稞原料作为粮食谷物之一，几乎可以满足人体对各类营养素的需求，通过与其他药用和（或）食用植物资源复合强化及改良后，加工成的饮料产品在拥有优良口感、解渴的同时还具有调节人体生理活动、增强免疫力、预防疾病等作用，这类功能性饮料产品更接近中国人的消费习惯，迎合人们健康饮食的理念，必定具有广阔的市场发展前景。

一、富含 GABA 的青稞饮料

以青稞为原料，制得发芽青稞胚芽，与直接提取青稞种子相比，用胚芽提取产品产量可提高 200%～300%，而制备过程中加入 $CaCl_2$ 和维生素 B_6 溶液，可显著提高 GABA 含量，产品的营养价值和保健功效被提升，用该青稞胚芽做原料可加工成抗疲劳、降血压的功能饮料。加工要点如下：

1. 青稞处理 取 10 份青稞籽粒，用清水清洗，用 1% 次氯酸钠消毒 5～10min。

2. 浸泡 加入 60～100 份水、0.1～0.2 份质量浓度 0.4%～0.5% 的 $CaCl_2$ 溶液，28～32℃浸泡 12～15h。

3. 调 pH 调节浸泡溶液 pH 至 5.5～6.0。

4. 培养 浸泡青稞籽粒，然后沥干，表面均匀喷洒 0.1～0.2 份 0.08%～0.10% 的维生素 B_6 溶液，35～40℃培养 27～32h，每 3.5～4.5h 翻动一次。

5. 干燥 青稞胚芽 39～41℃热风干燥 7.5～8.5h。

6. 粉碎 干燥后的胚芽打粉，过 70～300 目筛，备用。

7. 调配 运动型饮料参考配方举例：青稞胚芽粉 50～100kg、葡萄糖 30～80kg、柠檬酸 0.5～0.8kg、氯化钾 1kg、维生素 2～4kg、氯化钠 2～4kg，加水至 1 000L；其他饮料举例：在茶饮料和果汁饮料中添加 5%～15% 青稞胚芽粉，以达到保健功效。

8. 均质 采用 300 目筛过滤后，25～35MPa 下高压均质 1～3 次。

9. 杀菌 121℃高压瞬时杀菌 4s。

10. 灌装、杀菌、冷却 高温瞬时杀菌后马上灌装，然后于 90℃二次杀菌 15min，杀菌后快速冷却、贴标、包装。

富含GABA青稞饮料制备工艺流程见图9-12。

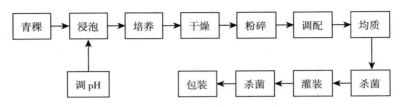

图9-12　富含GABA青稞饮料制备工艺流程

杨天予等以藜麦为原料，采用短乳杆菌（CGMCC 1.214）和乳酸乳球菌（CGMCC 1.62）进行混合发酵，获得了一种富含益生菌和γ-氨基丁酸的藜麦非乳益生菌发酵饮料，优化的工艺参数为短乳杆菌和乳酸乳球菌按1∶1混合，接种量3.6%，发酵温度31℃，发酵时间22h，此条件下发酵液中GABA含量可达0.681mg/mL，活菌数为9.176CFU/mL，该产品在保存藜麦营养物质的基础上增加了益生菌的保健功效，具有良好的开发应用前景。

二、青稞β-葡聚糖饮料

从青稞中粗提取或者经纯化后所得β-葡聚糖制剂与产物是一类具备降血脂、控制血液胆固醇的组合物，其中含有质量占组合物20%～40%的β-葡聚糖。富含β-葡聚糖的饮料制作通常是在普通饮料原料中添加从青稞提取的β-葡聚糖产物，使最终饮料的β-葡聚糖含量为2%～10%，然后按照常规方法进行加工即得产品。例如，一种富含β-葡聚糖的黑米谷物饮料的加工要点如下：

1. 烘焙　黑米在160℃烘箱中烘烤30min，产生焦香气味。

2. 浸提　黑米中加入5～8倍的75℃热水浸提1h，过滤备用。

3. 磨浆　浸提过的黑米中加入5～8倍水进行磨浆。

4. 液化　加入30～50 U/g的高温α-淀粉酶，在pH 6.0～7.0、温度85～95℃条件下液化45～50min；控制液化值（DE值）为14～16。

5. 糖化　加入200～300 U/g糖化酶，在pH 4.5～5.5、温度55～60℃条件下酶解3～8h。

6. 灭酶　酶解结束，煮沸5～10min灭酶。

7. 浆渣分离　取上清液，3 000r/min离心20min得酶解液。

8. 调配　浸提液和酶解液按1∶1混合，再加入6%果葡糖浆、0.1%蔗糖酯、0.1%卵磷脂和3%青稞β-葡聚糖提取物、0.02%海藻酸钠。

9. 均质　在30MPa、温度60℃条件下均质处理。

10. 灌装、杀菌　均质后料液装罐，115～121℃杀菌15min即得成品。

黑米青稞 β-葡聚糖谷物饮料制备工艺流程见图 9-13。

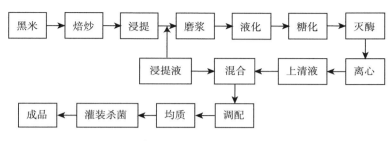

图 9-13　黑米青稞 β-葡聚糖谷物饮料制备工艺流程

李健等也提出了一种富含 β-葡聚糖的青稞饮料制备方法，首先利用耐高温 α-淀粉酶、糖化酶、纤维素酶对青稞进行酶解得到青稞酶解液，均质后加入 0.1% β-葡聚糖、0.5% γ-环糊精和 0.05%果胶即得青稞饮料。在该产品制作过程中，3 种酶联用可以高效分解青稞，溶出更多的营养成分，利于人体吸收。同时，饮料加工结合了微射流及多种包埋手段，有效提高青稞饮料口感和稳定性，所得产品口感顺滑细腻、无涩味、稳定性好。张文会等以青稞麸皮为原料，制备了一种富含 β-葡聚糖的青稞饮料，主要涉及青稞麸皮的提取和调配，优化后的工艺为青稞麸皮按 1:10 的料水比加入水，于 75℃提取 2h，残渣在 pH 8.5 条件下碱提 1h，合并上清液后作为饮料基液，正交实验优化的调配配方为蔗糖 5.5%、果葡糖浆 0.5%、柠檬酸 0.25%、CMC-Na 0.02%、黄原胶 0.02%、蔗糖酯 0.07%，产品 β-葡聚糖含量超过 0.5g/L。

三、青稞麦绿素饮料

青稞粒色丰富，有黄色、褐色、紫色、蓝色、黑色等品种，淀粉含量通常在 60%以上，纤维含量为 2%左右，还含有多种无机元素（如钙、磷、铁、铜、锌和硒等），特别含有的 β-葡聚糖、黄酮类物质使其成为当前热门研究农作物之一。利用青稞麦苗生产饮料，是对传统粮食作物精深加工的一大突破，尤其是利用一些现代生产技术最大限度地保留青稞中有利于人体的多种营养物质，制备口感好、功能性强的方便饮品，对青稞资源的深度挖掘利用具有重要意义。一种青稞麦苗茶饮料加工要点如下：

1. 选种　精选颗粒饱满、无虫害、无霉烂、符合 GB/T 11760 的青稞种子。

2. 种植麦苗　无须使用农药、农家肥种植，苗长 35～40cm 时收割。

3. 麦苗处理　自来水清洗，用 1%～5% H_2O_2 溶液浸泡消毒 10min，清水淋洗后沥干水分。

4. 打浆榨汁　打浆机加入 0.3～1.0g/kg 抗氧化维生素 C 及青稞麦苗混合打浆。

5. 过滤浸提　按 1∶（1～3）料液比于不锈钢容器中 5～10℃浸提 8h。

6. 压榨过滤　压榨过滤提取物，然后添加 0.1～0.15g/L 膨润土吸附澄清。

7. 调配　天然青稞麦苗汁中加入 0.2mL/L 天然植物香料、9g/L 果葡糖浆、2.7g/L 柠檬酸、36g/L 白砂糖、18g/L 蜂蜜、0.3～1.0g/L 维生素 C、0.1～0.15g/L PVPP、0.1～0.6g/L 防腐剂。

8. 调配　浸提液和酶解液按 1∶1 混合，再加入 6％果葡糖浆、0.1％蔗糖酯、0.1％卵磷脂、3％青稞 β-葡聚糖提取物、0.02％海藻酸钠。

9. 均质　25MPa 压力下均质处理。

10. 包装　均质后的料液采用无菌容器包装，即得成品。

青稞麦苗茶饮料制备工艺流程见图 9-14。

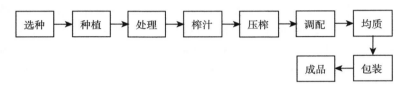

图 9-14　青稞麦苗茶饮料制备工艺流程

陈丽娟等以青稞苗和桑叶为原料，制备了一系列降"三高"、抗动脉硬化、减肥、预防心血管疾病、抗疲劳的保健产品。青稞麦绿素和桑叶提取物制备如下：分别以青稞苗和桑叶苗为原料，清洗后粉碎，过 5～60 目筛，加 5～20 倍水提取，减压浓缩至相对密度为 1.1～1.5 后干燥，即得青稞麦绿素和桑叶提取物，再将 60～80 份青稞麦绿素和 20～40 份桑叶提取物混合后添加常规加工的茶饮品、饮料、口服液、酒剂等，即可得系列饮料类保健产品。

四、青稞 SOD 饮料

青稞 SOD 制得的调理食品、胶囊、饮料等能清除体内自由基、延缓衰老，将青稞 SOD 与沙棘等高原植物相结合制得的产品，能够起到抗缺氧、降血脂、降血压的功效，对预防糖尿病、直肠癌有特效。青稞 SOD 饮料加工技术较为简单，可在青稞 SOD 提取物基础上直接调配作为饮料，或者将 SOD 加入常规饮料的配方或加工过程中，进而可得一系列青稞 SOD 功能食品，如青稞 SOD 酒、青稞 SOD 鲜奶、青稞 SOD 胶囊等。青稞 SOD 饮料加工要点如下：

1. 浸泡磨浆　青稞中放入 3 倍体积的常温清水浸泡 20～36h，加入 1g/kg 维生素 C 作为保护剂，浸泡后磨浆，过 100～200 目筛。

2. 破碎过滤　超声破碎，800～1 200r/min 离心 1h，过滤。

3. 超滤浓缩沉淀　上清液超滤浓缩，浓缩至浓缩液与上清液体积比为

0.03：1，用 HCl 调节浓缩液 pH＝5.0，加 0.8 倍丙酮沉淀蛋白，1 000～1 200r/min 离心过滤，再以碳酸氢钠调 pH＝7.0，然后加入 1.5 倍丙酮沉淀 SOD，回收丙酮。

4. 稀释冻干　SOD 沉淀蛋白加 5 倍水稀释后再浓缩，稀释液和浓缩液体积比 8：1，最后冷冻干燥得青稞 SOD 粉末。

5. 调配　按青稞 SOD 1 000～3 000 个活性单位、沙棘粉 150～250mg、其余为饮料或酒主料及添加物的配方调配，可得不同类型青稞 SOD 饮料。

青稞 SOD 饮料制备工艺流程见图 9-15。

图 9-15　青稞 SOD 饮料制备工艺流程

五、青稞茶酒饮料

饮茶和饮酒文化在我国历史悠久，而茶酒作为茶与酒的结合产物，是一种新型酒饮料，正逐步走入人们的生活。茶酒即以茶叶为主要原料，经浸提或生物发酵后过滤、陈酿、勾兑而成的饮料，其不仅含有酒的特性，还保持茶的原香及色泽，具有健胃生津、醒脑明目、杀菌解毒等功效。研究显示，茶叶本身就具有降血压、降血脂、抗衰老作用，同时青稞也具有一定的降血压、保护胃黏膜功效，以茶叶和青稞为主要原料，添加其他配料可以制备一类有特色的青稞茶酒饮料。青稞茶酒加工要点如下（图 8-38）：

1. 青稞选料　青稞原料风选除尘、除沙粒，挑除霉坏、虫害青稞。

2. 茶叶选料　选择泛青的安吉白茶，除杂挑选后备用。

3. 泉水预处理　取纯净泉水，经处理、检测合格后用于后续原辅料加工。

4. 青稞酒酿造　选优质青稞，粉碎、蒸煮、扬冷、发酵、蒸馏后制得度数为 45～55％ vol 的青稞酒。

5. 茶叶浸提　安吉白茶粉碎，过 60 目筛，加 10～15 倍青稞酒，于（80±5）℃浸提 23～28min，冷却、过滤后得茶叶浸提液。

6. 糖浆熬制　白砂糖加 0.8 倍水，添加 0.18％～0.23％柠檬酸，加热至（90±5）℃，熬制 25～30min，得白砂糖糖浆，迅速冷却备用。

7. 调配　将 73.8％白茶浸提液、3.4％糖浆、22.8％泉水混合调配后，静置一段时间，微波陈化、封口、灭菌、检验即得成品。

青稞茶酒制备工艺流程见图 9-16。

张世满等采用上述类似工艺制备了红景天青稞茶酒，其选用 50％～55％ vol 青稞酒提取红景天，控制料液浓度为 100g/L，提取时间 30～35d，茶汁则通

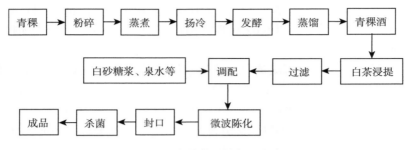

图 9-16　青稞茶酒制备工艺流程

过经典水提法制备，条件为 1g 茶叶添加 100mL 水、温度 80～90℃、维生素 C 含量 0.3％、时间 15～20min，白砂糖 30g 加 0.7 倍水和 1.3％～2.1％柠檬酸后于 80～90℃熬制 30min，蜂蜜 10g 加 0.3 倍水在相同条件下熬制，快速冷却备用。最后，将红景天浸提液 6.7％、茶汁 89.7％、糖浆 2.7％、蜂蜜糖浆 0.9％混合调配，然后过滤、灌装、检验即为红景天青稞茶酒。

六、富硒青稞乳饮料

硒是一种人体必需微量元素，硒在人体内可以通过硒蛋白和硒氨基酸形式（如硒代蛋氨酸、硒代半胱氨酸和甲基硒代半胱氨酸等）发挥其生理功效。硒在食物中的含量通常较低，人体缺乏硒会引起大骨节病、克山病、甲状腺功能衰退等疾病，同时硒也是众所周知的抗癌元素。近年来，谷物通过萌发来富集低毒高活性有机硒被广泛研究，人们提出了很多有效提高原料硒含量的技术方法，为富硒食品的开发奠定了基础。青稞具有丰富的营养价值和保健价值，但青稞籽粒中缺少麦谷蛋白和醇溶蛋白，加工面制品口感不佳。将青稞制成饮料可以缓解这个问题，但以富含蛋白、淀粉、脂肪等大分子营养的谷物作为原料加工饮料可能出现成分密度差异大造成的不稳定，高温灭菌也易导致蛋白质絮凝、淀粉回生沉淀，最终使得饮料分层，有报道提出了一种稳定的富硒青稞饮料加工方法，其操作要点如下：

1. 青稞萌发　青稞籽粒清洗消毒后，置于恒温培养箱中萌发 48h，取出，于 55℃烘干。

2. 焙炒　青稞籽粒焙炒 5～10min 以增加香气，炒后磨粉。

3. 酶解　青稞粉中加 8～10 倍的水混合，加入 0.1％～0.8％ α-淀粉酶，保温酶解。

4. 调配　在青稞汁中加入 1％～5％奶粉、0.25％～1.75％木糖醇、0.05％～0.25％ CMC、0.05％～0.25％瓜尔豆胶、0.05％～0.25％黄原胶进行调配。

5. 均质 料液过胶体磨后于 50～60℃、35～40MPa 条件下均质 3 次。

6. 灌装、杀菌 均质好的料液灌装后灭菌，冷却后即可得富硒青稞乳饮料。产品有机硒含量为 10～14μg/100mL，总酚含量为 36～40mg/100mL，β-葡聚糖含量为 1.0～1.6mg/100mL。

富硒青稞饮料制备工艺流程见图 9-17。

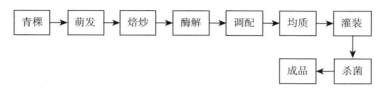

图 9-17 富硒青稞饮料制备工艺流程

七、青稞发酵饮料

青稞发酵饮料是利用乳酸菌、酵母菌等发酵制成的一类饮料，在国内外市场上乳酸菌饮料、酸奶、泡菜、酸菜、酱油、口服液、低度保健酒等被认为是比较好的饮品。对青稞食品加工而言，目前开发食品系列较多，如糌粑、麦芽汁、青稞酒、糖浆、青稞麦片、青稞主食等，但一般加工过程简单，许多营养成分的存在形式难以被有效吸收，从而降低了其营养价值，而发酵在食品工业中可以使原料物质中的营养成分充分活化并分解为有益成分，可改善口感，是加工功能性食品的一种重要手段。例如，一种青稞、麦胚复合发酵饮料加工要点如下：

1. 原料预处理 新鲜小麦胚芽采用 500～700W、60～100s 微波处理，钝化脂肪酶；青稞原料 120～140℃烘烤 20～30min，增加香气；青稞和麦胚粉碎，过 60～100 目筛。

2. 酶解 处理后的原料按 1∶（10～20）重量比加水混合，加入 60～80U/g α-淀粉酶，在 55～65℃、pH 6.0～7.0 保温酶解 30～60min，液化后加入 30～50U/g 糖化酶，在 55～65℃、pH 4.0～5.0 条件下糖化 30～60min。

3. 离心 混合料液 3 000r/min 离心 30～40min，取出沉渣。

4. 接种发酵 上清液中加入总体积 3％～6％的牛奶，90～95℃灭菌 3～15min，降温至 30～45℃后注入发酵罐，接种总体积 3％～6％混合乳酸菌发酵 4～24h；菌种为保加利亚乳杆菌∶嗜热链球菌∶嗜酸乳杆菌＝1∶1∶（1～5）的混合菌。

5. 调配 发酵温度冷却至 10℃以下，加入 2％～4％果葡糖浆、0.1％蔗糖酯、0.1％黄原胶等，胶体磨处理。

6. 均质 30～40MPa、50～60℃均质处理。

7. 装罐灭菌 均质后料液装罐，115～121℃灭菌 10～15min。

青稞、麦胚复合发酵饮料制备工艺流程见图 9-18。

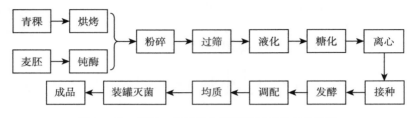

图 9-18 青稞、麦胚复合发酵饮料制备工艺流程

陈木全等以青稞麦芽和玉米为原料，经糖化取汁后利用特种酵母发酵、稀释、调味制备得到了一种酒度≤1.0% vol 的青稞发酵饮料，该产品很大程度地保留了包括β-葡聚糖在内的青稞营养成分，属于发酵型软饮料，相比酒类饮料具有更普遍的消费者群体。该产品的特点在于采用了分段糖化（43～48℃保持 25～30min、72～74℃保持 28～30min、78～79℃分离糖化醪），而且青稞麦芽含量不低于 75%，青稞提取液由青稞麦汁和青稞抽提液按（80～90）：（20～10）比例组成；青稞抽提液制备方法如下：青稞籽粒在 6 MPa、160℃以上条件下蒸汽处理 20～25min，加入 10 倍质量沸水蒸煮 10～15min，静置后离心，取上清液，过 200 目筛网；青稞麦汁稀释至含量为 45%～55%后加 3 倍体积 10%葡萄糖调节为发酵基料（pH 3.8～4.0），乳酸克鲁维酵母或脆壁克鲁维酵母接种量为（5.2～5.5）×10^5 个/mL；调配配方为柠檬酸 0.05%、蜂蜜 0.8%、蛋白糖 0.033%、氯化钠 0.05%、CMC-Na 0.08%、稳定剂 0.4%。

青稞发酵酿酒副产物酒渣研磨去皮后可经均质乳化而制成混悬液状天然营养饮料，其颗粒粒径长度为 0.08～0.10mm，固形物含量为 8%～20%、自然酒度小于 5% vol、pH 3.8～7.5，具有独特的酥油味，受到消费者的青睐，该产品提高了青稞的利用价值。以青稞、枸杞、蜂蜜为原料，可以酿制成一种酒度 6%～8% vol、酸度为 0.45%、糖度为 45g/L 且富有青稞香、蜂蜜香和枸杞香的营养型发酵酒，成品酒中含有丰富的维生素 C、氨基酸和人体易吸收的有效微量成分，具有增强免疫力等保健功效。

王波等以萌发黑青稞麦芽为原料，经粉碎、糖化、发酵、调配等步骤制备了一种轻度发酵黑青稞麦芽汁饮料，最佳酵母菌和乳酸菌 1∶1 混合，发酵条件为 1g 原料加 4mL 液体、温度 30℃下发酵 4h、接种量 0.04%，优化调配参数为单甘酯 0.05%、黄原胶 0.05%、CMC-Na 0.03%、木糖醇 8%、异抗坏血酸 0.01%、麦芽糊精 0.5%。马长中等在液化糖化后的青稞醪液中接种了 3% LAB005 乳酸菌，制得了富含活性乳酸菌和β-葡聚糖的饮料，优化的液化和糖化条件为 CaCl$_2$ 加入量为 0.022g，并加入液化酶 0.02g、糖化酶 0.075g。易晓成等也以青稞酶解液（还原糖 5.68%、氨基酸 0.47g/L）为原料，调节 pH 为 7.3 后接种 4.7% 保加利亚乳杆菌（*Lactobacillus bulgaricus*）和嗜热链球菌（*Streptococcus thermophilus*），41℃ 条件下发酵 72h，制得了一种益生菌发酵青稞饮料，响应面优化后产品口感良好，酸度为 68.67°T，而且含有大量活性益生菌。李玉斌等以青稞为原料，制备了一种传统型的格瓦斯饮料，其最佳发酵条件为青稞汁 14%、菌种 1.4g/L（面包酵母：乳酸菌＝1：1）、温度 30℃、时间 10h，产品总酸度 1.76g/L，酒度 2.13%vol，β-葡聚糖含量为 15.75mg/L，氨基氮含量为 12.26mg/100mL。研究发现，青稞经过灭酶处理后 β-葡聚糖含量提高了 36.08%，产品色泽金黄透亮，酸、甜、苦味均衡，富含乙醇（53.46%）、异戊醇（13.08%）、苯乙醇（6.09%）、乙酸异戊酯（3.17%）等成熟水果香味和酒香。

参考文献

艾连中，杨昳津，夏永军，等，2016. 一种青稞营养黄酒及其酿造方法：105695240A
　　［P］. 06 - 22.

艾学东，2017. γ-氨基丁酸的生理活性及其在饮料中的应用现状［J］. 饮料工业，20
　　（5）：67 - 69.

白尼玛，2018. 青稞蛋白酶解工艺研究［J］. 青海农林科技，1：1 - 5.

边媛媛，2015. 小麦麸皮多酚化合物抗氧化活性研究［D］. 无锡：江南大学.

蔡建明，2017. 一种清香型青稞酒及其制备方法：106754017A［P］. 05 - 31.

操家璇，李玉萍，熊向源，等，2008. γ-氨基丁酸在开发功能性食品中的应用［J］. 河北
　　农业科学，12（11）：52 - 54，69.

曹斌，潘志芬，尼玛扎西，等，2010. 青藏高原和国外裸大麦 γ-氨基丁酸的含量与分布
　　［J］. 麦类作物学报，30（3）：555 - 559.

曹静，刘高强，王晓玲，等，2014. 可食真菌 β-葡聚糖的生物功能及检测技术［J］. 食品
　　与机械，2：247 - 250，268.

曹水群，2010. 西藏饮食文化资源的特点及其旅游开发［J］. 云南财经大学学报（社会科
　　学版），25（2）：78 - 79.

陈丹硕，杜艳，郝静，等，2011. 青稞紫米谷物饮料原淀粉复合抗老化剂配比优化研究
　　［J］. 饮料工业，5：22 - 24.

陈建国，梁寒峭，李金霞，等，2016. 响应曲面法优化黑青稞花青素的提取工艺［J］. 食
　　品工业，37（1）：80 - 83.

陈建国，张露，李金霞，等，2015. 囊谦黑青稞花青素含量、种类及其抗氧化活性分析
　　［J］. 食品工业，36（12）：263 - 266.

陈建林，杜德龙，张成芳，等，2019. 一种双螺旋杆挤压机制备膨化青稞片的方法：
　　109156698A［P］. 01 - 08.

陈木全，方江平，钟政昌，等，2012. 一种青稞发酵饮料的制备方法：102370219A［P］.
　　03 - 14.

陈晓静，陈和，陈健，等，2011. 功能型大麦——糯性裸大麦开发前景探讨［J］. 河北农
　　业科学，15（6）：82 - 84.

陈颖，沈艳，姚惠源，2005. 米糠γ-氨基丁酸富集工艺的研究 [J]. 粮食与饲料工业，4：5-7.

陈颖敏，2006. 青稞 SOD 的制备以及含青稞 SOD 的调理食品：1864545A [P]. 11-22.

陈志成，何爱丽，魏壹纯，2018. 一种昆仑雪菊青稞糕的制作方法：108617841A [P]. 10-09.

陈中红，2016. 一种魔芋青稞面条：106234999A [P]. 12-21.

崔丁维，向群，陶一飞，2020. 一种风味青稞粉的制备方法及风味青稞粉：110973474A [P]. 04-10.

崔可栩，曹建宏，纪云彩，等，2016. 青稞干酒的制备方法：105255640A [P]. 01-20.

崔子扬，2016. 一种青稞奇亚籽奶茶及其制备方法：105230880A [P]. 01-13.

党斌，杨希娟，刘海棠，2009. 青稞加工利用现状分析 [J]. 粮食加工，34 (3)：69-71.

邓伯文，2016. 一种五粮型青稞酒及其制备方法：105316170A [P]. 02-10.

邓俊林，朱永清，陈建，等，2018. 青稞萌动过程中β-葡聚糖、γ-氨基丁酸和多酚的含量研究 [J]. 中国粮油学报，33 (7)：19-25.

丁捷，何江红，肖猛，等，2019. 一种速冻青稞鱼面及其制备方法：105767886B [P]. 11-15.

丁文武，李明元，刘建伟，等，2016. 一种桑葚青稞啤酒的酿制方法：105838529A [P]. 08-10.

董海洲，2002. 大麦理化特性及其挤压膨化加工机理与应用研究 [D]. 北京：中国农业大学.

都凤华，谢春阳，2011. 软饮料工艺学 [M]. 郑州：郑州大学出版社.

都凤珍，2017. 一种青稞保健醋：106929381A [P]. 07-07.

杜艳，梁锋，季成军，等，2016. 一种青稞杞蜜及其制备方法：105876715A [P]. 08-24.

段中华，乔有明，朱海梅，2012. 青稞类黄酮提取工艺研究 [J]. 安徽农业科学，40 (2)：1033-1035.

顿珠次仁，张文会，强小林，2011. 速溶青稞粉的研制 [J]. 粮食加工，36 (6)：60-63.

冯耐红，杨成元，侯东辉，2020. 萌芽方便粥及其制备方法和萌芽营养方便粥：202010047308. 7 [P]. 06-05.

冯其永，2018. 一种排毒养颜效果好的青稞杂粮果冻及其制备方法：108112929A [P]. 06-05.

冯西博，2009. 西藏大麦蛋白质、母育酚遗传与环境效应的研究 [D]. 林芝：西藏大学农牧学院.

尕让彭措，2016. 一种青稞酵粉糖片及其制备方法：106234743A [P]. 12-21.

甘济升，贾素贤，叶坚，2016. 青稞加工工艺研究 [J]. 现代食品 (12)：124-126.

高昆，朱宪铭，2020. 益生菌发酵青稞甜醅的生产技术 [J]. 青海科技，27 (1)：26-27.

共曲甲，2019. 一种黑青稞含片及其制备方法：109527393A [P]. 03-29.

贡保草，2003. 试析藏族糌粑食俗及其文化内涵 [J]. 青海民族学院学报（社会科学版），

29 (1)：61-65.

苟安春，李良，郭春华，2005. 从藏民族饮食结构变化看青稞生产的重要性 [J]. 中国农学通报，21 (6)：142-145.

苟春虎，2016. 黑青稞降血脂茶（奶茶）：105475580A [P]. 04-13.

关学锋，李奇霖，2017. 速溶青稞奶茶粉的制备方法：106490162A [P]. 03-15.

管新飞，2019. 一种青稞酵素生产工艺：109222068A [P]. 01-18.

哈文秀，宁坚刚，魏永生，等，2011. 微波消解样品—电感耦合等离子体原子发射光谱测定青稞中矿质元素 [J]. 理化检验（化学分册），47 (7)：845-846.

何瑾，屈凡伟，张峻，等，2015. 超高效液相色谱/质谱法测定血液中 γ-氨基丁酸 [J]. 分析试验室，34 (9)：1022-1025.

何梦秀，陈芳艳，钟杨生，2015. γ-氨基丁酸富集方法的研究进展 [J]. 安徽农业科学，43 (15)：15-17，77.

何娜，叶晓枫，李丽倩，等，2013. 不同胁迫处理方法对结球甘蓝 GABA 含量的影响 [J]. 南京农业大学学报，36 (6)：111-116.

黄迪宇，谢云飞，郭亚辉，等，2017. 青稞酒糟饮料的稳定性研究 [J]. 粮食与饲料工业，7：24-29.

黄亚辉，曾贞，郑红发，等，2008. GABA 茶中 γ-氨基丁酸的 TLC 测定及提纯研究 [J]. 氨基酸和生物资源，30 (3)：11-15.

黄益前，丁捷，何江红，等，2016. 青稞酥皮月饼的制作研究 [J]. 农业与技术，36 (19)：20-22.

江春艳，严冬，谭进，等，2010. 青稞的研究进展及应用现状 [J]. 西藏科技，203 (2)：14-16.

蒋英，2010. 川西各民族饮食文化研究 [D]. 北京：中央民族大学.

矫晓丽，迟晓峰，董琦，等，2011. 青海地区不同品种青稞中 B 族维生素含量与分布 [J]. 氨基酸和生物资源，33 (2)：13-16.

井璐珍，2019. 不同色泽青稞及发芽青稞中酚类物质的定性定量分析及抗氧化活性研究 [D]. 杨凌：西北农林科技大学.

巨苗苗，费希同，林源，等，2014. 不同种源大麦籽粒功能成分及蛋白质含量变异分析 [J]. 安徽农学通报，20 (17)：39-40，49.

康建平，张星灿，杨健，等，2018. 一种青稞营养杂粮方便面及其加工方法：108740757A [P]. 11-06.

拉本，2011. 青稞的民族文化内涵阐释 [J]. 青海民族研究，21 (1)：164-166.

赖翠萍，2016. 一种红景天青稞茶酒及其制备方法：105925441A [P]. 09-07.

雷菊芳，苏立宏，张玉玉，2012. 利用谷物提取 β-葡聚糖的方法：102585030A [P]. 07-18.

李凡，2019. 滨海白首乌酵素的制备及其功效性研究 [D]. 无锡：江南大学.

李继宏，李金龙，李磊，等，2017. 一种高原青稞茶饮品：107156350A [P]. 09-15.

李庆龙，王盛莉，郑宇，2013. 高发芽率青稞饮料试制研究初报 [J]. 粮食与食品工业，

20（3）：38-41.

李涛，王金水，李露，2009. 青稞的特性及其应用现状［J］. 农产品加工·学刊（9）：92-96.

李瞳慧，2014. 青稞酸奶冰淇淋的研究［D］. 天津：天津商业大学.

李颖晨，李蕾，王兴达，2018. 超声辅助提取青稞中原花青素的工艺优化及活性研究［J］. 华西药学杂志，33（2）：152-156.

李颖晨，2018. 青稞中原花青素的提取及其应用［D］. 成都：西南民族大学.

李永强，杨士花，黄佳琦，等，2016. 一种搅拌型青稞酸奶及其制备方法：105580893A［P］. 05-18.

李玉斌，吴华昌，肖猛，2017. 一种青稞格瓦斯的制备及挥发性风味成分分析［J］. 食品与发酵工业，43（1）：96-103.

李玉锋，罗静，周翔宇，等，2018. 一种青稞魔芋营养糊及其制备方法：108338323A［P］. 07-31.

梁锋，陈丹硕，杜艳，等，2011. 青稞黄豆谷物饮料原淀粉复合抗老化剂配比优化研究［J］. 食品开发，36（8）：135-137.

梁寒峭，李金霞，陈建国，等，2016. 黑青稞营养成分的检测与分析［J］. 食品与发酵工业，42（1）：180-182.

林津，洛桑仁青，周陶鸿，等，2016. 西藏山南隆子县黑青稞与白青稞的营养成分及生理活性物质的比较分析［J］. 食品科技，41（10）：88-92.

刘霭莎，白永亮，李敏，等，2019. 青稞粉挤压膨化工艺优化、品质研究及产品开发［J］. 食品研究与开发，40（15）.118-123.

刘艾新，2017. 一种青稞方便面：106819834A［P］. 06-13.

刘艾新，2017. 一种青稞啤酒：106811352A［P］. 06-09.

刘欢，梁琪，毕阳，等，2012. 青稞酸奶的加工技术研究［J］. 47（2）：135-140.

刘辉，苏翰，陕学仁，等，2016. 一种青稞若叶凉茶：105795041A［P］. 07-27.

刘辉，王成祥，刘士威，等，2015. 一种低血糖生成指数青稞粥及其制备方法：105192530A［P］. 12-30.

刘天平，卓嘎，旦巴，2011. 藏民族饮食消费成因与变化分析初探［J］. 消费经济，27（2）：31-34.

刘小平，2016. 一种青稞米加工工艺：201610674025.9［P］. 08-15.

刘小平，2017. 一种青稞粉加工工艺：201610672224.6［P］. 1-14.

刘晓真，张佩，郭玉莲，等，2015. 一种青稞全粉馒头及其制备方法：105104987A［P］. 12-02.

刘新红，杨希娟，党斌，等，2013. 青稞饼干加工配方的优化研究［J］. 食品工业，34（12）：86-88.

刘新红，杨希娟，党斌，迟德钊等，2013. 青稞蛋糕加工配方的优化研究［J］. 食品工业，34（11）：123-126.

刘新红，杨希娟，吴昆仑，等，2013. 青稞品质特性及加工利用现状分析［J］. 农业机械，

（5）：49 - 53.

刘新兴，李建颖，赵彦巧，等，2014. 青稞淀粉的提取工艺优化研究 [J]. 食品研究与开发，35（5）：34 - 37.

刘毅，2016. 一种低糖青稞粥：105360896A [P]. 03 - 02.

刘毅，2010. 青稞甜醅和青稞甜醅干的制备方法：101818112A [P]. 09 - 01.

柳觐，张怀刚，2010. 紫外分光光度法和 FAAS 法测定青稞中九种矿质元素含量 [J]. 光谱学与光谱分析，30（4）：1126 - 1129.

栾运芳，赵蕙芬，冯西博，等，2009. 西藏春青稞种质资源的特色及利用研究 [J]. 中国农学通报，24（7）：55 - 59.

罗南，普布曲宗，索朗单增，等，2018. 挤压再造蕨麻-青稞工程米螺杆转速优化研究 [J]. 农产品加工（16）：6 - 9.

罗先富，2019. 一种青稞米的加工方法：201910755037. 8 [P]. 10 - 18.

吕九洲，2016. 一种低糖青稞谷物饮及其制备方法：105454934A [P]. 04 - 06.

吕九洲，2016. 一种果味青稞健康饮品及其制备方法：105410568A [P]. 03 - 23.

吕九洲，2016. 一种健脾养胃的青稞葛根饮品及其制备方法：105533361A [P]. 05 - 04.

吕九洲，2016. 一种健脾滋补的青稞糯米饮料及其制备方法：105495202A [P]. 04 - 20.

吕九洲，2016. 一种清热利湿的青稞保健饮料及其制备方法：105495201A [P]. 04 - 20.

吕九洲，2016. 一种香橙风味的青稞谷物饮品及其制备方法：105454933A [P]. 04 - 06.

吕九洲，2016. 一种养生藜麦青稞谷物饮品及其制备方法：105394755A [P]. 03 - 16.

吕九洲，2016. 一种营养滋补的松茸青稞饮品及其制备方法：105495200A [P]. 04 - 20.

吕九洲，2016. 一种低糖青稞谷物饮及其制备方法：105454934A [P]. 04 - 06.

吕庆云，祝东品，周坚，等，2019. 一种低脂青稞挤压膨化米卷及其加工方法：109105747A [P]. 01 - 01.

吕小文，2004. 青稞肽的功能与胚芽油胶囊制备的研究 [D]. 北京：中国农业大学.

吕艳，2016. 非油炸青稞方便面制作方法：105614253A [P]. 06 - 01.

吕元娣，常雅宁，戴伟，等，2016. 青稞淀粉的糊化特性及凝胶性能 [J]. 食品与机械，32（3）：33 - 38.

吕远平，熊茉君，贾利蓉，等，2005. 青稞特性及在食品中的应用 [J]. 食品科学，26（7）：266 - 270.

吕子玉，2016. 青稞虫草营养八宝粥的制作工艺：105614232A [P]. 06 - 01.

履新，2004. 大麦麸皮多酚类提取物抗氧化活性和抗突变型性 [J]. 粮食与油脂，6：9 - 12.

麻志刚，2017. 一种桂圆益气健脾青稞年糕及其制备方法：106307075A [P]. 01 - 11.

麻志刚，2017. 一种杭白菊清热青稞年糕及其制备方法：106261671A [P]. 01 - 04.

麻志刚，2017. 一种咖啡味补肾强筋青稞年糕及其制备方法：106360340A [P]. 02 - 01.

麻志刚，2017. 一种罗汉果清热祛火青稞年糕及其制备方法：106307477A [P]. 01 - 11.

麻志刚，2017. 一种绿茶味木香健胃青稞年糕及其制备方法：106136076A [P]. 11 - 23.

麻志刚，2017. 一种山茶花甘蓝青稞年糕及其制备方法：106261670A [P]. 01 - 04.

麻志刚，2017. 一种五味子双黄益气补血青稞年糕及其制备方法：106307076A［P］. 01-11.

麻志刚，2017. 一种香菇芸豆营养青稞年糕及其制备方法：106307077A［P］. 01-11.

马寿福，刁治民，吴保锋，2006. 青海青稞生产及发展前景［J］. 安徽农业科学，34 （12）：2661-2662.

马燕，段双梅，赵明，2016. 富含γ-氨基丁酸食品的研究进展［J］. 氨基酸和生物资源， 38（3）：1-6.

马长中，幸雪冬，罗章，2011. 乳酸菌发酵青稞饮料的研制［J］. 内江科技，11： 102-103.

孟晶岩，刘森，栗红瑜，等，2014. 青稞全麦片生产工艺研究［J］. 农产品加工（学刊） （24）：33-35.

牟伦川，2017. 一种青稞面混合粉以及挂面：106490456A［P］. 03-15.

尼玛扎西，王凤忠，王姗姗，等，2017. 一种高花青素青稞曲奇及其制备方法： 106857762A［P］. 06-20.

尼玛扎西，张玉红，王姗姗，等，2017. 一种高花青素青稞酵素及其酿造方法： 107114771A［P］. 09-01.

牛广财，朱丹，董静，2011. 大麦深加工现状及其发展趋势［J］. 农业科技与装备，201 （3）：11-14.

牛志贞，2016. 一种茶叶青稞酒及其制备方法：105255681A［P］. 01-20.

农彦彦，冯才敏，吴子瑜，等，2018. 青稞酥饼加工工艺及其对β-葡聚糖的影响［J］. 粮 油食品科技，26（2）：6-10.

彭毅秦，唐艳，周兴桃，等，2016. 青稞番茄土豆挂面的研发［J］. 农业与技术，36 （19）：17-19.

钱爱萍，颜孙安，林香信，等，2007. 氨基酸自动分析仪快速测定γ-氨基丁酸［J］. 福建 农业学报，22（1）：73-76.

钱和，梁成玉，2015. 一种安吉白茶青稞茶酒的制备方法：104694363A［P］. 06-10.

强小林，顿珠次仁，次珍，等，2011. 西藏青稞产业发展现状分析［J］. 西藏农业科技， 33（1）：1-3.

乔长晟，吴梦溪，郭嘉，2017. 一种青稞苗苗枸杞饮料的制备方法：106387552A［P］. 02-15.

乔长晟，吴梦溪，张东，2017. 一种青稞苗景天枸杞复合饮料及其制备工艺：106261341A ［P］. 01-04.

秦文，王玮琼，何靖柳，等，2016. 一种青稞年糕及其制备方法：105767657A［P］. 07-20.

任欣，孙沛然，闫淑琴，等，2016. 5种青稞淀粉的理化性质比较［J］. 中国食品学报， 16（7）：268-275.

戎银秀，2018. 青稞β-葡聚糖的制备、结构解析及其降血脂活性的研究［D］. 苏州：苏州 大学.

阮晖，邱亦亦，丁丽娜，等，2018. 含黑青稞的补气食疗组合物及片剂制备方法和应用：108185347A [P]. 06-22.

阮晖，邱亦亦，丁丽娜，等，2018. 含旅麻与黑青稞的肺虚食疗组合物及片剂制备方法和应用：108157854A [P]. 06-15.

阮晖，邱亦亦，丁丽娜，等，2018. 含青稞与黄蘑菇的助消化食疗组合物及制备方法和应用：108157772A [P]. 06-15.

邵保江，靳强，2016. 一种青稞玛咖酒及其制备方法：105273947A [P]. 01-27.

申瑞玲，邵舒，董吉林，等，2016. 一种萌动青稞玫瑰绿茶及其制作方法：105248721A [P]. 01-20.

申迎宾，张友维，黄才欢，等，2016. 提取溶剂对青稞提取物总酚、黄酮含量及其抗氧化活性的影响 [J]. 食品与机械，32 (11)：133-136.

沈名灿，罗佳捷，张彬，2012. γ-氨基丁酸在动物生产中的应用的研究进展 [J]. 黑龙江畜牧兽医，1：33-35.

沈娜，黄楠楠，周选围，2017. 发芽青稞面包加工工艺优化 [J]. 粮油食品科技，25 (1)：11-14.

舒世平，曹建宏，黄正兴，等，2016. 酿酒工艺中保留紫青稞表皮颜色的方法：105255641A [P]. 01-20.

舒旭晨，2019. 石斛酵素制备工艺及其功能活性研究 [D]. 芜湖：安徽工程大学.

宋萍，张雷雷，于军，2008. 青稞β-葡聚糖营养作用及其提取工艺研究 [J]. 中国食物与营养，8：28-30.

苏东晓，2014. 荔枝果肉的分离鉴定既起到调节脂质代谢作用机制 [D]. 武汉：华中农业大学.

孙东发，2011. 发展我国青稞生产的几点想法 [J]. 西藏农业科技，33 (1)：39-41.

孙志坚，2014. 青稞挤压改性粉加工特性研究及其在食品中的应用 [D]. 东北农业大学.

覃辉跃，张小明，2017. 一种方便鲜湿青稞面及其制备工艺：107048178A [P]. 08-18.

谭海运，高雪，韦泽秀，等，2020. 一种青稞醋及其制备方法：111117858A [P]. 05-08.

谭亮，董琦，耿丹丹，等，2015. 双波长比色法测定不同产地和品种青稞中直链淀粉和支链淀粉的含量 [J]. 食品工业科技，36 (2)：79-84.

唐俊杰，普晓英，曾亚文，等，2013. 云南大麦地方品种子粒的功能成分含量差异分析 [J]. 植物遗传资源学报，14 (4)：647-652.

同美，2011. 多维视野下西藏本教的起源与发展 [J]. 四川大学学报（哲学社会科学版）(6)：45-52.

涂国荣，何斌，涂梦婕，2018. 一种青稞速溶奶茶及制备方法：108576303A [P]. 09-28.

涂梦婕，米玛顿珠，涂国荣，等，2018. 一种功能性青稞奶茶及制备方法：108552317A [P]. 09-21.

脱忠琪，2017. 一种青稞冰淇淋固体饮料及其制备方法：106306324A [P]. 01-11.

王波，张文会，2018. 轻度发酵黑青稞麦芽汁饮料的工艺研究［J］. 食品工业，39（11）：
　　59－61.

王凤忠，幸岑璨，王艳，等，2018. 一种青稞仁即食休闲食品及其制备方法：107853586A
　　［P］. 03－30.

王辉，项丽丽，张锋华，2013. γ-氨基丁酸（GABA）的功能性及在食品中的应用［J］.
　　食品工业，34（6）：186－189.

王建林，钟志明，冯西博，等，2017. 青藏高原青稞蛋白质含量空间分异规律及其与环境
　　因子的关系［J］. 中国农业科学，50（6）：969－977.

王建清，杨煜峰，曹欣，1993. 大麦籽粒中原花色素的气相色谱分析［J］. 大麦科学，35
　　（2）：38－39.

王姣姣，白卫东，梁彬霞，2012. γ-氨基丁酸的生理功能及富集的研究进展［J］. 农产品
　　加工（学刊），1：40－45.

王金斌，唐雪明，李文，等，2019. 一种富含慢消化淀粉的复合青稞粉及其制备方法：
　　109662307A［P］. 04－23.

王金玲，袁军，刘登才，2010. γ-氨基丁酸的合成［J］. 化学与生物工程，27（3）：
　　40－41.

王金水，李涛，焦健，2010. 水酶法提取青稞蛋白工艺研究［J］. 食品工业科技，31（9）：
　　267－269.

王进，2016. 一种浸泡青稞茶的配方及制作工艺：105285247A［P］. 02－03.

王庆山，2016. 一种搅拌型黑米青稞酸奶及其制备方法：106035659A［P］. 10－26.

王若兰，姚玮华，2005. 青稞膳食纤维微波法提取工艺研究［J］. 食品科学，26（6）：
　　169－174.

王仙，齐军仓，曹连莆，等，2010. 大麦籽粒生育酚含量的基因型和环境变异研究［J］.
　　麦类作物学报，30（5）：853－857.

文宇，江春艳，严冬，等，2012. 以青稞β-葡聚糖为主要基质的保健果冻研制［J］. 食品
　　科学，33（4）：296－300.

毋修远，徐超，谢新华，等，2018. 青稞棒挤压膨化工艺优化及其品质特性的研究［J］.
　　食品研究与开发，39（17）：47－53.

吴桂玲，刘立品，李文浩，等，2015. 碱溶酸沉法提取青稞蛋白质的工艺研究［J］. 食品
　　研究与开发，36（5）：19－24.

吴宏亚，陈树林，胡俊，等，2014. 青稞β-葡聚糖分子生物学相关研究进展［J］. 核农学
　　报，28（3）：398－403.

吴昆仑，迟德钊，2011. 青海青稞产业发展及技术需求［J］. 西藏农业科技，33（1）：
　　4－9.

吴昆仑，2008. 青稞功能元素与食品加工利用简述［J］. 作物杂志（2）：15－17.

吴琴燕，马圣洲，张文文，等，2014. 柱前衍生高效液相色谱法检测红茶中γ-氨基丁酸含
　　量［J］. 江苏农业科学，30（6）：1534－1536.

武菁菁，李鑫磊，张艺，等，2013. 青稞蛋白质凝胶特性研究［J］. 食品工业科技，34

（16）：131-135.

夏向东，吕飞杰，台建祥，等，2004. 裸大麦生育三烯酚的超临界 CO_2 流体萃取工艺 [J]. 农业工程学报，20（5）：191-195.

夏向东，吕飞杰，赵环环，等，2002. 测定裸大麦中生育酚和生育三烯酚的正相高效液相色谱法 [J]. 分析测试学报，21（2）：18-21.

夏岩石，冯海兰，2010. 大麦食品及其生理活性成分的研究进展 [J]. 粮食与饲料工业，6：27-30.

谢广杰，韩永斌，宋妍，等，2020. 一种富硒青稞乳饮料及其制备方法：111096404A [P]. 05-05.

谢昊宇，何思宇，贾冬英，等，2016. 青稞β-葡聚糖的分离纯化及理化特性研究 [J]. 食品科技，41（1）：142-146.

谢昊宇，贾冬英，迟原龙，等，2014. 青稞蛋白质减法提取条件的优化研究 [J]. 食品工业科技，35（18）：281-287.

邢亚阁，许青莲，车振明，等，2014. 一种青稞苦荞五谷五豆低温发芽与微发酵技术制备果味冲调粉的方法：104207031A [P]. 12-17.

徐菲，党斌，杨希娟，等，2016. 不同青稞品种的营养品质评价 [J]. 麦类作物学报，36（9）：1249-1257.

徐菲，2014. 青稞品质评价及活性成分性质研究 [D]. 西宁：青海大学.

徐廷文，1982. 中国栽培大麦的分类和变种鉴定 [J]. 中国农业科学，6：39-46.

薛枫，2020. 一种青稞粉生产制备方法：111067014A [P]. 04-28.

严俊波，2016. 一种青稞酥油奶茶及其制备方法：106172784A [P]. 12-07.

杨天予，刘一倩，马挺军，2019. 富含γ-氨基丁酸藜麦发酵饮料工艺优化 [J]. 食品工业科技，40（16）：169-180.

杨希娟，党斌，樊明涛，2018. 溶剂提取对青稞中不同形态多酚组成及抗氧化活性的影响 [J]. 食品科学，39（24）：239-248.

杨希娟，党斌，耿贵工，等，2012. 青稞谷物饮料酶解工艺得研究 [J]. 食品工程，10：71-75.

杨希娟，党斌，吴昆仑，等，2013. 青稞蛋白的超声波辅助提取工艺及其功能特性研究 [J]. 中国食品学报，13（6）：48-55.

杨希娟，党斌，徐菲，等，2017. 不同粒色青稞酚类化合物含量与抗氧化活性的差异及评价 [J]. 中国粮油学报，32（9）：34-42.

杨希娟，2016. 青稞糌粑加工工艺研究 [J]. 食品工业，8：78-81.

杨晓梦，曾亚文，普晓英，等，2013. 大麦籽粒功能成分含量的遗传效应分析 [J]. 麦类作物学报，33（4）：635-639.

杨智敏，孔德媛，杨晓云，等，2013. 青稞籽粒淀粉含量的差异 [J]. 麦类作物学报，33（6）：1139-1143.

姚豪颖叶，聂少平，鄢为唯，等，2015. 不同产地青稞原料中的营养成分分析 [J]. 南昌大学学报（工科版），37（1）：11-15.

姚开，贾冬英，迟原龙，等，2014．一种方便即食纯青稞麦片及其制备方法：104207020A ［P］．12－17．

叶炳年，2014．一种青稞甜醅的制备方法：104012877A［P］．09－03．

易晓成，万萍，白娜，2018．响应面法优化益生菌发酵黑青稞饮料工艺［J］．中国酿造，37（1）：116－120．

尹浩英，张菁，2013．试论传统藏式餐饮器皿与食品特色［J］．四川烹饪高等专科学校学报（1）：13－15．

扎西尼玛，2013．藏历新年的演变及传统习俗［J］．文学界（理论）（1）：305－306．

张朝辉，雷勇，姜红，等，2018．一种以糙米和青稞为主料的速食冲调粉及其制备方法：108719719755A［P］．11－02．

张春红，许传梅，董琦，等，2008．HPLC测定青稞中的维生素E［J］．分析试验室，27（增刊）：90－91．

张峰，杨勇，赵国华，等，2003．青稞β-葡聚糖研究进展［J］．粮食与油脂，12：3－5．

张晖，姚惠源，姜元荣，2002．富含γ-氨基丁酸保健食品的研究与开发［J］．食品与发酵工业，28（9）：69－72．

张辉，葛磊，郭晓娜，等，2011．一种青稞、麦胚复合发酵饮料的制备工艺：102028289A［P］．04－27．

张慧娟，黄莲燕，张小爽，等，2017．青稞面条品质改良的研究［J］．食品研究与开发，38（13）：75－81．

张杰，葛武鹏，杨希娟，等，2017．纳豆微胶囊的制备及其稳定性［J］．食品工业科技，38（22）：157－162．

张晶，2016．青稞麦片食品的制作工艺：105614266A［P］．06－01．

张敬群，张坚，胡琳，等，2011．青稞β-葡聚糖制备方法：102206292A［P］．10－05．

张静，周家春，黄龙，2010．不同大麦品种来源β-葡聚糖流变学特性［J］．粮食与油脂，2：15－19．

张俊，2018．一种青稞苦荞复合营养粉的制备方法：107874114A［P］．04－06．

张立强，沈才洪，王松涛，等，2020．大曲清香型青稞酒及其酿造方法：110846171A［P］．02－28．

张立强，沈才洪，王松涛，等，2020．小曲清香型青稞酒及其制备方法：110846172A［P］．02－28．

张世满，赵生元，刘岩松，等，2012．一种红景天青稞茶酒制备方法：102676350A［P］．09－19．

张帅，吴昆仑，姚晓华，等，2017．不同粒色青稞营养品质与抗氧化活性差异性分析［J］．青海大学学报，35（2）：19－27．

张唐伟，余耀斌，拉琼，2017．西藏不同青稞品种的品质差异分析［J］．大麦与谷类科学，34（1）：28－32，41．

张文刚，张垚，杨希娟，等，2019．不同品种青稞炒制后挥发性风味物质GC－MS分析［J］．食品科学，40（8）：192－201．

张文会，顿珠次仁，强小林，2013. 酶法制备青稞麸皮膳食纤维的工艺优化 [J]. 粮食加工，38 (5)：58-60.

张文会，顿珠次仁，强小林，2011. 青稞饮料生产工艺研究 [J]. 食品科学，32 (增刊)：102-105.

张文会，许娟妮，谭海运，2008. 青稞麸膳食纤维研究 [J]. 西藏农业科技，30 (2)：19-21.

张文会，2014. 青稞蛋白质理化特性研究 [J]. 现代农业科技，9：300-301.

张雨薇，丁捷，王艺华，等，2020. 火麻仁青稞膨化饼干配方及关键工艺优化 [J]. 粮食与油脂，33 (4)：76-80.

张玉东，王盛莉，李龙，等，2015. 一种全谷物青稞面筋及其制备方法：104543722A [P]. 04-29.

张玉红，巴桑玉珍，寿建昕，等，2007. 不同基因型大麦品种大麦油及其母育酚含量的变异规律 [J]. 麦类作物学报，27 (4)：721-724.

赵大伟，普晓英，曾亚文，等，2009. 大麦籽粒 γ-氨基丁酸含量的测定分析 [J]. 麦类作物学报，29 (1)：69-72.

赵洪波，2017. 一种发酵青稞粉制作方法：106942588A [P]. 07-14.

赵辉，2011. 一种富含 γ-氨基丁酸的青稞胚芽米及其制备方法：102160627A [P]. 08-24.

赵辉，2016. 一种青稞红啤青稞面包制备工艺及其制品：105454359A [P]. 04-06.

赵辉，2017. 一种红曲青稞酒制备工艺：106318775A [P]. 01-11.

赵辉，2015. 一种青稞红曲酵素及其制备方法：104856016A [P]. 08-26.

赵辉，2015. 一种青稞红曲酸奶及其制备方法：104855510A [P]. 08-26.

赵辉，2016. 一种青稞红曲鲜啤酿造工艺及其制品：105462735A [P]. 04-06.

赵辉，2019. 一种酥油茶风味青稞红曲啤酒制备工艺及其红曲啤酒：105462734B [P]. 02-19.

赵吉兴，孙宝国，李耀，等，2017. 青稞功能红曲保健茶及其制备方法：107232350A [P]. 10-10.

赵珮，赵宁，何佳洋，等，2014. 大麦多肽的提取工艺优化及其抗氧化活性初探 [J]. 食品工业科技，35 (15)：215-219.

赵生元，宋柯，2008. 青稞营养型发酵饮料酒的试验研究 [J]. 酿酒科技，12：82-83.

赵桃，马林，李嘉佳，等，2010. 黑青稞花色素的提取工艺 [J]. 食品研究与开发，31 (9)：228-233.

赵桃，赵亚丽，李斌，2014. 食品添加剂对青稞色素稳定性的影响 [J]. 食品研究与开发，35 (7)：13-16.

赵雯玮，刘吉爱，李姣，等，2017. 糌粑及其研究进展 [J]. 粮食与饲料工业，3：29-44.

郑红发，黄怀生，黄亚辉，等，2010. 浸泡处理对茶叶中 γ-氨基丁酸含量的影响研究 [J]. 茶叶通讯，37 (1)：16-19.

郑俊，2016. 燕麦、青稞营养组分、蛋白和多酚理化性质分析及加工方式对燕麦粉品质影响研究 [D]. 南昌：南昌大学.

郑敏燕，耿薇，王珊，等，2010. 青稞籽粒脂肪酸成分的 GC/MS 分析 [J]. 食品研究与开发，31（6）：155-157.

郑学玲，李利民，曲良冉，2009. 复合酶法提取青稞 β-葡聚糖和膳食纤维的方法：101555294A [P]. 10-14.

郑永新，马骏，2016. 一种即食青稞营养素及其制备方法和产品：106136047A [P]. 11-23.

郑玉佼，郑永新，2018. 一种青稞冰激凌及其制备方法：108850410A [P]. 11-23.

郑玉佼，郑永新，2018. 一种青稞功能饮品及其制备方法：108703288A [P]. 10-26.

周建，张宇，罗学刚，2016. 一种含酥油茶的青稞冲剂及其制备方法：105231119A [P]. 01-13.

朱斌，2017. 一种青稞保健酒及其生产工艺：107400593A [P]. 11-28.

朱睦元，黄培忠，1999. 大麦育种与生物工程 [M]. 上海：上海科学技术出版社.

朱睦元，尼玛扎西，张玉红，等，2017. 一种青稞红曲醋的酿造方法：106635717A [P]. 05-10.

朱睦元，张京，2015. 大麦（青稞）营养分析及其食品加工 [M]. 杭州：浙江大学出版社.

朱云辉，郭元新，杜传来，等，2017. 低氧联合盐胁迫下外源 Ca^{2+} 对发芽苦荞 GABA 富集的影响 [J]. 中国粮油学报，32（1）：17-22.

祝东品，吕庆云，周梦舟，等，2019. 青稞全粉挤压米工艺优化及品质研究 [J]. 食品科技，44（7）：202-210.

祝东品，吕庆云，周梦舟，等，2020. 低脂青稞膨化米卷加工工艺及其品质 [J]. 食品工业，41（3）：115-121.

卓玛次力，2017. 青稞发芽糙米的生产工艺及其抗氧化活性的研究 [J]. 食品与发酵科技，54（1）：90-95.

邹锋扬，岳鹏翔，王淑凤，等，2012. 高 γ-氨基丁酸茶鲜叶提取温度的工艺研究 [J]. 食品工业科技，33（23）：292-298.

邹弈星，潘志芬，邓光兵，等，2008. 青藏高原青稞的淀粉特性 [J]. 麦类作物学报，28（1）：74-79.

ADOM K K, SORRELLS M E, LIU R H, 2003. Phytochemical profiles and antioxidant activity of wheat varieties [J]. Journal of Agricultural and Food Chemistry, 51 (26): 7825-7834.

ANDERSON J W, 1985. Physiological and metabolic effects of dietary fiber [J]. Federation Proceedings, 44 (14): 2902-2906.

BAUM, B R, JOHNSON D A, 2007. The 5S DNA sequences in Hordeum bogdanii and the H. brevisubulatum complex, and the evolution and the geographic dispersal of the diploid Hordeum species [J]. Genome, 50: 1-14.

BEHALL K M, HALLFRISCH J, 2006. Effects of barley consumption on CVD risk factors [J]. Cereal Foods World, 51: 12 - 15.

BEHALL K M, SCHOLFIELD D J, HALLFRISCH J, 2005. Comparison of hormone and glucose responses of overweight women to barley and oats [J]. Journal of American College Nutrition. 24: 182 - 188.

BEHALL K M, SCHOLFIELD D J, HALLFRISCH J, 2004. Lipids significantly reduced by diets containing barley in moderately hypercholesterolemic men [J]. Journal of American College Nutrition 23: 55 - 62.

BEHALL K M, SCHOLFIELD D J, HALLFRISH J G, et al., 2006. Consumption of both resistant starch and - glucan improves postprandial plasma glucose and insulin in women [J]. Diabetes Care, 29: 976 - 981.

BONOLI M, VERARDO V, MARCONI E, et al., 2004. Antioxidant phenols in barley (Hordeum vulgare L.) flour: comparative spectrophotometer study among extraction methods of free and bound phenolic compounds [J]. Journal of Agricultural and Food Chemistry, 52: 5195 - 5200.

BURKUS Z, TEMELLI F, 2005. Rheological properties of barley β - glucan [J]. Carbohydrate Polymers, 59: 459 - 465.

CLARK H H, 1967. [M]. The Agricultural History Review [M]. London: British Agricultural History Society.

EDNEY M J, MARCHYLO B A, MACGREGOR A W, 1991. Structure of total barley beta - glucan [J]. Journal of the Institute of Brewing, 97 (1): 39 - 44.

EILAM T, ANIKSTER Y, MILLET E, et al., 2007. Genome size and genome evolution in diploid Triticese apecies [J]. Genome, 50: 1029 - 1037.

ELBERSE I A M, VAN DAMME J M M, VAN TIENDEREN PH, 2003. Plasticity of growth characteristics in wild barley (Hordrum sponicneum) in response to nutrient limitation [J]. J. Ecol, 91: 371 - 382.

EL - SHATNAWI M K J, A1 - QURRAN L Z. 2003. Seasonal chemical composition of wall barley (*Hordeum murinum* L.) under subhumid Mediterranean climate [J]. Afr. J. Range Forage Sci, 20: 243 - 246.

EVANS H M, EMERSON O H, EMERSON G A, 1936. The isolation from wheat germ oil of an alcohol, α - tocopherol, having the properties of vitamin E [J]. Journal of Biological Chemistry, 113 (1): 319 - 332.

FAURE S, HIGGINS J, TURNER A, et al., 2007. The flowering locus T - likegene family in barley (Hordeum ulgare) [J]. Genetics, 176: 599 - 609.

GHOTRA B S, VASANTHAN T, TEMELLI F, 2008. Structural characterization of barley β - glucan extracted using a novel fractionation technique [J]. Food Research International, 41 (10): 957 - 963.

HENDRICH S, LEE K W, XU X, et al., 1994. Defining food components as new nutrients [J]. Journal of Nutrition, 124 (9): 1789s – 1792s.

HENRIKSSON K, TELEMAN A, SUORTTI T, et al., 1995. Hydrolysis of barley (1→ 3), (1→4) – β – d – glucan by a cellobiohydrolase Ⅱ preparation from Trichoderma reesei [J]. Carbohydrate Polymers, 26 (2): 109 – 119.

JEONG H J, LAM Y, DE LUMEN B O, 2002. Barley lunasin suppresses ras – induced colony formation and inhibits core histone acetylation in mammalian cells [J]. Journal of Agricultural and Food Chemistry, 50 (21): 5903 – 5908.

KIM M J, HYUN J N, KIM J A, et al., 2007. Relationship between phenolic compounds, anthocyanins content and antioxidant activity in colored barley germplasm [J]. Journal of Agricultural and Food Chemistry, 55 (12): 4802 – 4809.

MAKOTO KIHARA, YOSHIHIRO OKADA, TAKASHI LIMURE, et al., 2007. Accumulation and degradation of two functional constituents, GABA and β – glucan, and their varietal differences in germinated barley grains [J]. Breeding Science (57): 85 – 89.

MULKAY P, TOUILAUX R, JERUMANIS J J, 1981. Proanthocyanidins of barley – separation and identification [J]. Journal of Chromatography A, 208 (2): 419 – 423.

NOMURA M, KIMOTO H, SOMEYA Y, et al., 1998. Production of gamma – aminobutyric acid by cheese starters during cheese ripening [J]. Journal of Dairy Science, 81 (6): 1486 – 1491.

PANFILI G, FRATIANNI A, DI CRISCIO T, et al., 2008. Tocol and β – glucan levels in barley varieties and in pearling by – products [J]. Food Chemistry, 107: 84 – 91.

PEI J J, FENG Z Z, REN T, et al., 2018. Selectively screen the antibacterial peptide from the hydrolysates of highland barley [J]. Engineering in Life Sciences, 18: 48 – 54.

ROSSNAGEL B G, BHATTY R S, HARVEY B L, et al., 1985. Tupper hullessbarley [J]. Canadian Journal of Plant Science, 65 (2): 453 – 454.

SHEN Y B, HU C, ZHANG H, et al., 2018. Characteristics of three typical Chinese highland barley varieties: Phenolic compounds and antioxidant activities [J]. Journal of Food Biochemistry, 42 (2): 1 – 9.

SHEN Y B, ZHANG H, CHENG L L, et al., 2016. In vitro and in vivo antioxidant activity of polyphenols extracted from black highland barley [J]. Food Chemistry, 194: 1003 – 1012.

SWINKELS J J, 1985. Composition and properties of commercial native starches [J]. Starch, 37 (1): 1 – 5.

WANG Y X, MCALLISTER T A, XU Z X, et al., 1999. Effects of proanthocyanidins, dehulling and removal of pericarp on digestion of barley grain by ruminal micro – organisms [J]. Journal of the Science of Food and Agriculture, 79 (6): 929 – 938.

WANG Z J, DANG S N, XING Y, et al., 2017. Dietary patterns and their associations with energy, nutrient intake and socioeconomic factors in rural lactating mothers in Tibet [J]. Asia Pacific Journal of Clinical Nutrition, 26 (3): 450 – 456.

YAQOOB S, BABA W N, MASOOD F A, et al., 2018. Effect of sprouting on cake quality from wheat - barley flour blends [J]. Journal of Food Measurement and Characterization, 12 (2): 1253 - 1265.

ZHAO H F, DONG J J, LU J, et al., 2006. Effects of extraction solvent mixtures on antioxidant activity evaluation and their extraction capacity and selectivity for free phenolic compounds in barley (*Hordeum vulgare* L.) [J]. Journal of Agricultural and Food Chemistry, 54, 7277 - 7286.

图书在版编目（CIP）数据

青稞传统食品与现代食品加工技术／党斌，杨希娟
主编．—北京：中国农业出版社，2021.5
ISBN 978-7-109-28125-7

Ⅰ.①青… Ⅱ.①党… ②杨… Ⅲ.①元素－食品加
工－研究 Ⅳ.①S512.3

中国版本图书馆 CIP 数据核字（2021）第 064902 号

青稞传统食品与现代食品加工技术
QINGKE CHUANTONG SHIPIN YU XIANDAI
SHIPIN JIAGONG JISHU

中国农业出版社出版
地址：北京市朝阳区麦子店街 18 号楼
邮编：100125
责任编辑：司雪飞　郑　君　　文字编辑：徐志平
版式设计：王　晨　　责任校对：刘丽香
印刷：北京通州皇家印刷厂
版次：2021 年 5 月第 1 版
印次：2021 年 5 月北京第 1 次印刷
发行：新华书店北京发行所
开本：700mm×1000mm　1/16
印张：15　　插页：2
字数：300 千字
定价：58.00 元